U0269101

养生豆浆米糊五谷汁蔬果汁大全

宁微言 编著

中国华侨出版社

图书在版编目 (CIP) 数据

养生豆浆·米糊·五谷汁·蔬果汁大全 / 宁微言编著 .—北京：中国华侨出版社，2013.7
ISBN 978-7-5113-3787-0

Ⅰ.①养… Ⅱ.①宁… Ⅲ.①保健－饮料－制作 Ⅳ.① TS275.44

中国版本图书馆 CIP 数据核字（2013）第 154744 号

养生豆浆·米糊·五谷汁·蔬果汁大全

编　　著：宁微言
出 版 人：方　鸣
责任编辑：茂　素
封面设计：李艾红
版式设计：韩立强
文字编辑：赵　倩
美术编辑：盛小云
经　　销：新华书店
开　　本：720mm×1020mm　1/16　印张：27.5　字数：500 千字
印　　刷：北京市松源印刷有限公司
版　　次：2013 年 9 月第 1 版　2017 年 6 月第 4 次印刷
书　　号：ISBN 978-7-5113-3787-0
定　　价：29.80 元

中国华侨出版社　北京市朝阳区静安里 26 号通成达大厦 3 层　邮编：100028
法律顾问：陈鹰律师事务所
发行部：（010）58815874　　　传真：（010）58815857
网　址：www.oveaschin.com
E-mail：oveaschin@sina.com

如果发现印装质量问题，影响阅读，请与印刷厂联系调换。

前言

　　中国人喝豆浆的传统由来已久，早在西汉年间，豆浆就在民间流传开来。如今，豆浆也是许多家庭早餐的必备饮品。它含有丰富的植物蛋白、磷脂、维生素、烟酸、铁、钙等营养物质，是一种老少皆宜的营养和保健食品。传统医学认为，豆浆性平，具有补虚润燥、清肺化痰的功效。春秋两季饮用豆浆，可滋阴润燥；夏季饮用豆浆，可生津解渴；冬季饮用豆浆可滋养进补。《本草纲目》上记载："豆浆，利水下气，制诸风热，解诸毒"。《延年秘录》上有常喝豆浆能"长肌肤，益颜色，填骨髓，加气力，补虚能食"。豆浆中含有大豆皂苷、异黄酮、大豆

低聚糖等具有显著保健功能的特殊因子，具有一定的保健作用，并有平补肝肾、防老抗癌、美容润肤、增强免疫等功效，因此豆浆还被科学家称为"21世纪餐桌上的明星"。

米糊和五谷汁，做法简单，口味贴近大众，同样备受现代人推崇。加入各种谷类和营养物质的米糊，含有丰富的营养，容易被人体消化吸收，可迅速为人体提供能量，能较好地发挥保健作用，并且口感独特，可让浓郁的米香充分释放，增进感官享受，促进食欲。五谷汁所用"五谷"主要指豆、稻、黍、稷、麦，是最朴素自然、营养价值极高的传统食品。五谷杂粮制成汁饮用，在养颜美容、增强活力、排除毒素、健脑益智等方面有着十分明显的作用，能满足营养均衡搭配、合理膳食的综合需要。

蔬果汁让朋友聚会、闲暇时间不再一成不变。用各种新鲜、自然的蔬菜水果打造出来的营养饮品，不仅可以解渴、提神，还有着保健、美容等多种功效。蔬果汁中含有大量的蛋白质、维生素、膳食纤维、脂肪等物质，合理均匀地食用不仅可以维持身体的正常运转，加强身体对营养的吸收，而且蔬果中某些特殊营养成分还会提高人体对疾病的抵抗力和免疫力，减少疾病对我们的侵害。蔬果汁所含的纤维素还可帮助消化、排泄、促进新陈代谢，从体内根本消除毒素，从而改善皮肤素质，是最根本的护肤之道。丰富的纤维素和维生素同时可以帮助燃烧体内脂肪，有着瘦身减肥的显著功效。

但是，由不同配料做成的豆浆、米糊、五谷汁、蔬果汁有着不同的食用禁忌和功效，食用不得当不仅起不到应有的保健功效，还可能对健康造成不利影响。为帮助读者选用适合自己的饮品，我们编写了《养生豆浆·米糊·五谷汁·蔬果汁大全》一书，精选出近400道豆浆、米糊、五谷汁和300多款蔬果汁的制作方法，口味多样、搭配合理、营养全面。本书力求关爱各类人群，如儿童、老人等群体，都为其量身定制了最适合的饮食方案。

书中每一款豆浆、米糊、五谷汁和蔬果汁都有详细的制作步骤，并配有精美的图片，可指导你轻松做出美味的浆汁饮品，是全家人的健康保健必备书。

目录

第一篇 豆浆

第二篇 米糊

第三篇　五谷汁

第四篇　果汁·蔬菜汁·蔬果汁

果汁

苹果

梨

香蕉

西瓜

橘子

第一篇

豆 浆

西米山药豆浆

【材料】 西米 25 克，山药 25 克，黄豆 50 克，清水、白糖或冰糖适量。

【做法】 ❶将黄豆清洗干净后，在清水中浸泡 6～8 小时，泡至发软备用；西米淘洗干净，用清水浸泡 2 小时；山药去皮后切成小丁，下入开水中略焯，捞出后沥干。❷将浸泡好的黄豆同西米、山药一起放入豆浆机的杯体中，添加清水至上下水位线之间，启动机器，煮至豆浆机提示西米山药豆浆做好。❸将打出的西米山药豆浆过滤后，按个人口味趁热添加适量白糖或冰糖调味，不宜吃糖者，可用蜂蜜代替。不喜甜者也可不加糖。

养生功效 西米有大小两种，小的那种是经常见到的，大的一般在我们喝的奶茶中见到，是一种很有营养的食物，适量食用可以对人体起到保健的作用。中医认为西米对于我们健脾很有帮助，那些脾胃虚弱和消化不良的人适宜使用，另外因为其性味甘温，所以也适宜体质虚弱和产后病后恢复期的人食用。山药的外貌不出众，但是健脾补气的作用却不可忽视。经常吃山药，不仅可以提高人体免疫力，还预防胃炎、胃溃疡的复发，并可以减少患流感等传染病的概率。西米、山药搭配黄豆制成的这款豆浆具有健脾补气的功效。

贴心提示 这款豆浆也可以做成西米粥食用，先放相当于西米 4～5 倍的豆浆煮到沸点，然后将西米倒入煮沸的豆浆中，要不停地搅动西米，煮 10～15 分钟直到发现西米已变得透明或西米粒内层无任何乳白色圆点为止。

糯米黄米豆浆

【材料】糯米 30 克，黄米 20 克，黄豆 50 克，清水、白糖或冰糖适量。

【做法】❶将黄豆清洗干净后，在清水中浸泡 6～8 小时，泡至发软备用；黄米、糯米淘洗干净，浸泡 2 小时。❷将浸泡好的黄豆、黄米、糯米一起放入豆浆机的杯体中，添加清水至上下水位线之间，启动机器，煮至豆浆机提示糯米黄米豆浆做好。❸将打出的糯米黄米豆浆过滤后，按个人口味趁热添加适量白糖或冰糖调味，不宜吃糖者，可用蜂蜜代替。不喜甜者也可不加糖。

养生功效 黄米的主要功效就是健脾胃，消食止泻。糯米的健脾胃作用同样出色，是中国人自古以来常用的滋补品，对脾胃虚寒、食欲不佳、腹胀腹泻有一定的缓解作用，常被用来制作年糕、汤圆、元宵之类的食品。这款豆浆具有很明显的健脾和胃功效，而且易于消化，能够提振食欲、预防呕吐。

贴心提示 这款豆浆中碳水化合物和钠的含量很高，所以糖尿病患者、过于肥胖者以及患有肾脏病、高血脂等慢性病的人不宜过多饮用。

黄米红枣豆浆

【材料】黄米 25 克，红枣 25 克，黄豆 50 克，清水、白糖或冰糖适量。

【做法】❶将黄豆清洗干净后，在清水中浸泡 6～8 小时，泡至发软备用；黄米淘洗干净，用清水浸泡 2 小时；红枣洗净并去核后，切碎待用。❷将浸泡好的黄豆、黄米和红枣一起放入豆浆机的杯体中，添加清水至上下水位线之间，启动机器，煮至豆浆机提示黄米红枣豆浆做好。❸将打出的黄米红枣豆浆过滤后，按个人口味趁热添加适量白糖或冰糖调味，不宜吃糖者，可用蜂蜜代替。

养生功效 黄米富含蛋白质、碳水化合物、多种维生素和锌、铜、锰等营养元素，具有明显的保健功效，是小麦、大米等不可比的。红枣具有养血安神、健脾和胃的功效，胃肠道功能不佳、蠕动力弱及消化吸收功能差时，都可以用红枣来调理。这款豆浆具有很好的和胃、补血功效。

贴心提示 红枣的糖分含量较高，所以糖尿病患者应当少食或者不食黄米红枣豆浆。

红枣高粱豆浆

【材料】高粱 25 克，红枣 25 克，黄豆 40 克，清水、白糖或冰糖适量。

【做法】❶将黄豆清洗干净后，在清水中浸泡 6 ~ 8 小时，泡至发软备用；高粱米淘洗干净，用清水浸泡 2 小时；红枣洗净并去核后，切碎待用。❷将浸泡好的黄豆、高粱米和红枣一起放入豆浆机的杯体中，添加清水至上下水位线之间，启动机器，煮至豆浆机提示红枣高粱豆浆做好。❸将打出的红枣高粱豆浆过滤后，按个人口味趁热添加适量白糖或冰糖调味，不宜吃糖者，可用蜂蜜代替。不喜甜者也可不加糖。

养生功效　高粱中含有一种叫单宁的物质，有收敛固脱的作用。红枣健脾和胃的功效非常显著，它是调养脾胃时经常用到的食材。高粱、红枣和黄豆搭配，是治疗脾胃虚弱的食疗方。这款豆浆味道甘甜，有和胃、健脾的功效，还可以美容养颜、抗衰老。

贴心提示　因为高粱有收敛固脱的作用，所以大便干燥者不宜过多食用这款豆浆。红枣的含糖量较高，所以也不建议糖尿病患者饮用。

红薯山药豆浆

【材料】红薯 25 克，山药 25 克，黄豆 50 克，清水适量。

【做法】❶将黄豆清洗干净后，在清水中浸泡 6 ~ 8 小时，泡至发软备用；红薯、山药去皮后切成小丁，下入开水中略焯，捞出后沥干。❷将浸泡好的黄豆同红薯、山药一起放入豆浆机的杯体中，添加清水至上下水位线之间，启动机器，煮至豆浆机提示红薯山药豆浆做好。❸将打出的红薯山药豆浆过滤后即可饮用。

养生功效　红薯含有大量膳食纤维，能刺激肠道蠕动，通便排毒。山药含有人体需要的多种氨基酸、维生素 C 和黏液质，具有补脾益胃的作用，是脾胃虚弱者不可或缺的滋补品。山药所含的淀粉酶有助消化、增强食欲的作用。这款红薯山药豆浆具有润肠、滋养脾胃的功效，经常饮用还可增强人体免疫力，尤其适合亚健康人士饮用。

贴心提示　红薯缺少蛋白质和脂质，因此要搭配蔬菜、水果及蛋白质食物一起吃，才不会营养失衡。山药有收涩的作用，所以大便干燥者不宜食用红薯山药豆浆。

高粱红豆豆浆

【材料】黄豆50克，高粱米30克，红小豆20克，清水、白糖或冰糖适量。

【做法】❶将黄豆、红小豆清洗干净后，在清水中浸泡6～8小时，泡至发软备用；高粱米淘洗干净，用清水浸泡2小时。❷将浸泡好的黄豆、红小豆和高粱米一起放入豆浆机的杯体中，添加清水至上下水位线之间，启动机器，煮至豆浆机提示高粱红豆豆浆做好。❸将打出的高粱红豆豆浆过滤后，按个人口味趁热添加适量白糖或冰糖调味，不宜吃糖者，可用蜂蜜代替。不喜甜者也可不加糖。

养生功效 中医认为，高粱具有健脾和胃、温中消积的功效，适用于脾胃虚弱、消化不良、便溏腹泻等人群，可作为脾胃虚弱病人的辅助食物。红小豆含有皂角甙，可刺激肠道，有良好的利尿作用，对心脏病和肾病、水肿都有好处。这款豆浆具有健脾温中、助消化等功效。

贴心提示 在使用铁剂和碳酸氢钠治疗疾病时，不要食用此豆浆。因为高粱含较多的鞣酸，鞣酸可使含铁制剂变质，不能吸收。

桂圆红枣豆浆

【材料】黄豆100克，桂圆5个，红枣5个，清水、白糖或冰糖适量。

【做法】❶将黄豆清洗干净后，在清水中浸泡6～8小时，泡至发软备用；桂圆去皮去核；红枣去核，洗净。❷将浸泡好的黄豆同桂圆、红枣一起放入豆浆机的杯体中，添加清水至上下水位线之间，启动机器，煮至豆浆机提示桂圆红枣豆浆做好。❸将打出的桂圆红枣豆浆过滤后，按个人口味趁热添加适量白糖或冰糖调味，不宜吃糖者，可用蜂蜜代替。不喜甜者也可不加糖。

养生功效 桂圆的主要功效是养血益脾、养心补血、宁心安神，对神经衰弱、妇女更年期失眠健忘等，都有良好的食疗作用；红枣是滋补美容食品，能补中益气、养血生津、健脾养胃。黄豆具有益气养血、健脾宽中、健身宁心、下利大肠、润燥消水的功效。这款豆浆能够益心脾、补气血，对神经衰弱、失眠健忘有良好的调理作用。

贴心提示 桂圆不宜多食，否则容易上火。这款豆浆不适合孕妇饮用。

杏仁芡实薏米豆浆

【材料】黄豆50克，杏仁30克，薏米20克，芡实10克，清水、白糖或冰糖适量。

【做法】❶将黄豆清洗干净后，在清水中浸泡6～8小时，泡至发软备用；杏仁洗净，泡软；薏米淘洗干净，用清水浸泡2小时；芡实洗净，沥干水分待用。❷将浸泡好的黄豆、杏仁和薏米、芡实一起放入豆浆机的杯体中，添加清水至上下水位线之间，启动机器，煮至豆浆机提示杏仁芡实薏米豆浆做好。❸将打出的杏仁芡实薏米豆浆过滤后，按个人口味趁热添加适量白糖或冰糖调味，不宜吃糖者，可用蜂蜜代替。不喜甜者也可不加糖。

> 养生功效 这款豆浆的几种食材都有健脾益胃的作用，但功效也各有侧重。杏仁可以帮助脾胃消化，清除积食。薏米健脾而清肺，利水而益胃，补中有清，以祛湿浊见长。芡实健脾补肾，止泻遗，最具收敛固脱之能。总之，这款豆浆既能补脾胃，又能改善贫血之症，疗效显著。

> 贴心提示 薏米和芡实的口感稍显粗糙，加入杏仁可以使豆浆的口感更平顺。用料的比例可按照自己的需要和喜好调整。

糯米红枣豆浆

【材料】糯米25克，红枣25克，黄豆50克，清水、白糖或冰糖适量。

【做法】❶将黄豆清洗干净后，在清水中浸泡6～8小时，泡至发软备用；糯米淘洗干净，用清水浸泡2小时；红枣洗净并去核后，切碎待用。❷将浸泡好的黄豆、糯米和红枣一起放入豆浆机的杯体中，添加清水至上下水位线之间，启动机器，煮至豆浆机提示糯米红枣豆浆做好。❸将打出的糯米红枣豆浆过滤后，按个人口味趁热添加适量白糖或冰糖调味，不宜吃糖者，可用蜂蜜代替。不喜甜者也可不加糖。

> 养生功效 糯米具有暖温脾胃、补益中气、生津止渴等功能，对胃寒疼痛、食欲不佳、脾虚泄泻、腹胀、体弱乏力等症状都有一定缓解作用。红枣具有补中益气、养血安神、健脾和胃的功效，也是滋补阴虚的良药。糯米和红枣一起制作出的豆浆具有健脾暖胃和补血功效。

> 贴心提示 有湿热痰火征象的人或者热体体质者不宜饮用糯米红枣豆浆。

红薯青豆豆浆

【材料】红薯 25 克，青豆 25 克，黄豆 50 克，清水适量。

【做法】❶将黄豆、青豆清洗干净后，在清水中浸泡 6 ~ 8 小时，泡至发软备用；红薯去皮后切成小丁，下入开水中略焯，捞出后沥干。❷将浸泡好的黄豆、青豆同红薯一起放入豆浆机的杯体中，添加清水至上下水位线之间，启动机器，煮至豆浆机提示红薯青豆豆浆做好。❸将打出的红薯青豆豆浆过滤后即可饮用。

养生功效 红薯营养丰富，又易于消化，能够为人体提供大量的热量。红薯同时也是一种理想的减肥食品，因为红薯含有大量膳食纤维，这些膳食纤维在肠道内无法被消化吸收，能刺激肠道，促进肠道蠕动，起到通便排毒的作用，对老年性便秘者尤其好。青豆具有健脾宽中、润燥消水的作用。黄豆的最主要功效就是滋补脾胃。因此这款豆浆能够健脾、润燥、利水，还有减肥功效。

贴心提示 红薯最好在午餐吃，因为红薯所含的钙质需要经过 4 ~ 5 小时才能在人体吸收，而中午吃完红薯，下午的日光正好可以促进钙的吸收。

桂圆山药豆浆

【材料】桂圆 25 克，山药 25 克，黄豆 50 克，清水、白糖或冰糖适量。

【做法】❶将黄豆清洗干净后，在清水中浸泡 6 ~ 8 小时，泡至发软备用；桂圆去皮去核；山药去皮后切成小丁，下入开水中略焯，捞出后沥干。❷将浸泡好的黄豆同桂圆、山药一起放入豆浆机的杯体中，添加清水至上下水位线之间，启动机器，煮至豆浆机提示桂圆山药豆浆做好。❸将打出的桂圆山药豆浆过滤后，按个人口味趁热添加适量白糖或冰糖调味，不宜吃糖者，可用蜂蜜代替。不喜甜者也可不加糖。

养生功效 山药口味甘甜，性质滋润平和，对于脾胃虚弱、肺脾不足或脾肾两虚的体质虚弱者非常适宜。山药搭配上桂圆和黄豆制成豆浆，更能发挥其养护脾胃的功效。而且桂圆本身具有的补益心脾的功效，还可以让这款豆浆具有补血安神的作用。

贴心提示 桂圆不宜多食，否则容易上火。这款豆浆不适合孕妇食用。

薏米红豆浆

【材料】薏米 30 克，红小豆 70 克，清水、白糖或冰糖适量。

【做法】❶ 将红小豆清洗干净后，在清水中浸泡 6 ~ 8 小时，泡至发软备用；薏米淘洗干净，用清水浸泡 2 小时。❷ 将浸泡好的红小豆和薏米一起放入豆浆机的杯体中，添加清水至上下水位线之间，启动机器，煮至豆浆机提示薏米红豆浆做好。❸ 将打出的薏米红豆浆过滤后，按个人口味趁热添加适量白糖或冰糖调味，不宜吃糖者，可用蜂蜜代替。不喜甜者也可不加糖。

养生功效　薏米有很明显的健脾益胃功效，常被作为中药使用。经常食用薏米对慢性肠炎、消化不良等症有很好的食疗效果。红豆也具有健脾益胃、利尿消肿等功效，可用来改善小便不利、脾虚水肿、脚气等症。用薏米和红豆搭配制成豆浆不但可以利水消肿、健脾益胃，减肥效果也很明显。

贴心提示　孕妇、便秘者、尿频者不宜多食薏米红豆浆。体质属虚性者以及肠胃较弱的人不宜多食。

薏米山药豆浆

【材料】薏米 30 克，山药 30 克，黄豆 40 克，清水适量。

【做法】❶ 将黄豆清洗干净后，在清水中浸泡 6 ~ 8 小时，泡至发软备用；山药去皮后切成小丁，下入开水中略焯，捞出后沥干；薏米淘洗干净，用清水浸泡 2 小时。❷ 将浸泡好的黄豆同薏米、山药一起放入豆浆机的杯体中，添加清水至上下水位线之间，启动机器，煮至豆浆机提示薏米山药豆浆做好。❸ 将打出的薏米山药豆浆过滤后即可饮用。

养生功效　近年研究指出，山药最富营养的成分在它的黏液中，山药的黏蛋白可降低血液胆固醇，预防心血管系统的脂质沉积，有利于防止动脉硬化。同时，山药里含有多酚氧化酶，能帮助脾胃消化，促进吸收。薏米可以治湿痹，利肠胃，消水肿，健脾益胃。薏米和山药同用，两者功效相得益彰，互补缺失，具有很好的健脾祛湿功效。

贴心提示　山药切片后立即浸泡在盐水中，可以防止氧化发黑。

百合红绿豆浆

【材料】绿豆 20 克，红豆 40 克，鲜百合 20 克，清水、白糖或冰糖适量。

【做法】❶将绿豆、红豆清洗干净后，在清水中浸泡 6 ~ 8 小时，泡至发软备用；鲜百合洗干净，分瓣。❷将浸泡好的绿豆、红豆和鲜百合一起放入豆浆机的杯体中，添加清水至上下水位线之间，启动机器，煮至豆浆机提示百合红绿豆浆做好。❸将打出的百合红绿豆浆过滤后，按个人口味趁热添加适量白糖或冰糖调味，不宜吃糖者，可用蜂蜜代替。不喜甜者也可不加糖。

养生功效 红豆养心的功效自古就得到医家的认可，根据五色配五脏的中医理论，红豆的颜色赤红，红入心，所以李时珍将红豆称之为"心之谷"，强调了红豆的养心作用。从临床上看，红豆既能清心火，也能补心血。它所含有的粗纤维物质丰富，还有助降血脂、降血压、改善心脏活动功能等功效；另外，红豆还富含铁质，能行气补血，非常适合心血不足的女性食用；百合具有宁心、安神的作用，可以用于热病后余热未清、烦躁失眠、心神不宁，以及更年期出现的虚弱乏力、食欲不振、失眠、口干舌燥等症状；绿豆看似跟养心没有关系，但实际上夏日对应的是心脏，而绿豆可以清除暑气，所以对炎夏养心也有一定的好处。总之，这款由绿豆、红豆和百合搭配制成的豆浆能够强化心脏功能，改善心悸症状。

贴心提示 这款豆浆很适合夏季养心时使用，如果是冬季饮用，需要少放一点绿豆，因为绿豆本身性凉，不宜在寒冷的冬季多用。

荷叶莲子豆浆

【材料】荷叶35克，莲子25克，黄豆50克，清水、白糖或冰糖适量。

【做法】❶ 将黄豆清洗干净后，在清水中浸泡6～8小时，泡至发软备用；荷叶洗净、切碎；莲子清洗干净后略泡。❷ 将浸泡好的黄豆、莲子同荷叶一起放入豆浆机的杯体中，添加清水至上下水位线之间，启动机器，煮至豆浆机提示荷叶莲子豆浆做好。❸ 将打出的荷叶莲子豆浆过滤后，按个人口味趁热添加适量白糖或冰糖调味，不宜吃糖者，可用蜂蜜代替。不喜甜者也可不加糖。

养生功效 中医认为荷叶"色清色香，不论鲜干，均可药用"，它能清心火，调情志。在这里值得称道的是，荷叶去心火不易造成去火过度的情形。只要不频繁食用，效果大多温和。除了荷叶之外，莲子心也可以去心火，莲子肉则能补脾胃。这款用荷叶和莲子制作出的豆浆能清心解烦，健脾止泻，祛"五脏之火"，是夏季补养佳品。

贴心提示 市场上那些一眼看上去都是泛白的，很漂亮的莲子，可能是经过漂白处理的。大家在挑选时要注意，这样的莲子最好不要选购。

红枣枸杞豆浆

【材料】红枣30克，枸杞20克，黄豆50克，清水、白糖或冰糖适量。

【做法】❶ 将黄豆清洗干净后，在清水中浸泡6～8小时，泡至发软备用；红枣洗干净，去核；枸杞洗干净，用清水泡软。❷ 将浸泡好的黄豆、枸杞和红枣一起放入豆浆机的杯体中，添加清水至上下水位线之间，启动机器，煮至豆浆机提示红枣枸杞豆浆做好。❸ 将打出的红枣枸杞豆浆过滤后，按个人口味趁热添加适量白糖或冰糖调味，不宜吃糖者，可用蜂蜜代替。不喜甜者也可不加糖。

养生功效 红枣性暖，能养血保血，改善血液循环，经常食用好处多。不过单吃红枣效果微弱，用红枣搭配枸杞和黄豆一起制成豆浆，效果会比单吃红枣更好。枸杞也属于红色食物，中医认为红色食物能养心，补血养。红枣枸杞豆浆能养护心肌，预防心脏病。

贴心提示 给红枣去核的时候，可以找一个比铅笔稍细一点的硬铁棍，顺着枣核的方向穿过去就可以了，要小心一点免得划到手。

小米红枣豆浆

【材料】小米 30 克，红枣 20 克，黄豆 50 克，清水、白糖或冰糖适量。

【做法】❶ 将黄豆清洗干净后，在清水中浸泡 6 ~ 8 小时，泡至发软备用；红枣洗干净，去核；小米淘洗干净，用清水浸泡 2 小时。❷ 将浸泡好的黄豆和红枣、小米一起放入豆浆机的杯体中，添加清水至上下水位线之间，启动机器，煮至豆浆机提示小米红枣豆浆做好。❸ 将打出的小米红枣豆浆过滤后，按个人口味趁热添加适量白糖或冰糖调味，不宜吃糖者，可用蜂蜜代替。不喜甜者也可不加糖。

养生功效 小米堪称五谷之王，具有安眠、养胃、助消化的作用。红枣中的环磷酸腺苷和环磷鸟苷，具有抑制冠心病的作用，所含维生素 P 能降低血清胆固醇和甘油三酯，可防治高血压、冠心病和动脉硬化。黄豆不含胆固醇，并可以降低人体胆固醇，减少动脉硬化的发生，预防心脏病。

贴心提示 痰湿偏盛、湿热内盛、气滞者忌食小米红枣豆浆。素体虚寒、小便清长者也不宜多食。

百合莲子豆浆

【材料】干百合 30 克，莲子 20 克，黄豆 50 克，清水、白糖或冰糖适量。

【做法】❶ 将黄豆清洗干净后，在清水中浸泡 6 ~ 8 小时，泡至发软备用；干百合和莲子清洗干净后略泡。❷ 将浸泡好的黄豆、百合、莲子一起放入豆浆机的杯体中，添加清水至上下水位线之间，启动机器，煮至豆浆机提示百合莲子豆浆做好。❸ 将打出的百合莲子豆浆过滤后，按个人口味趁热添加适量白糖或冰糖调味，不宜吃糖者，可用蜂蜜代替。不喜甜者也可不加糖。

养生功效 百合莲子豆浆具有清心安神的作用，尤其适合夏季时更年期的女人饮用。百合可以滋阴清热，理脾健胃；桂圆能够益脾、养心又补血。每天早晨喝上这样一碗百合、桂圆和黄豆做成的豆浆，能养足胃气，缓解烦闷、燥热的心情。

贴心提示 百合虽能补气，亦伤肺气，不宜多服。风寒咳嗽、虚寒出血、脾胃不佳者忌食。由于百合偏凉性，胃寒的患者宜少食用百合莲子豆浆。

橘柚豆浆

【材料】黄豆40克，橘子肉50克，柚子肉30克，清水、白糖或冰糖适量。

【做法】❶将黄豆清洗干净后，在清水中浸泡6～8小时，泡至发软备用。❷将浸泡好的黄豆同橘子肉、柚子肉一起放入豆浆机的杯体中，添加清水至上下水位线之间，启动机器，煮至豆浆机提示橘柚豆浆做好。❸将打出的橘柚豆浆过滤后，按个人口味趁热添加适量白糖或冰糖调味，不宜吃糖者，可用蜂蜜代替。不喜甜者也可不加糖。

养生功效　中医认为，橘子具有润肺、止咳、化痰、健脾、顺气、止渴的药效，是老少皆宜的养生水果，尤其对急慢性支气管炎以及心血管病患者有很好的食疗效果。柚子果肉性寒，味甘、酸，有止咳平喘、清热化痰、健脾消食、解酒除烦的食疗作用。橘子和柚子中含有丰富的纤维素和多种微量元素，二者搭配黄豆制成的这款豆浆，口感清爽怡人，营养丰富，具有良好的败火作用。

贴心提示　橘子虽好，但也不宜多吃。因为大量食用橘子，可出现高胡萝卜素血症，表现为手、足皮肤泛黄并蔓延全身，伴有恶心、呕吐等症状。

薏米黄瓜豆浆

【材料】薏米30克，黄瓜20克，黄豆50克，清水、白糖或蜂蜜适量。

【做法】❶将黄豆清洗干净后，在清水中浸泡6～8小时，泡至发软备用；薏米淘洗干净，用清水浸泡2小时；黄瓜削皮、洗净后切成碎丁。❷将浸泡好的黄豆同薏米、黄瓜一起放入豆浆机的杯体中，添加清水至上下水位线之间，启动机器，煮至豆浆机提示薏米黄瓜豆浆做好。❸将打出的薏米黄瓜豆浆过滤后，按个人口味趁热添加适量白糖，或等豆浆稍凉后加入蜂蜜即可饮用。

养生功效　炎热的夏季，清脆的黄瓜能够清热利尿，它所含有的黄瓜酸，能够促进人体新陈代谢，排出毒素。薏米也能帮助身体清热，不过这种清热的方法是通过"利湿"的作用实现的。薏米是常用的利水渗湿药，并且比较安全。正因为黄瓜和薏米的这种功效，二者搭配制成的这款豆浆具有清热泻火的功效。

贴心提示　孕妇、便秘者、尿频者不宜多食薏米黄瓜豆浆。

小米蒲公英绿豆浆

【材料】小米 20 克,绿豆 50 克,蒲公英 20 克,清水、白糖或冰糖适量。

【做法】❶ 将绿豆清洗干净后,在清水中浸泡 6 ~ 8 小时,泡至发软备用;小米淘洗干净,用清水浸泡 2 小时;蒲公英洗净后加水煎汁,备用。
❷ 将浸泡好的绿豆与小米一起放入豆浆机的杯体中,淋入蒲公英煎汁,添加清水至上下水位线之间,启动机器,煮至豆浆机提示小米蒲公英绿豆浆做好。❸ 将打出的小米蒲公英绿豆浆过滤后,按个人口味趁热添加适量白糖或冰糖调味,不宜吃糖者,也可以等豆浆凉至温热后用蜂蜜代替。

养生功效 在很多人眼里,蒲公英就是路边、田野上最常见,最普通的杂草。然而在中医上蒲公英却有着非凡的药用价值,它具有清热解毒、利湿退黄等功效。平时嗓子肿痛、扁桃体发炎时用些蒲公英,能去火、消肿、止痛;小米是我们常用的一种谷物,中医认为小米性凉,具有除热的功效,能辅助调养脾胃虚热、烦渴。绿豆更是清热去火的代表。蒲公英、小米搭配绿豆制成的这款豆浆,能清热去火、消肿止渴。

贴心提示 最好能在豆浆中加入冰糖,因为冰糖有去肺火的功效。脾胃功能不好的人忌食小米蒲公英绿豆浆。阳虚外寒、脾胃虚弱者也忌食此豆浆。

百合菊花绿豆浆

【材料】绿豆 50 克，鲜百合 30 克，菊花 20 克，清水、白糖或冰糖适量。

【做法】❶ 将绿豆清洗干净后，在清水中浸泡 6 ～ 8 小时，泡至发软备用；菊花洗净；鲜百合洗干净，分瓣。❷ 将浸泡好的绿豆同百合、菊花一起放入豆浆机的杯体中，添加清水至上下水位线之间，启动机器，煮至豆浆机提示百合菊花绿豆浆做好。❸ 将打出的百合菊花绿豆浆过滤后，按个人口味趁热添加适量白糖或冰糖调味，不宜吃糖者，可用蜂蜜代替。不喜甜者也可不加糖。

养生功效 绿豆具有清热去火、止渴利尿和解毒功效，对于大便干燥、牙痛、咽喉肿痛等上火症状，都有很好的疗效。百合醇甜清香，有润肺止咳、清心安神的作用，对肺热干咳、痰中带血等症有良好的疗效。菊花有清热作用，能清肺火、平肝火、胃火。这款百合菊花绿豆浆去火功效极强，适用于多种上火症状。

贴心提示 由于百合、绿豆、菊花均性凉，胃寒的患者宜少食用百合菊花绿豆浆。

百合荸荠大米豆浆

【材料】黄豆 50 克，大米 20 克，荸荠 45 克，鲜百合 15 克，清水、白糖或冰糖适量。

【做法】❶ 将黄豆清洗干净后，在清水中浸泡 6 ～ 8 小时，泡至发软备用；大米淘洗干净，用清水浸泡 2 小时；荸荠去皮洗净后，切成小丁；鲜百合洗干净，分瓣。❷ 将浸泡好的黄豆、大米同荸荠、鲜百合一起放入豆浆机的杯体中，添加清水至上下水位线之间，启动机器，煮至豆浆机提示百合荸荠大米豆浆做好。❸ 将打出的百合荸荠大米豆浆过滤后，按个人口味趁热添加适量白糖或冰糖调味，不宜吃糖者，可用蜂蜜代替。不喜甜者也可不加糖。

养生功效 百合是一种非常理想的解秋燥滋润肺阴的佳品，有润肺止咳、清心安神的功效。荸荠是寒性食物，既可清热泻火，又可补充营养，对于发烧初期的病人有非常好的退烧作用，还具有凉血解毒、利尿通便、化湿祛痰等功效。这款豆浆主要功效为清热泻火、润燥。

贴心提示 荸荠在淤泥中生长，所以外皮上通常会附着较多的细菌和寄生虫，食用时一定要去皮，否则对健康无利；百合虽能补气，同时也伤肺气，故不宜多服。风寒咳嗽、虚寒出血、脾胃不佳者忌食这款豆浆。

金银花绿豆浆

【**材料**】金银花 50 克，绿豆 50 克，清水、白糖或冰糖适量。

【**做法**】❶将绿豆清洗干净后，用清水泡 6～8小时，泡至发软备用；金银花清洗干净后泡开。❷将浸泡好的绿豆和金银花一起放入豆浆机中，加水启动机器，煮至豆浆做好。❸过滤后，按个人口味加糖调味即可。

养生功效 金银花具有疏散风热、清热解毒的作用。金银花有很强的解毒消炎作用，对外感风热引起的头痛、发烧、烦躁、失眠、口干舌燥等有一定的疗效。绿豆具有清热解毒、利水消肿等功效。金银花和绿豆搭配制成的豆浆，具有疏散风热、消肿的功效。

贴心提示 脾胃虚寒、气虚疮疡脓清者不宜食用金银花绿豆浆。

西芹薏米绿豆浆

【材料】绿豆 50 克，薏米 20 克，西芹 30 克，清水、白糖或冰糖适量。

【做法】❶将绿豆清洗干净后，在清水中浸泡 6 ~ 8 小时，泡至发软备用；薏米淘洗干净，用清水浸泡 2 小时；西芹洗净，切段。❷将浸泡好的绿豆、薏米和西芹一起放入豆浆机的杯体中，添加清水至上下水位线之间，启动机器，煮至豆浆机提示西芹薏米绿豆浆做好。❸将打出的西芹薏米绿豆浆过滤后，按个人口味趁热添加适量白糖或冰糖调味，不宜吃糖者，可用蜂蜜代替。不喜甜者也可不加糖。

养生功效　中医认为，西芹味甘、苦、性凉，归肺、胃、肝经，具有平肝清热，祛风利湿的功效。薏米最善利水，体内有湿气，如积液、水肿、湿疹、脓肿等问题，都可以食用薏米。这款豆浆具有清火、利水的功效。

贴心提示　这款豆浆除了清火、利水外，还有美白的功效，不仅可以饮用，还可以外敷，将面膜纸用西芹薏米绿豆浆浸湿后敷在脸上，15 分钟后取下，用清水洗净面部就可以了。

黄瓜绿豆豆浆

【材料】黄瓜 20 克，绿豆 30 克，黄豆 50 克，清水适量。

【做法】❶将黄瓜、绿豆清洗干净后，在清水中浸泡 6 ~ 8 小时，泡至发软备用；黄瓜削皮、洗净后切成碎丁。❷将浸泡好的黄豆、绿豆和切好的黄瓜丁一起放入豆浆机的杯体中，添加清水至上下水位线之间，启动机器，煮至豆浆机提示黄瓜绿豆豆浆做好。❸将打出的黄瓜绿豆豆浆过滤后即可饮用。

养生功效　清朝乾隆年间的《本草求真》记载，黄瓜"气味甘寒，服后可清热利水"。黄瓜不管是果肉还是叶蔓，都有清热去火的作用，其果肉的主要功效为清热利尿。绿豆也是消暑的主要食材之一，不管用它做绿豆粥、绿豆汤、绿豆糕都可以。不但吃起来味道清香，还具有许多食疗功能。所以盛夏之时，每个家庭几乎都会食用绿豆来防暑降温、清热解毒。黄瓜、绿豆搭配黄豆制成的这款豆浆具有泻火、解毒的功效，很适合夏天饮用。

贴心提示　黄瓜和绿豆均性凉，慢性支气管炎、结肠炎、胃溃疡病等属虚寒者宜少食黄瓜绿豆豆浆。

枸杞青豆豆浆

【材料】黄豆 50 克,青豆 50 克,枸杞 5 ~ 7 粒,清水、白糖或冰糖各适量。

【做法】❶ 将黄豆、青豆清洗干净后,在清水中浸泡 6 ~ 8 小时,泡至发软备用;枸杞洗干净后,用温水泡开。❷ 将浸泡好的黄豆、青豆和枸杞一起放入豆浆机中,加水煮至豆浆做好。❸ 过滤后,按个人口味加糖调味,不宜吃糖者,可用蜂蜜代替。

养生功效 枸杞可以说是一种药食同源的常用食物,它具有补益肝肾、养血明目、防老抗衰等功效。现代医学研究发现,枸杞还有护肝及防治脂肪肝的作用。这主要源于枸杞子中含有的甜茶碱成分,它有抑制脂肪在肝细胞内沉积、促进肝细胞再生的作用。枸杞、青豆、黄豆搭配制成的豆浆,具有清肝、润燥的功效。

贴心提示 枸杞温热身体的功效很强,正在感冒发烧、身体有炎症、腹泻的人不宜食用这款豆浆。

黑米枸杞豆浆

【材料】黑米 25 克，黄豆 50 克，枸杞 5～7 粒，清水、白糖或冰糖适量。

【做法】❶将黄豆清洗干净后，在清水中浸泡 6～8 小时，泡至发软备用；黑米淘洗干净后，用清水浸泡 2 小时；枸杞洗干净后，用温水泡开。❷将浸泡好的黄豆、黑米、枸杞一起放入豆浆机的杯体中，添加清水至上下水位线之间，启动机器，煮至豆浆机提示黑米枸杞豆浆做好。❸将打出的黑米枸杞豆浆过滤后，按个人口味趁热添加适量白糖或冰糖调味，不宜吃糖者，可用蜂蜜代替。不喜甜者也可不加糖。

> 养生功效　枸杞子是春季温补肝脏的佳品。它不仅富含硒元素，而且含有抗肝癌的成分儿茶酚胺。每日补硒 200 微克以增加血硒浓度，可以明显降低乙肝感染率和肝脏损伤程度。黑米也有养肝明目、补益脾胃、滋阴补肾的作用。这款豆浆很适合在春天养肝时饮用。

> 贴心提示　黑米因其外部有一层较坚韧的种皮，所以不容易煮烂，吃未煮烂的黑米，容易引起肠胃紊乱。病后消化能力弱的人不宜吃黑米，可用紫米来代替。

葡萄玉米豆浆

【材料】玉米渣 30 克，鲜葡萄 20 克，黄豆 50 克，清水、白糖或冰糖适量。

【做法】❶将黄豆清洗干净后，在清水中浸泡 6～8 小时，泡至发软备用；玉米渣淘洗干净后，用清水浸泡 2 小时；葡萄去皮去子。❷将浸泡好的黄豆、玉米渣和葡萄一起放入豆浆机的杯体中，添加清水至上下水位线之间，启动机器，煮至豆浆机提示葡萄玉米豆浆做好。❸将打出的葡萄玉米豆浆过滤后，按个人口味趁热添加适量白糖或冰糖调味，不宜吃糖者，可用蜂蜜代替。不喜甜者也可不加糖。

> 养生功效　葡萄中含有的多酚类物质是天然的自由基清除剂，抗氧化活性很强，能够有效地调整肝脏细胞的功能，减少自由基对肝细胞的伤害。黄豆中富含不饱和卵磷脂，有防止脂肪肝形成的作用。玉米富含膳食纤维和维生素，有良好的抗癌作用。这款豆浆能够增强肝脏功能，对于预防脂肪肝、肝炎等疾病有一定食疗作用。

> 贴心提示　因葡萄含糖分高，故糖尿病患者不宜过多饮用这款豆浆。

五豆红枣豆浆

【材料】黄豆、黑豆、豌豆、青豆、花生各20克，红枣适量，清水、白糖或冰糖适量。

【做法】❶ 将黄豆、黑豆、豌豆、青豆清洗干净后，在清水中浸泡6~8小时，泡至发软备用；花生洗干净，略泡；红枣洗干净，去核。❷ 将浸泡好的黄豆、黑豆、豌豆、青豆、花生和红枣一起放入豆浆机的杯体中，添加清水至上下水位线之间，启动机器，煮至豆浆机提示五豆红枣豆浆做好。❸ 将打出的五豆红枣豆浆过滤后，按个人口味趁热添加适量白糖或冰糖调味，不宜吃糖者，可用蜂蜜代替。不喜甜者也可不加糖。

> 养生功效 绿豆有清热解毒的作用。黄豆营养丰富，对肝脏很有好处。青豆富含不饱和脂肪酸和大豆磷脂，能预防脂肪肝。豌豆富含胡萝卜素，有抗癌作用。花生富含不饱和脂肪酸，能降低胆固醇。五豆加入红枣做成豆浆后有助于肝细胞的修复。

贴心提示 糖尿病患者不宜多食五豆红枣豆浆。

生菜青豆浆

【材料】生菜30克，青豆70克，清水适量。

【做法】❶ 将青豆清洗干净后，在清水中浸泡6~8小时，泡至发软备用；生菜洗净后切碎。❷ 将浸泡好的青豆和切好的生菜一起放入豆浆机的杯体中，添加清水至上下水位线之间，启动机器，煮至豆浆机提示生菜青豆浆做好。❸ 将打出的生菜青豆浆过滤后即可饮用。

> 养生功效 生菜在日常生活中的吃法也有很多种，最常见的就属汉堡包了，它是汉堡不可缺少的组成部分。生菜能够保护我们的肝脏，促进胆汁形成，防止胆汁瘀积，有效预防胆石症和胆囊炎。另外，生菜可清除血液中的垃圾，具有血液消毒和利尿作用，帮助肝脏排毒；肝脏喜欢青色的食物，所以青豆对于养肝也有一定的作用。现代营养学也发现青豆中含有的不饱和脂肪酸以及大豆磷脂，对于预防脂肪肝的形成很有效果。所以，用生菜和青豆制作出的豆浆，具有清肝、预防脂肪肝的养生功效。

贴心提示 生菜性凉，患有尿频和胃寒的人不宜多饮生菜青豆浆。

青豆黑米豆浆

【材料】黑米25克，青豆25克，黄豆40克，清水、白糖或冰糖适量。

【做法】❶将黄豆、青豆清洗干净后，在清水中浸泡6～8小时，泡至发软备用；黑米淘洗干净后，用清水浸泡2小时。❷将浸泡好的黄豆、青豆和黑米一起放入豆浆机的杯体中，添加清水至上下水位线之间，启动机器，煮至豆浆机提示青豆黑米豆浆做好。❸将打出的青豆黑米豆浆过滤后，按个人口味趁热添加适量白糖或冰糖调味，不宜吃糖者，可用蜂蜜代替。不喜甜者也可不加糖。

养生功效 中医认为，黑米入肝肾两经，所以常食黑米能够起到滋养肝脏的作用。而且还能够抵抗致癌物质的产生，促进血液循环，改善新陈代谢。青豆也有助于肝脏的养护，中医认为"青"色对应人体的肝脏部位，青豆有益肝气的循环、代谢，有益消除疲劳、舒缓肝郁、防范肝疾。这款豆浆，可以起到养肝、护肝、明目的作用。

贴心提示 脾胃虚弱的小儿、老人、久病体虚人群不宜多食青豆黑米豆浆。腹泻者勿食用。

茉莉绿茶豆浆

【材料】茉莉花10克，绿茶10克，黄豆70克，清水、白糖或冰糖适量。

【做法】❶将黄豆清洗干净后，在清水中浸泡6～8小时，泡至发软备用；茉莉花和绿茶洗干净备用。❷将浸泡好的黄豆和茉莉花、绿茶一起放入豆浆机的杯体中，添加清水至上下水位线之间，启动机器，煮至豆浆机提示茉莉绿茶豆浆做好。❸将打出的茉莉绿茶豆浆过滤后，按个人口味趁热添加适量白糖或冰糖调味，不宜吃糖者，可用蜂蜜代替。不喜甜者也可不加糖。

养生功效 中医认为，茉莉花具有理气止痛、开郁辟秽、消肿解毒的功效。绿茶中的茶多酚可增加肝组织中肝脂酶的活性、降低肝组织中过氧化脂质含量。这款豆浆，味甜清香，茉莉花的香气可上透头顶，下去小腹，解除胸中一切陈腐之气，不但疏肝解郁令人神清气爽，还可调理干燥皮肤，有美肌健身提神、防老抗衰功效。

贴心提示 茉莉花辛香偏温，火热内盛，燥结便秘者不宜饮用茉莉绿茶豆浆。

红枣枸杞绿豆豆浆

【材料】绿豆 30 克，红枣 5 枚，枸杞 5 克，黄豆 50 克，清水、白糖或冰糖适量。

【做法】❶ 将黄豆、绿豆清洗干净后，在清水中浸泡 6 ~ 8 小时，泡至发软备用；红枣洗干净，去核；枸杞洗干净，用清水泡软。❷ 将浸泡好的黄豆、绿豆、枸杞和红枣一起放入豆浆机的杯体中，添加清水至上下水位线之间，启动机器，煮至豆浆机提示红枣枸杞绿豆豆浆做好。❸ 将打出的红枣枸杞绿豆豆浆过滤后，按个人口味趁热添加适量白糖或冰糖调味，不宜吃糖者，可用蜂蜜代替。不喜甜者也可不加糖。

养生功效：红枣内含有三萜类化合物的成分，有抑制肝炎病毒活性的作用。此外，红枣还能提高体内单核吞噬细胞系统的吞噬功能，有保护肝脏、增强免疫力的作用。一些慢性肝病患者的体内蛋白相对偏低，而红枣富含氨基酸，它们有利于蛋白质的合成，可以防止低蛋白症状，达到健脾养肝的目的。对一些慢性肝病患者来说，除了定期在专科医生指导下进行必要的监测外，可以每天多吃一些天然的红枣来保护肝脏。当然，利用红枣搭配其他的食材做成的豆浆也是不错的选择。比如，绿豆能够清肝明目、增强肝脏的解毒能力，枸杞子则能滋补肝肾。它们同红枣搭配制成的这款豆浆具有养护肝脏、增强肝脏解毒能力的作用。

芝麻黑豆浆

【材料】芝麻 30 克，黑豆 70 克，清水、白糖或冰糖各适量。

【做法】❶ 将黑豆清洗干净后，在清水中泡至发软备用；芝麻淘去沙粒。❷ 将浸泡好的黑豆和洗净的芝麻一起放入豆浆机中，加水煮至豆浆做好。❸ 将打出的芝麻黑豆浆过滤后，按个人口味趁热往豆浆中添加适量白糖或冰糖调味即可。

养生功效 芝麻是补肾的佳品，它性平味甘，具有补肝肾、润五脏的作用，对于因为肝肾精血不足引起的眩晕、白发、脱发、腰膝酸软、肠燥便秘等病都有较好的食疗保健作用。黑豆具有补肾益精、润肤、乌发的作用，经常食用黑豆有延缓衰老的功效。用芝麻和黑豆制作出的这款豆浆，不但能乌发养发还能补肾益气。

贴心提示 黑豆有解药毒的作用，同时也可降低中药药效，所以正在服中药者忌食芝麻黑豆浆。芝麻虽好，食用时也有一定的禁忌，患有慢性肠炎、便溏腹泻者忌食。

黑枣花生豆浆

【材料】黑枣4枚，花生25克，黄豆70克，清水、白糖或冰糖各适量。

【做法】❶ 将黄豆清洗干净后，在清水中浸泡6～8小时，泡至发软备用；黑枣洗净，去核，切碎；花生去皮。❷ 将浸泡好的黄豆和洗净的黑枣、去皮的花生一起放入豆浆机的杯体中，加水至上下水位线之间，启动机器，煮至豆浆机提示黑枣花生豆浆做好。❸ 将打出的黑枣花生豆浆过滤后，按个人口味趁热往豆浆中添加适量白糖或冰糖调味，患有糖尿病、高血压、高血脂等不宜吃糖者，可用蜂蜜代替。不喜甜者也可不加糖。

> 养生功效 黑枣有补中益气、补肾养胃补血的功能，女性朋友在非经期多食用黑枣，一方面可以补充经期流失的营养，另一方面还可以起到补气养肾的作用。花生可增强记忆，抗衰老，滋润皮肤。这款豆浆具有补血、养肾的功效，尤其适合女人饮用。

> 贴心提示 优质黑枣枣皮乌亮有光，黑里泛红，干燥而坚实，皮薄皱纹细浅。若手感潮湿，枣皮乌黑暗淡，颗粒不匀，皮纹粗而深陷，顶部有小洞，口感粗糙，味淡薄，有明显酸味或苦味，则为质次黑枣，不要选购。

黑米芝麻豆浆

【材料】黑芝麻10克，黑米30克，黑豆50克，清水、白糖或冰糖各适量。

【做法】❶ 将黑豆清洗干净后，在清水中浸泡6～8小时，泡至发软备用；芝麻淘去沙粒；黑米清洗干净，并在清水中浸泡2小时。❷ 将浸泡好的黑豆和洗净的黑芝麻、黑米一起放入豆浆机的杯体中，加水至上下水位线之间，启动机器，煮至豆浆机提示黑米芝麻豆浆做好。❸ 将打出的黑米芝麻豆浆过滤后，按个人口味趁热往豆浆中添加适量白糖或冰糖调味，患有糖尿病、高血压、高血脂等不宜吃糖者，可用蜂蜜代替。不喜甜者也可不加糖。

> 养生功效 根据《黄帝内经》中的五色应五脏原理，肾色为黑色，属冬天。黑色的食品有益肾、抗衰老的作用。黑芝麻属于我们常说的"黑五类"之一，黑米、黑豆也是典型的黑色食物。这三者制成豆浆，补肾效果更佳。

> 贴心提示 "黑五类"即黑米、黑豆、黑芝麻、黑枣、黑荞麦，这是最典型的代表，食材也比较容易得到。"黑五类"个个都是养肾的"好手"。

桂圆山药核桃黑豆浆

【材料】黑豆50克，山药30克，核桃20克，桂圆、清水适量。

【做法】❶将黑豆清洗干净后，在清水中浸泡6～8小时，泡至发软备用；山药去皮后切成小丁，下入开水中略焯，捞出后沥干；桂圆去皮、去核；核桃仁备用。❷将浸泡好的黑豆同核桃、山药、桂圆一起放入豆浆机的杯体中，添加清水至上下水位线之间，启动机器，煮至豆浆机提示桂圆山药核桃黑豆浆做好。❸将打出的桂圆山药核桃黑豆浆过滤后即可饮用。

养生功效 古人很推崇桂圆的营养价值，有许多本草书都介绍了桂圆的滋养和保健作用。早在汉朝时期，桂圆就已作为药用，它有滋补强体，补心安神、养血壮阳的功效。山药具有补肾固精的作用，对于肾虚导致的遗精、尿频等症有很好的疗效。黑豆具有补肾益精、解毒利尿的功效；核桃自古也是补肾健脑的佳品；桂圆、山药、核桃搭配黑豆制成的这款桂圆山药核桃黑豆浆，可益肾补虚、滋养脾胃。

贴心提示 大便干燥者不宜食用桂圆山药豆浆。孕妇应慎食。

红豆枸杞豆浆

【材料】红豆 15 克，枸杞 15 克，黄豆 50 克，清水、白糖或冰糖适量。

【做法】❶ 将黄豆、红豆清洗干净后，在清水中浸泡 6 ~ 8 小时，泡至发软备用；红枣洗干净，去核；枸杞洗干净，用清水泡软。❷ 将浸泡好的黄豆、红豆、枸杞和红枣一起放入豆浆机的杯体中，添加清水至上下水位线之间，启动机器，煮至豆浆机提示红豆枸杞豆浆做好。❸ 将打出的红豆枸杞豆浆过滤后，按个人口味趁热添加适量白糖或冰糖调味，不宜吃糖者，可用蜂蜜代替。不喜甜者也可不加糖。

> 养生功效 枸杞不仅具有养肝明目的功效，它还是补肾养阳的最佳食物，所以枸杞很受白领一族的欢迎。红豆对于夏天因为心肾功能不好导致的下肢水肿有不错的效果，在夏日食用它还可以为人体补充钾离子，避免夏日的低钾症。这款豆浆具有养血安神、补肾益气的功效，能够帮助现代人缓解疲劳。

> 贴心提示 枸杞性质比较温和，多吃一点没有大碍，但若毫无节制，进食过多也会上火。

木耳黑米豆浆

【材料】黑米 50 克，黄豆 50 克，木耳 20 克，清水、白糖或蜂蜜适量。

【做法】❶ 将黄豆清洗干净后，在清水中浸泡 6 ~ 8 小时，泡至发软备用；黑米淘洗干净，用清水浸泡 2 小时；木耳洗净，用温水泡发。❷ 将浸泡好的黄豆、木耳同黑米一起放入豆浆机的杯体中，添加清水至上下水位线之间，启动机器，煮至豆浆机提示木耳黑米豆浆做好。❸ 将打出的木耳黑米豆浆过滤后，按个人口味趁热添加适量白糖，或等豆浆稍凉后加入蜂蜜即可饮用。

> 养生功效 黑米和黑木耳都属于黑色食物，有补肾的功效。具体而言，黑米能滋阴补肾，长期食用可延年益寿。黑木耳具有补气补肾的功效，黑木耳所含的发酵和植物碱，还具有促进消化道与泌尿道各种腺体分泌的特性，并协同这些分泌物催化结石，滑润管道，使结石排出。这款豆浆滋肾养胃，有很好的食疗功效。

> 贴心提示 新鲜木耳中含有一种叫作"卟啉"的物质，人吃了新鲜木耳后，经阳光照射会发生植物日光性皮炎，使皮肤暴露部分出现红肿、痒痛。

枸杞黑豆豆浆

【材料】黑豆50克，黄豆50克，枸杞5～7粒，清水、白糖或冰糖各适量。

【做法】❶将黄豆、黑豆清洗干净后，在清水中浸泡6～8小时，泡至发软备用；枸杞洗干净后，用温水泡开。❷将浸泡好的黄豆、黑豆和枸杞一起放入豆浆机的杯体中，添加清水至上下水位线之间，启动机器，煮至豆浆机提示枸杞黑豆豆浆做好。❸将打出的枸杞黑豆豆浆过滤后，按个人口味趁热往豆浆中添加适量白糖或冰糖调味，不宜吃糖者，可用蜂蜜代替。

养生功效 一般而言，养发护发不能忽视补肾，如果肾气充足，就会有一头"乌油油"浓密亮泽的头发，如果肾气不足，头发不但少，还缺少光泽。枸杞有补肾益精的作用，黑豆同样也是补肾的佼佼者。枸杞、黑豆、黄豆搭配制成的这款豆浆具有补肾益精、乌发等功效。

贴心提示 在没有时间做豆浆的时候，也可以通过嚼服枸杞的方式达到补肾的目的，一般每天2～3次，每次10克枸杞即可。

黑米核桃黑豆豆浆

【材料】黄豆50克，黑豆20克，黑米10克，核桃10克，蜂蜜10克，清水适量。

【做法】❶将黄豆、黑豆清洗干净后，在清水中浸泡6～8小时，泡至发软备用；黑米淘洗干净，用水浸泡2小时；核桃仁准备好。❷将浸泡好的黄豆、黑豆、黑米和核桃一起放入豆浆机的杯体中，添加清水至上下水位线之间，启动机器，煮至豆浆机提示黑米核桃黑豆豆浆做好。❸将打出的黑米核桃黑豆豆浆过滤后，趁热添加入蜂蜜即可。

养生功效 《黄帝内经》在谈到肾的时候指出"其谷豆"，意思是豆类食物对肾脏有保护作用。黑豆和黄豆都能补肾，尤其是黑豆补肾的效果更好。中医认为黑豆归脾、肾经，具有补肾强身、活血利水、解毒、润肤的功效，特别适合肾虚者。核桃、黑米也具有滋阴补肾的作用。

贴心提示 辨别黑豆真假主要看黑豆上的胚芽口是否为白色。所有正宗黑豆的胚芽口都是白色的。如果发现胚芽口是黑色的，说明该黑豆是经过染色的豆子。

紫米核桃黑豆浆

【材料】紫米、黑豆、小米、黑芝麻、核桃各20克，红枣4颗，清水、白糖或冰糖适量。

【做法】❶将黑豆清洗干净后，在清水中浸泡6～8小时，泡至发软备用；紫米淘洗干净，用清水浸泡2小时；黑芝麻、核桃仁备用；红枣洗净去核，加温水泡开。❷将浸泡好的黑豆、紫米、黑芝麻、核桃仁等一起放入豆浆机的杯体中，添加清水至上下水位线之间，启动机器，煮至豆浆机提示紫米核桃黑豆浆做好。❸将打出的紫米核桃黑豆浆过滤后，按个人口味趁热添加适量白糖或冰糖调味，不宜吃糖者，可用蜂蜜代替。

养生功效 这款紫米核桃黑豆浆适合冬季饮用。冬季是滋补肾脏的最佳时节，在饮食调养方面，以温肾阳，健脾胃为主，少吃咸味食物，而增加一些苦味的食物，以助养心阳。紫米具有滋阴补肾，健脾暖肝的作用。黑豆、黑芝麻、核桃也是人们熟知的补肾"高手"。它们"强强联手"，再加上养脾胃的小米和补气养血的红枣，能够共同发挥出滋养肝肾的作用，尤其适合在冬日手脚冰凉、胃寒怕冷的肾虚人群食用。

贴心提示 紫米并不是黑米，它属于糯米类，与普通大米的区别是种皮有一层薄薄的紫色物质，故而得名紫米。

莲子百合绿豆豆浆

【材料】百合 15 克，莲子 15 克，绿豆 30 克，黄豆 30 克，清水、白糖或冰糖适量。

【做法】❶ 将黄豆、绿豆清洗干净后，在清水中泡至发软备用；干百合和莲子清洗干净后略泡。❷ 将浸泡好的黄豆、绿豆、百合、莲子一起放入豆浆机中，加水煮至豆浆机提示莲子百合绿豆豆浆做好。❸ 将打出的莲子百合绿豆豆浆过滤后，按个人口味趁热添加适量白糖或冰糖调味即可。

养生功效 绿豆能清热，对于肺热和肺燥引起的一些症状能够起到改善作用。莲子也有滋阴润肺的功能；百合尤其是鲜品百合中富含黏液质，具有润燥清热作用。绿豆、莲子、百合再搭配上营养丰富的黄豆，不仅具有良好的营养滋补之功，而且还对秋季气候干燥引起的多种季节性肺气虚弱、慢性支气管炎有一定的改善作用。

贴心提示 百合鲜品目前市面上有鲜百合和干百合，鲜百合口感比较好，也容易煮烂，干百合煮熟后口感带酸。所以在选用百合的时候，最后选用鲜百合。

木瓜西米豆浆

【材料】黄豆70克，西米30克，木瓜1块，清水、白糖或冰糖适量。

【做法】❶将黄豆清洗干净后，在清水中浸泡6~8小时，泡至发软备用；西米淘洗干净，用清水浸泡2小时；木瓜去皮去子，切成小块。❷将浸泡好的黄豆、西米和木瓜一起放入豆浆机的杯体中，添加清水至上下水位线之间，启动机器，煮至豆浆机提示木瓜西米豆浆做好。❸将打出的木瓜西米豆浆过滤后，按个人口味趁热添加适量白糖或冰糖调味，不宜吃糖者，可用蜂蜜代替。不喜甜者也可不加糖。

养生功效 中医认为，木瓜味甘、性平、微寒，助消化之余还能消暑解渴、润肺止咳。西米除了健脾的功效之外，也有补肺、化痰的作用。中医认为肺主皮毛，所以西米的补肺功效还可以让皮肤变得细嫩光环。这款豆浆，味道香浓嫩滑，具有润肺化痰的功效。

贴心提示 木瓜有公母之分。公木瓜为椭圆形，看起来比较笨重，核少肉结实，味甜香。母木瓜身稍长，核多肉松，味稍差。大家在挑选的时候，可以注意一下。

百合糯米豆浆

【材料】百合15克，糯米20克，黄豆50克，清水、白糖或蜂蜜适量。

【做法】❶将黄豆清洗干净后，在清水中浸泡6~8小时，泡至发软备用；糯米淘洗干净，用水浸泡2小时；百合洗净，略泡，切碎；红枣洗干净，去核。❷将浸泡好的黄豆、糯米、百合、红枣一起放入豆浆机的杯体中，添加清水至上下水位线之间，启动机器，煮至豆浆机提示百合糯米豆浆做好。❸将打出的百合糯米豆浆过滤后，按个人口味趁热添加适量白糖，或等豆浆稍凉后加入蜂蜜即可饮用。

养生功效 百合润肺止咳、清心安神。糯米也能养肺，二者搭配同黄豆一起制作出的这款豆浆可以缓解肺热、消除烦躁。

贴心提示 因为鲜百合需要冰冻储藏，所以市场里如果是在常温条件下摆卖，就很容易变质。购买时最好要求卖主在付钱后打开包装让你检查，以便及时退换。

杏仁豆浆

【材料】杏仁 5～6 粒，黄豆 80 克，清水、白糖或冰糖各适量。

【做法】❶ 将黄豆清洗干净后，在清水中泡至发软备用；干杏仁洗净后也要和黄豆一样泡软，不过若是新鲜的杏仁，洗净只需略泡一下即可。❷ 将浸泡好的黄豆和杏仁一起放入豆浆机中，加清水煮至豆浆做好。❸ 过滤后，按个人口味加糖调味。

养生功效 杏仁是一种营养素密集型坚果，含有丰富的营养元素，它有苦杏仁和甜杏仁两种。甜杏仁既可以作为休闲小吃，又可以做凉菜，苦杏仁一般用来入药，做豆浆时一般用甜杏仁。《主治秘诀》记载，杏仁能"润肺气，消食，升滞气"。现代研究认为，杏仁含苦杏仁甙，具有较强的镇咳化痰作用。服用杏仁后会产生微量氢氰酸，能抑制呼吸中枢，达到镇咳平喘的目的。

贴心提示 杏仁豆浆一般人都可食用，尤其适合有呼吸系统疾病的人。不过，产妇、幼儿、病人，特别是糖尿病患者不宜食用。苦杏仁有毒，不可生食，入药多为煎剂。

荸荠百合雪梨豆浆

【材料】百合 20 克，荸荠 20 克，黄豆 50 克，雪梨 1 个，清水、白糖或冰糖适量。

【做法】❶ 将黄豆清洗干净后，在清水中浸泡 6 ~ 8 小时，泡至发软备用；百合洗净，略泡，切碎；荸荠去皮，洗净，切碎；雪梨洗净，去皮、核，切成小块。❷ 将浸泡好的黄豆和荸荠、百合、雪梨一起放入豆浆机的杯体中，添加清水至上下水位线之间，启动机器，煮至豆浆机提示荸荠百合雪梨豆浆做好。❸ 将打出的荸荠百合雪梨豆浆过滤后，按个人口味趁热添加适量白糖或冰糖调味，不宜吃糖者，可用蜂蜜代替。也可不加糖。

养生功效 荸荠和梨一样都是甘寒清凉之品，能养阴润肺。百合也有润肺、止咳的功效，能有效改善肺部的功能。这款豆浆能润肺补肺。

贴心提示 荸荠百合雪梨豆浆不适合消化能力弱、脾胃虚寒的人饮用。

糯米莲藕百合豆浆

【材料】糯米 20 克，百合 10 克，莲藕 30 克，黄豆 40 克，清水、白糖或冰糖适量。

【做法】❶ 将黄豆清洗干净后，在清水中浸泡 6 ~ 8 小时，泡至发软备用；糯米清洗干净，在清水中浸泡 2 小时；百合洗净，略泡，切碎；莲藕洗净去皮后，切成碎丁。❷ 将浸泡好的黄豆、糯米、百合、莲藕一起放入豆浆机的杯体中，添加清水至上下水位线之间，启动机器，煮至豆浆机提示糯米莲藕百合豆浆做好。❸ 将打出的糯米莲藕百合豆浆过滤后，按个人口味趁热添加适量白糖或冰糖即可饮用。

养生功效 莲藕是佳蔬，它润肺的功效值得关注。另外，百合也是清肺润燥食物中的佼佼者，它们二者加上糯米、黄豆制成的豆浆可以辅助调养秋燥咳嗽、肺热干咳，而且还能缓解因为咳嗽引起的中气不足症状。

贴心提示 由于百合偏凉性，胃寒的患者宜少食用糯米莲藕百合豆浆。因感冒风寒引起的咳嗽者也不宜饮用这款豆浆。

黄芪大米豆浆

【材料】黄芪、大米各25克，黄豆50克，清水、白糖或冰糖适量。

【做法】❶将黄豆洗净，在清水中浸泡6～8小时；黄芪煎汁；大米淘洗干净备用。❷将浸泡好的黄豆和大米一起放入豆浆机的杯体中，淋入黄芪汁，加清水煮至豆浆做好。❸过滤后，按个人口味加糖调味即可。

养生功效 黄芪可以补养五脏六腑之气。大米能益气、通血脉、补脾、养阴。用黄芪和大米制作出的这款豆浆可改善气虚、气血不足等症。

贴心提示 黄芪煎汁时，可先将黄芪放进沙锅中，加适量清水浸泡半小时，上火烧开后，转成小火继续煎半小时，去渣取汁即可。感冒发烧、胸腹有满闷感者不宜食用这款豆浆。

糯米杏仁豆浆

【材料】糯米 30 克，黄豆 50 克，甜杏仁 4 个，清水、白糖或蜂蜜适量。

【做法】❶ 将黄豆清洗干净后，在清水中浸泡 6 ~ 8 小时，泡至发软备用；糯米淘洗干净，用清水浸泡 2 小时；甜杏仁切成小碎丁。❷ 将浸泡好的黄豆同糯米、甜杏仁一起放入豆浆机的杯体中，添加清水至上下水位线之间，启动机器，煮至豆浆机提示糯米杏仁豆浆做好。❸ 将打出的糯米杏仁豆浆过滤后，按个人口味趁热添加适量白糖或冰糖即可饮用。

> 养生功效 糯米常入药，著名方剂"补肺阿胶汤"中就有糯米的踪影。糯米是一种温和滋补之品，能够补脾胃，益肺气，搭配其他食物对于肺部疾病有不错的效果；杏仁有甜杏仁和苦杏仁之分，苦杏仁能够止咳平喘，甜杏仁则有一定的补肺作用。糯米、杏仁搭配黄豆做成的豆浆，能够益气健脾、补肾润肺。

贴心提示 甜杏仁也可以换成大杏仁，同样有补肺的功效。

白果豆浆

【材料】白果 15 个，黄豆 70 克，冰糖 20 克，清水适量。

【做法】❶ 将黄豆清洗干净后，在清水中浸泡 6 ~ 8 小时，泡至发软备用；白果去壳。❷ 将浸泡好的黄豆和白果果肉一起放入豆浆机的杯体中，添加清水至上下水位线之间，启动机器，煮至豆浆机提示白果豆浆做好。❸ 将打出的白果豆浆过滤后，趁热添加冰糖即可。

> 养生功效 冰糖去火广为人知，其实它还是止咳的佳品，与食材合理搭配可改善多种原因引起的咳嗽。白果就是冰糖止咳时的一个好搭档，白果性味甘、苦、涩、平，归肺经，具有敛肺定喘、止带浊、缩小便的作用。冰糖搭配上白果和豆浆，喝起来又甜又香，还能够止咳平喘、补肺益肾，对肺燥引起的咳嗽、干咳无痰、咳痰带血等症状都有较好的作用。

贴心提示 有实邪者忌服冰糖白果豆浆。使用白果切不可过量，白果生食或炒食过量可致中毒，小儿误服中毒尤为常见，症状为发热、呕吐、腹痛、泄泻、惊厥、呼吸困难。成年人每天吃 20 ~ 30 粒为宜，小儿酌情递减。

大米雪梨黑豆豆浆

【材料】黑豆50克，大米30克，雪梨1个，清水、冰糖或蜂蜜适量。

【做法】❶将黑豆清洗干净后，在清水中浸泡6～8小时，泡至发软备用；大米淘洗干净，用清水浸泡2小时；雪梨洗净，去子，切碎。❷将浸泡好的黑豆和大米、雪梨一起放入豆浆机的杯体中，加清水煮至豆浆做好。❸将打出的大米雪梨黑豆豆浆过滤后，按个人口味趁热添加冰糖或蜂蜜调味。

养生功效 冰糖雪梨汤是人们在咳嗽后最常用的饮品。其实在这个汤的基础上稍加改造，就可以做成一款特别适用于年老者咳嗽时的饮食妙方，那就是在其中加入黑豆和大米制成豆浆。黑豆看似属于补肾的食物，同咳嗽毫无关系，实际上黑豆的这一补肾作用有助于平喘，利湿的作用又助于化痰。同雪梨一起搭配，能够共同发挥出清热化痰，止咳平喘的功用。这款豆浆尤其适合老年慢性气管炎有热痰者食用。

贴心提示 雪梨要想切得更碎，可以先用刨丝刀将它擦成细丝后再切。另外，雪梨性凉，不宜多放，加入一个中等大小的即可。

桑叶豆浆

【材料】桑叶 30 克，黄豆 70 克，清水、白糖或冰糖适量。

【做法】❶将黄豆清洗干净后，在清水中浸泡 6 ~ 8 小时，泡至发软备用；桑叶清洗干净后撕成碎块。❷将浸泡好的黄豆、桑叶一起放入豆浆机的杯体中，添加清水至上下水位线之间，启动机器，煮至豆浆机提示桑叶豆浆做好。❸将打出的桑叶豆浆过滤后，按个人口味趁热添加适量白糖或冰糖调味，不宜吃糖者，可用蜂蜜代替。不喜甜者也可不加糖。

养生功效 桑叶味甘、微苦，性寒，入肺、肝经，能疏散风热、清肺止咳、平肝明目。桑叶能够清热疏风，缓解症状。在豆浆中加入桑叶，对于肺热咳嗽以及肝热的患者都有不错的功效，而且这样的豆浆性质平和，就算是体质稍差的人饮用也无妨。

贴心提示 风寒感冒有口淡、鼻塞、流清涕、咳嗽的人不宜食用这款豆浆。

西米豆浆

【材料】西米 50 克，黄豆 50 克，清水、白糖或蜂蜜适量。

【做法】❶将黄豆清洗干净后，在清水中浸泡 6 ~ 8 小时，泡至发软备用；西米淘洗干净，用清水浸泡 2 小时。❷将浸泡好的黄豆同西米一起放入豆浆机的杯体中，添加清水至上下水位线之间，启动机器，煮至豆浆机提示西米豆浆做好。❸将打出的西米豆浆过滤后，按个人口味趁热添加适量白糖，或等豆浆稍凉后加入蜂蜜即可饮用。

养生功效 西米原是印度尼西亚的特产，是用一种生长在热带的西谷椰树所储的碳水化合物，加水调成糊状，去掉木质纤维，洗涤数次后得的食用淀粉，而后再经搓磨过筛制成颗粒，即西米。西米有健脾、补肺、化痰的功效，脾胃虚弱和消化不良的人适宜食用。而且，西米还有使皮肤恢复天然润泽的功能，用西米和黄豆制成的豆浆很受女士的喜爱。

贴心提示 糖尿病患者忌食。

紫米人参红豆豆浆

【材料】人参10克,红小豆15克,紫米20克,黄豆60克,清水、白糖或冰糖适量。

【做法】❶将黄豆、红小豆清洗干净后,在清水中浸泡6~8小时,泡至发软备用;紫米淘洗干净,用清水浸泡2小时;人参煎汁备用。❷将浸泡好的黄豆、红小豆和紫米一起放入豆浆机的杯体中,淋入人参煎汁,添加清水至上下水位线之间,启动机器,煮至豆浆机提示紫米人参红豆豆浆做好。❸将打出的紫米人参红豆豆浆过滤后,按个人口味趁热添加适量白糖或冰糖调味,不宜吃糖者,可用蜂蜜代替。不喜甜者也可不加糖。

养生功效 人参是举世闻名的珍贵药材,中医认为其功重在大补正元之气,以壮生命之本,进而固脱、益损、止渴、安神。紫米能够补足人体所需的微量元素,可补血益气。红小豆具有养血的功效,搭配上人参、紫米和红豆制成的豆浆,可大补元气,改善气血不足。

贴心提示 这款豆浆由于加入了人参,滋补性较强。如果不是气虚的人,最好不要服用,平时也要慎用人参当茶饮,避免滥服人参的现象出现。

百合红豆浆

【材料】干百合50克,红豆100克,清水、白糖或冰糖适量。

【做法】❶将红豆清洗干净后,在清水中浸泡6~8小时,泡至发软备用;干百合清洗干净后略泡。❷将浸泡好的红豆和百合一起放入豆浆机的杯体中,添加清水至上下水位线之间,启动机器,煮至豆浆机提示百合红豆浆做好。❸将打出的百合红豆浆过滤后,按个人口味趁热添加适量白糖或冰糖调味,不宜吃糖者,可用蜂蜜代替。不喜甜者也可不加糖。

养生功效 百合红豆浆是一种非常理想的润肺佳品。百合性平味甘,微苦,有润肺止咳、清心安神之功,特别适合养肺、养胃的人食用。红豆性平、味甘酸,也可以清热除湿、消肿解毒。百合加红豆制成的豆浆,能够滋润肺脏,清肺热。

贴心提示 百合虽能补气,亦伤肺气,不宜多服。由于百合偏凉性,胃寒的患者宜少食用百合红豆浆。

西芹豆浆

【材料】西芹 20 克，黄豆 80 克，清水适量。

【做法】❶ 将黄豆清洗干净后，在清水中浸泡 6 ~ 8 小时，泡至发软备用；西芹择洗干净后，切成碎丁。❷ 将浸泡好的黄豆同西芹丁一起放入豆浆机的杯体中，添加清水至上下水位线之间，启动机器，煮至豆浆机提示西芹豆浆做好。❸ 将打出的西芹豆浆过滤后即可饮用。

养生功效 食用芹菜可以起到平肝降压的作用，民间有"多吃芹菜不用问，降低血压喊得应"的谚语。芹菜具有抑制血管平滑肌紧张的功效，它能减少肾上腺素的分泌，所以具有降低和平稳血压的效果。长期饮用芹菜和黄豆制作出的豆浆，有助于降低血压。

贴心提示 西芹会抑制睾丸酮的生成，具有杀精作用，会减少精子数量，所以年轻的男性朋友应少饮西芹豆浆。

西芹黑豆浆

【材料】西芹30克，黑豆70克，清水适量。

【做法】❶将黑豆清洗干净后，在清水中浸泡6～8小时，泡至发软备用；西芹择洗干净后，切成碎丁。❷将浸泡好的黑豆同西芹丁一起放入豆浆机的杯体中，添加清水至上下水位线之间，启动机器，煮至豆浆机提示西芹黑豆浆做好。❸将打出的西芹黑豆浆过滤后即可饮用。

养生功效 实验表明，芹菜中含酸性的降压成分，具有明显的降压作用，其持续时间随食量增加而延长。黑豆中蛋白质含量及不饱和脂肪酸含量高，吸收好。且黑豆中不含胆固醇，只有植物固醇，可有效抑制胆固醇的吸收，降低血中胆固醇的作用。将西芹与黑豆结合食用，不仅可以丰富营养，同时可以软化血管，延缓衰老，有效降低血压。

贴心提示 西芹会抑制男性激素的生成，所以年轻的男性朋友应少饮西芹黑豆浆。

芸豆蚕豆浆

【材料】芸豆50克，蚕豆50克，白糖或冰糖、清水适量。

【做法】❶将芸豆和蚕豆清洗干净后，在清水中浸泡6～8小时，泡至发软。❷将浸泡好的芸豆和蚕豆一起放入豆浆机的杯体中，并加水至上下水位线之间，启动机器，煮至豆浆机提示芸豆蚕豆浆做好。❸将打出的芸豆蚕豆浆过滤后，按个人口味趁热往豆浆中添加适量白糖或冰糖调味，患有糖尿病、高血压、高血脂等不宜吃糖者，可用蜂蜜代替。不喜甜者也可不加糖。

养生功效 芸豆和蚕豆营养丰富，均有预防心血管疾病的作用。芸豆是一种高钾、高镁、低钠食品，可有效降低血压。蚕豆含有调节大脑和神经组织的重要成分钙、锌、锰、磷脂等，不含胆固醇，可以提高食品营养价值；其丰富的膳食纤维有降低胆固醇、促进肠蠕动的作用。

贴心提示 芸豆不宜生食，因为芸豆生吃会产生毒素，导致腹泻、呕吐等现象，必须煮透才能食用。芸豆在消化吸收过程中会产生过多的气体，造成胀肚。故消化功能不良、有慢性消化道疾病的人应尽量少食。

薏米青豆黑豆浆

【材料】黑豆60克，青豆20克，薏米20克，清水、白糖或冰糖适量。

【做法】❶将黑豆、青豆洗净后，在清水中泡至发软备用；薏米淘洗干净后，用清水浸泡2小时。❷将浸泡好的黑豆、青豆和薏米一起放入豆浆机中，加清水煮至豆浆做好。❸将过滤后，按个人口味趁热添加适量白糖或冰糖调味。

养生功效 黑豆中含有多种微量元素，包括锌、铜、镁、钼等，这些微量元素可以降低血液黏稠度，对高血压患者非常有益。青豆含有大量的大豆磷脂，可以很好地保持血管的弹性。薏米可以扩张血管。三种材料，具有相同的优点，就是富含不饱和脂肪酸，且各有侧重，相互结合做成的豆浆，不但营养均衡，对预防高血压也有很好的作用。

贴心提示 脾胃虚弱的小儿、老人、久病体虚人群不宜多食此豆浆。腹泻者勿食用。

小米荷叶黑豆浆

【材料】荷叶20克，小米30克，黑豆50克，清水、白糖或冰糖适量。

【做法】❶将黑豆清洗干净后，在清水中浸泡6～8小时，泡至发软备用；荷叶洗净，切碎；小米淘洗干净，用清水浸泡2小时。❷将浸泡好的黑豆与荷叶、小米一起放入豆浆机的杯体中，添加清水至上下水位线之间，启动机器，煮至豆浆机提示小米荷叶黑豆浆做好。❸将打出的小米荷叶黑豆浆过滤后，按个人口味趁热添加适量白糖或冰糖调味，不宜吃糖者，可用蜂蜜代替。不喜甜者也可不加糖。

养生功效 荷叶中的荷叶碱可扩张血管，荷叶所含的槲皮素可扩张冠状血管，改善心肌循环、起到中等程度的降压作用。小米能够抑制血管的收缩。黑豆具有补肾益精的作用，经常食用有利于高血压患者抗衰延年、解表清热。这款豆浆能够抑制血管收缩，改善心肌循环，从而降压。

贴心提示 胃酸过多、消化性溃疡和龋齿者，及服用滋补药品期间忌服用这款豆浆。空腹服用荷叶小米黑豆浆，会令胃酸猛增，对胃有不良刺激。

桑叶黑米豆浆

【材料】桑叶20克，黑米30克，黄豆50克，清水、白糖或冰糖适量。

【做法】❶将黄豆清洗干净后，在清水中浸泡6～8小时，泡至发软备用；桑叶洗净，切碎；黑米淘洗干净，用清水浸泡2小时。❷将浸泡好的黄豆、黑米与桑叶一起放入豆浆机的杯体中，添加清水至上下水位线之间，启动机器，煮至豆浆机提示桑叶黑米豆浆做好。❸将打出的桑叶黑米豆浆过滤后，按个人口味趁热添加适量白糖或冰糖调味，不宜吃糖者，可用蜂蜜代替。不喜甜者也可不加糖。

养生功效 桑叶清热解毒，含有天然的抗氧化剂，能够帮助人体清除自由基，降低患高血压的风险。黑米富含B族维生素、维生素E、钙、磷、钾等微量元素，也具备很好地清除自由基的功能。黄豆不仅不含胆固醇，它所富含的亚油酸还有降低血液中胆固醇的作用。

贴心提示 感冒、鼻塞、流清涕、咳嗽的人不宜食用这款豆浆。

荞麦薏米红豆浆

【材料】红小豆50克，荞麦、薏米各20克，清水适量。

【做法】❶将红小豆清洗干净后，在清水中浸泡6～8小时，泡至发软备用；薏米和荞麦淘洗干净，用清水浸泡2小时。❷将浸泡好的红小豆、薏米、荞麦一起放入豆浆机的杯体中，添加清水至上下水位线之间，启动机器，煮至豆浆机提示荞麦薏米红豆浆做好。❸过滤，待凉至温热后即可饮用。

贴心提示 薏米和荞麦性微寒，虚寒体质者不宜长期食用，孕妇及经期妇女勿食用。

养生功效 薏米低脂、低热量，含有丰富的水溶性纤维，可以吸附负责消化脂肪的胆盐，使肠道对脂肪的吸收率变差，进而降低血脂、降血糖。实验证明薏米可使血糖值和血钙值降低，血压暂时下降。荞麦淀粉中直链淀粉比例较高，可影响水分子进入，延迟糊化与消化速度，从而抑制餐后血糖的升高速度。并且荞麦含有大量的黄酮类化合物，尤其是芦丁，有降低血管通透性、加强脆弱的微细血管的功能，还能促进胰岛素分泌。荞麦铬元素和荞麦糖醇，能调节胰岛素活性，具有降糖作用。红豆营养丰富，富含维生素E及钾、镁、磷、锌、硒等微量元素，是典型的高钾食物，且红豆含膳食纤维高，热量偏低，是理想的降血糖食物。

紫菜山药豆浆

【材料】山药 30 克，紫菜 20 克，黄豆 50 克，清水适量。

【做法】❶ 将黄豆清洗干净后，在清水中浸泡 6 ~ 8 小时，泡至发软备用；紫菜洗干净；山药去皮后切成小丁，下入开水中灼烫，捞出沥干。❷ 将浸泡好的黄豆、洗净的紫菜和山药丁一起放入豆浆机，加清水煮至豆浆做好。❸ 过滤后，加适量盐调味即可。

养生功效　山药含有黏液蛋白，有降低血糖的作用，紫菜所含的多糖具有明显增强细胞免疫和体液免疫的功能，可促进淋巴细胞转化，提高机体的免疫力，显著降低血清胆固醇的总含量。紫菜山药豆浆有益于消化，同时有显著的降血糖功效。

贴心提示　去皮后的山药可以暂时放入冷水中，并在水中加入少量的醋，这样可以防止山药因为氧化而变黑。

银耳南瓜豆浆

【材料】银耳20克，南瓜30克，黄豆50克，清水适量。

【做法】❶将黄豆清洗干净后，在清水中浸泡6～8小时，泡至发软备用；银耳用清水泡发，洗净，切碎；南瓜去皮，洗净后切成小碎丁。❷将浸泡好的黄豆和银耳、南瓜丁一起放入豆浆机的杯体中，添加清水至上下水位线之间，启动机器，煮至豆浆机提示银耳南瓜豆浆做好。❸将打出的银耳南瓜豆浆过滤，待凉至温热后即可饮用。

养生功效 南瓜含有丰富的钴，钴能活跃人体的新陈代谢，促进造血功能，并参与人体内维生素 B_{12} 的合成，是人体胰岛细胞所必需的微量元素，对降低血糖有特殊的效果。银耳中含有蛋白质、脂肪和多种氨基酸、矿物质及肝糖，既有补脾开胃的功效，又有益气清肠的作用，还可以滋阴润肺。银耳搭配南瓜可预防多种糖尿病并发症。

贴心提示 睡前食用这款豆浆，可能会造成血黏度增高。

燕麦玉米须黑豆浆

【材料】黑豆50克，燕麦30克，玉米须20克，清水适量。

【做法】❶将黑豆清洗干净后，在清水中浸泡6～8小时，泡至发软备用；燕麦淘洗干净，用清水浸泡2小时；玉米须洗净，剪碎。❷将浸泡好的黑豆、燕麦和玉米须一起放入豆浆机的杯体中，添加清水至上下水位线之间，启动机器，煮至豆浆机提示燕麦玉米须黑豆浆做好。❸将打出的燕麦玉米须黑豆浆过滤，待凉至温热后即可饮用。

养生功效 实验证明玉米须的发酵制剂有明显的降血糖作用，高血脂、高血糖者食用玉米须可以降血脂、血压、血糖。燕麦中高黏稠度的可溶性纤维能延缓胃的排空，增加饱腹感，控制食欲，经常食用燕麦有非常好的降糖作用。黑豆的血糖生成指数很低，因此，这款豆浆很适合血糖较高、糖耐量异常者食用。

贴心提示 玉米须要剪碎，否则易缠绕在豆浆机的搅拌棒上。肾结石患者不宜食用这款豆浆，因为燕麦和黑豆中的草酸盐可与钙结合，易形成结石，加重肾结石的症状。

枸杞荞麦豆浆

【材料】荞麦30克，枸杞20克，黄豆50克，清水适量。

【做法】❶将黄豆清洗干净后，在清水中浸泡6～8小时，泡至发软备用；荞麦淘洗干净，用清水浸泡2小时；枸杞洗净，用清水泡软。❷将浸泡好的黄豆、荞麦、枸杞一起放入豆浆机的杯体中，添加清水至上下水位线之间，启动机器，煮至豆浆机提示枸杞荞麦豆浆做好。❸将打出的枸杞荞麦豆浆过滤，待凉至温热后即可饮用。

养生功效 荞麦中所含的铬元素可促进胰岛素在人体内发挥作用。枸杞中的活性成分枸杞多糖，对血清胰岛素水平有提高作用，并有修复受损胰岛细胞和促进胰岛细胞再生的功能，能有效降低血糖。黄豆中含有一种抑胰酶的物质，它对糖尿病有一定的改善。血糖高的人经常饮用枸杞荞麦豆浆，可有效降低血糖，预防糖尿病。

贴心提示 由于枸杞温热身体的效果相当强，正在感冒发烧、身体有炎症、腹泻的人最好不要食用枸杞荞麦豆浆。

榛仁豆浆

【材料】榛仁 40 克，黄豆 60 克，清水、白糖或冰糖适量。

【做法】❶ 将黄豆清洗干净后，在清水中浸泡 6～8 小时，泡至发软备用；榛仁清洗干净后在温水中略泡，碾碎。❷ 将浸泡好的黄豆、榛仁一起放入豆浆机的杯体中，加清水煮至豆浆做好。❸ 过滤后，按个人口味趁热添加适量白糖或冰糖调味，不宜吃糖者，可用蜂蜜代替。

养生功效 在榛子的主产地土耳其，除了单独食用以外，它更是各种糕点、冰激凌等甜食中不可缺少的搭配。土耳其人日常以肉食为主，烧肉或烤肉是最主要的食物，但奇怪的是，大部分土耳其人的血脂指标都很正常，并没有因为吃肉而损害健康。这是因为他们常吃榛子，榛子所含的丰富脂肪主要是人体不能自身合成的不饱和脂肪酸，能够促进胆固醇代谢，软化血管，维护毛细血管的健康。榛仁的这种功效使榛仁豆浆也具有降低血脂的作用，而且本身黄豆中也含有不饱和脂肪酸，所以制成豆浆后降血脂的作用更强。

紫薯南瓜豆浆

【材料】紫薯 20 克，南瓜 3 克，黄豆 50 克，清水适量。

【做法】❶ 将黄豆清洗干净后，在清水中浸泡 6 ～ 8 小时，泡至发软备用；紫薯去皮、洗净，之后切成小碎丁；南瓜去皮，洗净后切成小碎丁。❷ 将浸泡好的黄豆和切好的紫薯、南瓜一起放入豆浆机的杯体中，添加清水至上下水位线之间，启动机器，煮至豆浆机提示紫薯南瓜豆浆做好。

> **养生功效** 紫薯中富含花青素，花青素可促使更多的维生素 C 生效。花青素和维生素 C 的组合可以使胆固醇分解，成为胆汁盐，进而排出体外。也就是说，紫薯中的花青素加快了有害的胆固醇的分解和排除。南瓜的营养价值很高，它可降血脂，助消化，提高机体的免疫力。南瓜和豆浆的植物纤维结合，可很好地帮助消化，降低胆固醇，此为去油脂的减肥佳品。如果再加上富含花青素的紫薯，这款豆浆就能更有效地降低血胆固醇浓度。

贴心提示 胃酸过多者不宜多食紫薯南瓜豆浆。

红薯芝麻豆浆

【材料】红薯 50 克，芝麻 20 克，黄豆 30 克，清水适量。

【做法】❶ 将黄豆清洗干净后，在清水中浸泡 6 ～ 8 小时，泡至发软备用；红薯去皮洗净，切成小块；芝麻淘去沙粒。❷ 将浸泡好的黄豆和切好的红薯、淘净的芝麻一起放入豆浆机的杯体中，添加清水至上下水位线之间，启动机器，煮至豆浆机提示红薯芝麻豆浆做好。❸ 将打出的红薯芝麻豆浆过滤，待凉至温热后即可饮用。

> **养生功效** 红薯对人体器官黏膜有特殊的保护作用，可抑制胆固醇的沉积，保持血管弹性；芝麻可提供人体所需的维生素 E、维生素 B_1、钙质，特别是它的亚麻仁油酸成分，可去除附在血管壁上的胆固醇。红薯、芝麻和黄豆搭配制成的这款豆浆能够保持血管弹性，对血脂异常的现象有一定的改善。

贴心提示 红薯不宜生吃，因为生红薯中淀粉的细胞膜未经高温破坏，难以消化。带有黑斑的红薯和发芽的红薯都可使人中毒，不可食用。

黄金米豆浆

【材料】黄金米 50 克，黄豆 50 克，清水、白糖或蜂蜜适量。

【做法】❶ 将黄豆清洗干净后，在清水中浸泡 6 ~ 8 小时，泡至发软备用；黄金米淘洗干净，用清水浸泡 2 小时。❷ 将浸泡好的黄豆同黄金米一起放入豆浆机的杯体中，添加清水至上下水位线之间，启动机器，煮至豆浆机提示黄金米豆浆做好。❸ 将打出的黄金米豆浆过滤后，按个人口味趁热添加适量白糖，或等豆浆稍凉后加入蜂蜜即可饮用。

养生功效 黄金米是由优质嫩玉米与原生态大米，按营养黄金比例配比加工而成，它的色泽金黄，营养丰富，所以有"黄金米"的称呼。黄金米根据人体营养所需比例配置，保留着浓郁的米香，以及淡淡的玉米香，既能满足现代人对美食的追求，也能满足人体健康的需要。用黄金米和黄豆打成的豆浆，具有降血脂、血糖、血压和软化血管的功效。

贴心提示 血脂高的人在饮用黄金米豆浆的时候，要注意控制胆固醇摄入，忌食含胆固醇高的食物，如动物内脏、蛋黄、鱼子、鱿鱼等食物。

山楂荞麦豆浆

【材料】荞麦30克，山楂20克，黄豆50克，清水适量。

【做法】❶ 将黄豆清洗干净后，在清水中浸泡6～8小时，泡至发软备用；荞麦淘洗干净；山楂去核，洗净，切碎。❷ 将浸泡好的黄豆和荞麦、山楂一起放入豆浆机的杯体中，添加清水至上下水位线之间，启动机器，煮至豆浆机提示山楂荞麦豆浆做好。❸ 将打出的山楂荞麦豆浆过滤，待凉至温热后即可饮用。

养生功效 荞麦中含大量的黄酮类化合物和维生素，能降低人体血脂和胆固醇，荞麦中的微量元素，如镁、铁、铜、钾等对于心血管具有保护作用。山楂富含胡萝卜素、山楂素等三萜类烯酸和黄酮类等有益成分，能舒张血管、加强和调节心肌，增大心室和心运动振幅及冠状动脉血流量，降低血清胆固醇和降低血压。这款豆浆，可调节脂质代谢，起到软化血管，降低血脂的作用。

贴心提示 山楂含果酸较多，胃酸分泌过多者不宜饮用这款豆浆。

葡萄红豆豆浆

【材料】葡萄6～10粒，红小豆80克，清水适量。

【做法】❶ 将红小豆清洗干净后，在清水中浸泡6～8小时，泡至发软备用；葡萄去皮、去子。❷ 将浸泡好的红小豆和葡萄一起放入豆浆机的杯体中，添加清水至上下水位线之间，启动机器，煮至豆浆机提示葡萄红豆豆浆做好。❸ 将打出的葡萄红豆豆浆过滤，待凉至温热后即可饮用。

养生功效 葡萄汁含有白黎芦醇，是降低胆固醇的天然物质。动物实验也证明，它能使胆固醇降低，抑制血小板聚集，所以葡萄是高血脂症者最好的食品之一。法国科学家研究发现，葡萄可比阿司匹林更好地阻止血栓形成，并且能降低人体血清胆固醇水平，降低血小板的凝聚力，对预防心脑血管病有一定作用；红豆中含有多量对于改善便秘有效的纤维，及促进利尿作用的钾。此两种成分均可将胆固醇及盐分等对身体不必要的成分排泄出体外。

贴心提示 尿多的人忌食葡萄红豆豆浆，体质属虚性者以及肠胃较弱的人不宜多食。

葵花子黑豆浆

【材料】葵花子仁 20 克，黑豆 80 克，清水适量。

【做法】❶ 将黑豆清洗干净后，在清水中浸泡 6 ~ 8 小时，泡至发软备用；葵花子仁备用。❷ 将浸泡好的黑豆同葵花子仁一起放入豆浆机的杯体中，添加清水至上下水位线之间，启动机器，煮至豆浆机提示葵花子黑豆浆做好。❸ 将打出的葵花子黑豆浆过滤，待凉至温热后即可饮用。

> 养生功效 葵花子当中富含不饱和脂肪酸，其中人体必需的亚油酸达到 50% ~ 60%。我们知道，亚油酸不仅可以降低人体的血清胆固醇，而且可以抑制血管内胆固醇的沉淀。所以，多食用葵花子，可以预防心脑血管疾病；黑豆中的不饱和脂肪酸含量也很高，除了能满足人体对脂肪的需求外，还有降低胆固醇、软化血管、防止动脉硬化阻塞的作用。二者搭配出的这款葵花子黑豆浆可以降低血脂。

贴心提示 患有肝炎的病人最好不吃葵花子，因为它会损伤肝脏，引起肝硬化。

大米百合红豆浆

【材料】干百合 20 克，红豆 50 克，大米 30 克，清水适量。

【做法】❶ 将红豆清洗干净后，在清水中浸泡 6 ~ 8 小时，泡至发软备用；干百合清洗干净后略泡；大米淘洗干净，用清水浸泡 2 小时。❷ 将浸泡好的红豆和百合、大米一起放入豆浆机的杯体中，添加清水至上下水位线之间，启动机器，煮至豆浆机提示大米百合红豆浆做好。❸ 将打出的大米百合红豆浆过滤，待凉至温热后即可饮用。

> 养生功效 近年研究发现百合中含脱甲秋水仙碱，对去脂抗纤，特别是防止脂肪肝性肝炎向肝纤维化、肝硬化进展有一定阻抑作用。大米性平，味甘，具有补中养胃、益精强志、聪耳明目、和五脏、通四脉等作用。红豆清热解毒、健脾益胃、生津、祛湿益气，是良好的健康食品。这款豆浆，可以促进脂肪分解消化，抑制脂肪在体内堆积。

贴心提示 胃寒者宜少食用大米百合红豆浆。

薏米柠檬红豆浆

【材料】红小豆、薏米各40克，陈皮和柠檬各10克，清水适量。

【做法】❶将红小豆清洗干净后，在清水中浸泡6～8小时，泡至发软备用；薏米淘洗干净，用清水浸泡2小时；陈皮和柠檬切碎。❷将浸泡好的红小豆和薏米、陈皮、柠檬一起放入豆浆机的杯体中，添加清水至上下水位线之间，启动机器，煮至豆浆机提示薏米柠檬红豆浆做好。❸将打出的薏米柠檬红豆浆过滤，待凉至温热后即可饮用。

养生功效　柠檬含有丰富的维生素C，而富含维生素C的水果酶含量很高，可以维持人体新陈代谢，帮助人体气血循环，缓解有害胆固醇造成的血管弹性变差、胸闷等现象；薏米属于水溶性纤维，可加速肝脏排出胆固醇；红豆是一种高蛋白、低脂肪的食物，含亚油酸等，这些成分都可有效降低血清胆固醇。这款豆浆，能促进胆固醇分解，降低血液中胆固醇的浓度。

贴心提示　陈皮性温燥，所以，舌红赤、唾液少，有实热者慎用。内热气虚、燥咳吐血者忌用。

红薯山药燕麦豆浆

【材料】红薯15克，山药15克，燕麦片20克，黄豆50克，清水适量。

【做法】❶将黄豆清洗干净后，在清水中浸泡6～8小时，泡至发软备用；红薯去皮、洗净，之后切成小碎丁；山药去皮后切成小丁，下入开水中灼烫，捞出沥干。❷将浸泡好的黄豆、切好的红薯丁和山药丁、燕麦片一起放入豆浆机的杯体中，添加清水至上下水位线之间，启动机器，煮至豆浆机提示红薯山药燕麦豆浆做好。❸将打出的红薯山药燕麦豆浆过滤，待凉至温热后即可饮用。

养生功效　红薯所含的膳食纤维可以促进排便。燕麦中含有极丰富的亚油酸、维生素E，燕麦中还含有皂甙素，它们均有降低血液胆固醇浓度的作用。山药含有大量的黏液蛋白、维生素及微量元素，能有效阻止血脂在血管壁的沉淀，可帮助身体预防心血管疾病。这款豆浆，能够降低血脂、促进消化。

贴心提示　发芽的红薯和烂红薯可使人中毒，不可食用。

山药豆浆

【材料】山药 50 克，黄豆 50 克，水、糖或者冰糖适量。

【做法】❶将黄豆清洗干净后，在清水中浸泡 6～8 小时，泡至发软备用；山药去皮后切成小丁，下入开水中灼烫，捞出沥干。❷将浸泡好的黄豆同煮熟的山药丁一起放入豆浆机的杯体中，添加清水煮至豆浆做好。❸过滤后，按个人口味趁热添加适量白糖或冰糖调味。

养生功效 据现代药理研究表明，山药含脂肪较少，几乎为零，而且所含的黏蛋白能预防心血管系统的脂肪沉积，阻止动脉过早发生硬化；山药对实验性动物糖尿病还有预防作用，并有降血糖作用；因为山药中含有可溶性植物纤维，能够推迟胃中食物的排空，对饭后血糖升高有很好的控制作用，帮助消化并降低血糖。所以，这款山药豆浆特别适合糖尿病患者饮用。

贴心提示 山药有收涩的作用，所以大便燥结者不宜食用；有实邪者忌食山药豆浆；山药豆浆也不可与碱性药物同服。

高粱小米豆浆

【材料】高粱米25克，小米25克，黄豆50克，清水适量。

【做法】❶ 将黄豆清洗干净后，在清水中浸泡6～8小时，泡至发软备用；高粱米和小米淘洗干净，用清水浸泡2小时。❷ 将浸泡好的黄豆和高粱米、小米一起放入豆浆机的杯体中，添加清水至上下水位线之间，启动机器，煮至豆浆机提示高粱小米豆浆做好。❸ 将打出的高粱小米豆浆过滤后即可饮用。

养生功效 高粱中含有较多的纤维素，能改善糖耐量、降低胆固醇、促进肠蠕动、防止便秘，对降低血糖十分有利。小米的营养丰富，富含维生素、粗纤维、尼克酸、胡萝卜素及多种矿物质，有较好的降糖、降脂作用，经常食用，对胃热消渴、口干舌燥，形体消瘦者尤为适宜。

贴心提示 大便干燥者不宜多吃高粱小米。气滞者不宜食用高粱小米豆浆。素体虚寒、小便清长者宜少食。

燕麦小米豆浆

【材料】燕麦30克，小米20克，黄豆50克，清水适量。

【做法】❶ 将黄豆清洗干净后，在清水中浸泡6～8小时，泡至发软备用；燕麦和小米淘洗干净，用清水浸泡2小时。❷ 将浸泡好的黄豆和燕麦、小米一起放入豆浆机的杯体中，添加清水至上下水位线之间，启动机器，煮至豆浆机提示燕麦小米豆浆做好。❸ 将打出的燕麦小米豆浆过滤后即可饮用。

养生功效 预防糖尿病就要让自己的血糖不会大幅度波动，就要减慢食物的消化吸收，让进餐后的血糖缓慢上升。燕麦是典型的低血糖指数食品，它的膳食纤维丰富，可以延缓肠道对碳水化合物的吸收，降低餐后血浆中葡萄糖水平的升高；小米也属于粗粮的一种，凡是粗粮都含有较多的纤维素和矿物质，相对于粳米是更加健康的主食，有利于身体健康。

贴心提示 预防糖尿病，主食一般以米、面为主，粗杂粮较好，如燕麦、麦片、玉米、高粱米、小米等。它们除了可以磨成豆浆饮用外，制成馒头、熬成粥也是不错的选择。

黑米南瓜豆浆

【材料】黑米 20 克，南瓜 30 克，红枣 2 个，黄豆 50 克，清水适量。

【做法】❶ 将黄豆洗净，在清水中浸泡 6～8 小时；红枣去核，切碎；南瓜去皮，切块；黑米淘洗干净，用清水浸泡 2 小时。❷ 将上述食材一起放入豆浆机的杯体中，加水煮至豆浆做好。❸ 过滤后即可饮用。

养生功效 黑米中含膳食纤维较多，淀粉消化速度比较慢，血糖指数低，因此，吃黑米不会像吃白米那样造成血糖剧烈波动。此外，黑米中的钾、镁等矿物质还对预防糖尿病非常有益。南瓜也有助于防血糖过高。南瓜、黑米和红枣搭配制成的豆浆，很适合作为血糖较高者的膳食调养。

贴心提示 也可以不加红枣，以控制糖的摄入。

紫菜南瓜豆浆

【材料】南瓜 30 克，紫菜 20 克，黄豆 50 克，清水适量。

【做法】❶将黄豆清洗干净后，在清水中浸泡 6 ~ 8 小时，泡至发软备用；紫菜洗干净；南瓜去皮，洗净后切成小碎丁。❷将浸泡好的黄豆同紫菜、南瓜丁一起放入豆浆机的杯体中，添加清水至上下水位线之间，启动机器，煮至豆浆机提示紫菜南瓜豆浆做好。❸将打出的紫菜南瓜豆浆过滤后即可饮用。

养生功效 现已公认，糖尿病与镁代谢平衡的失调有关，缺镁会使胰岛素敏感性下降。紫菜因为镁元素含量高，被誉称为"镁元素的宝库"，因此预防糖尿病宜多吃紫菜；从南瓜中提取的南瓜多糖是南瓜主要的降糖活性成分，它可以显著降低糖尿病模型小鼠的血糖值，同时具有一定降血脂的功效。而且，南瓜中的果胶能够延缓肠道对糖的吸收，南瓜中的钴则是合成胰岛素必需的微量元素。

贴心提示 经常胃热或便秘的人不宜喝紫菜南瓜豆浆，否则会产生胃满腹胀等不适感。

南瓜豆浆

【材料】南瓜 50 克，黄豆 50 克，清水适量。

【做法】❶将黄豆清洗干净后，在清水中浸泡 6 ~ 8 小时，泡至发软备用；南瓜去皮，洗净后切成小碎丁。❷将浸泡好的黄豆同南瓜丁一起放入豆浆机的杯体中，添加清水至上下水位线之间，启动机器，煮至豆浆机提示南瓜豆浆做好。❸将打出的南瓜豆浆过滤后即可饮用。

养生功效 南瓜中含有丰富的果胶和微量元素钴。果胶可延缓肠道对糖和脂质的吸收，钴是胰岛细胞合成胰岛素所必需的微量元素。南瓜中含有丰富的维生素，其中 β－胡萝卜素和维生素 C 对防止老化方面也有一定效果。

贴心提示 南瓜属于发物，所以服用中药期间不宜食用此粥。

大米小米豆浆

【材料】大米 30 克,陈小米 20 克,黄豆 50 克,清水、白糖或冰糖适量。

【做法】❶ 将黄豆清洗干净后,在清水中浸泡 6～8 小时,泡至发软备用;大米、小米淘洗干净,用清水浸泡 2 小时。❷ 将浸泡好的黄豆、大米、小米一起放入豆浆机的杯体中,添加清水至上下水位线之间,启动机器,煮至豆浆机提示大米小米豆浆做好。❸ 过滤后,按个人口味趁热添加适量白糖或冰糖调味即可。

养生功效 大米具有补脾、和胃、清肺的作用,把它打成浆有益气、养阴、润燥的作用,适宜咳嗽的人饮用;陈小米又称为陈粟米,中医认为它性味甘、咸、微寒,有补中益气、和脾益肾的功能。《食物本草会纂》记载,陈粟米 "和中益气、养肾。去脾胃中热、止利、消渴利大便";也就是说大米能够补中益气,小米则可止烦渴,搭配黄豆制成的豆浆,不仅能够补虚,去除人体的中焦火。

贴心提示 大米虽有一定的食疗作用,但不宜长期食用粳米而对糙米不闻不问。因为粳米在加工时会损失大量养分,长期食用会导致营养缺乏。

银耳百合豆浆

【材料】银耳20克，干百合20克，黄豆50克，清水、白糖或冰糖适量。

【做法】❶将黄豆清洗干净后，在清水中浸泡6～8小时，泡至发软备用；银耳用清水泡发，洗净，切碎；干百合清洗干净后略泡。❷将浸泡好的黄豆、百合与银耳一起放入豆浆机的杯体中，添加清水至上下水位线之间，启动机器，煮至豆浆机提示银耳百合豆浆做好。❸将打出的豆浆过滤后，按个人口味趁热往豆浆中添加适量白糖或冰糖调味，患有糖尿病、高血压、高血脂等不宜吃糖者，可用蜂蜜代替。不喜甜者也可不加糖。

养生功效 银耳是一味滋补食品，具有补脾开胃、益气清肠、养阴清热、润燥的功效；百合有润肺止咳、清心安神的功效，二者搭配有润肺的功效。黄豆也能在一定程度上缓解咳嗽症状。这款豆浆，能有效缓解肺燥引起的咳嗽。

贴心提示 秋季天气干燥，人更容易因为外界的天气出现肺燥和肺热咳嗽，所以这款豆浆很适合在秋季饮用。

银耳雪梨豆浆

【材料】银耳20克，雪梨半个，黄豆50克，清水、白糖或冰糖适量。

【做法】❶将黄豆清洗干净后，在清水中浸泡6～8小时，泡至发软备用；银耳用清水泡发，洗净，切碎；雪梨清洗后，去皮去核，并切成小碎丁。❷将浸泡好的黄豆和银耳、雪梨丁一起放入豆浆机的杯体中，添加清水至上下水位线之间，启动机器，煮至豆浆机提示银耳雪梨豆浆做好。❸将打出的银耳雪梨豆浆过滤后，按个人口味趁热添加适量白糖或冰糖调味，不宜吃糖者，可用蜂蜜代替。不喜甜者也可不加糖。

养生功效 银耳为药食两用之品，性平和，能清肺之热，有很好的滋补润泽作用；梨性微寒味甘，能生津止渴、润燥化痰。梨汁味甘酸而平，可润肺清燥、止咳化痰，对喉干燥、痒、音哑等均有良效。这款豆浆具有清热化痰、生津润燥的功效。

贴心提示 银耳能清肺热，故外感风寒者忌用。发好的银耳应一次用完，剩余的不宜放在冰箱中冷藏，否则银耳易碎，会造成营养成分大量流失。

荷桂茶豆浆

【材料】荷叶 10 克，桂花 10 克，绿茶 10 克，茉莉花 10 克，黄豆 50 克，清水、白糖或冰糖适量。

【做法】❶ 将黄豆清洗干净后，在清水中浸泡 6～8 小时，泡至发软备用；荷叶、桂花、茉莉花分别用温水浸泡；绿茶用开水泡好。❷ 将浸泡好的黄豆、荷叶、桂花、茉莉花一起放入豆浆机的杯体中，添加清水至上下水位线之间，启动机器，煮至豆浆机提示豆浆做好。❸ 将打出的豆浆过滤后，倒入绿茶，按个人口味趁热添加适量白糖或冰糖调味，不宜吃糖者，可用蜂蜜代替。不喜甜者也可不加糖。

养生功效 炎夏之季，荷叶对暑热者最为适宜；桂花具有化痰、散痰等作用；茉莉花也有止咳利咽的功效；绿茶本身就有降火祛痰的功效，多饮绿茶会对病情有很好的缓解作用。因而，这款豆浆具有养生润肺、止咳化痰等保健功效。

贴心提示 荷叶清香无毒，江南民间常用以煮肉、煮饭。

杏仁大米豆浆

【材料】杏仁 10 粒，大米 30 克，黄豆 50 克，清水、白糖或冰糖适量。

【做法】❶ 将黄豆清洗干净后，在清水中浸泡 6～8 小时，泡至发软备用；大米淘洗干净，用清水浸泡 2 小时；杏仁略泡并洗净。❷ 将浸泡好的黄豆、大米和杏仁一起放入豆浆机的杯体中，添加清水至上下水位线之间，启动机器，煮至豆浆机提示杏仁大米豆浆做好。❸ 将打出的杏仁大米豆浆过滤后，按个人口味趁热添加适量白糖或冰糖调味，不宜吃糖者，可用蜂蜜代替。不喜甜者也可不加糖。

养生功效 甜杏仁味道微甜，具有润肺、止咳、滑肠等功效，对干咳无痰、肺虚久咳等症有一定的缓解作用；苦杏仁带苦味，多作药用，具有润肺、平喘的功效。大米具有补脾、和胃、清肺的功能。黄豆有补虚、清热化痰的作用。这款豆浆具有很好的润肺止咳功效。

贴心提示 杏仁含有毒物质氢氰酸，过量服用可致中毒。杏仁食用前必须经过浸泡，以减少其中的有毒物质。产妇、幼儿、实热体质的人和糖尿病患者不宜食用这款豆浆。

豌豆小米青豆浆

【材料】豌豆 50 克，小米 20 克，青豆 30 克，清水、白糖或冰糖适量。

【做法】❶ 将青豆、豌豆洗净后，在清水中浸泡 6～8 小时；小米淘洗干净，用清水浸泡 2 小时。❷ 将浸泡好的食材一起放入豆浆机，加清水煮至豆浆做好。❸ 过滤后，按个人口味趁热添加适量白糖或冰糖调味。

养生功效 豌豆有和中益气的功效。另外，豌豆中所含的赤霉素和植物凝素等物质，有抗菌消炎，增强新陈代谢的作用，有利于缓解哮喘；青豆含有大豆异黄酮及其他化合物，能够减少引起咳嗽和哮喘的炎症，还可以改善呼吸功能；长期咳嗽会导致脾肺气虚，而小米能够养胃补气，所以也适宜体虚者食用。豌豆、青豆配合小米制作出的豆浆，对哮喘有很好的调养功效。

贴心提示 血糖较高者要慎饮此款豆浆。

红枣二豆浆

【材料】红枣5颗，红豆30克，黄豆50克，清水、白糖或冰糖适量。

【做法】❶将黄豆、红豆清洗干净后，在清水中浸泡6~8小时，泡至发软备用；红枣洗干净，去核。❷将浸泡好的黄豆、红豆和红枣一起放入豆浆机的杯体中，添加清水至上下水位线之间，启动机器，煮至豆浆机提示红枣二豆浆做好。❸将打出的红枣二豆浆过滤后，按个人口味趁热添加适量白糖或冰糖调味，不宜吃糖者，可用蜂蜜代替。不喜甜者也可不加糖。

> 养生功效 大枣中的环磷酸苷可以减少体内过敏介质的释放，促使细胞膜变得稳定，因此能够阻抗过敏反应的发生。在这个意义上，吃大枣缓解哮喘就不无科学道理了；红豆和黄豆对缓解支气管哮喘也有一定作用。红枣、红豆均能补血、补气、补虚，搭配黄豆制成的豆浆对"肾不纳气"型哮喘体质有较好的改善作用。

> 贴心提示 材料中选用的红枣是大个干枣，如果枣比较小，可以放到10颗。

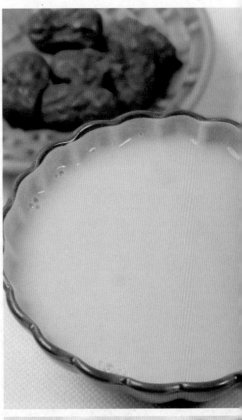

百合莲子银耳绿豆浆

【材料】干百合20克，莲子20克，银耳20克，绿豆50克，清水、白糖或冰糖适量。

【做法】❶将绿豆清洗干净后，在清水中浸泡4~6小时，泡至发软备用；干百合和莲子清洗干净后略泡；银耳洗净，切碎。❷将浸泡好的绿豆、百合、莲子和银耳一起放入豆浆机的杯体中，添加清水至上下水位线之间，启动机器，煮至豆浆机提示百合莲子银耳绿豆浆做好。❸将打出的百合莲子银耳绿豆浆过滤后，按个人口味趁热添加适量白糖或冰糖调味，不宜吃糖者，可用蜂蜜代替。不喜甜者也可不加糖。

> 养生功效 百合不但甜美，又是有益的食品。百合润肺止咳，清心安神。莲子肉具有补脾胃的作用，加上清肺润燥的百合、银耳和清热的绿豆制成豆浆有助消化、清肺燥、止咳消炎的功效，尤其适合慢性支气管炎的预防与调养。

> 贴心提示 脾胃虚寒易泄者不宜饮用百合莲子银耳绿豆浆。

菊花枸杞豆浆

【材料】干菊花 20 克,枸杞子 10 克,黄豆 70 克,清水、白糖或冰糖适量。

【做法】❶ 将黄豆清洗干净后,在清水中浸泡 6 ~ 8 小时,泡至发软备用;干菊花清洗干净后备用;枸杞洗净,用清水泡发。❷ 将浸泡好的黄豆、枸杞和菊花一起放入豆浆机的杯体中,添加清水至上下水位线之间,启动机器,煮至豆浆机提示菊花枸杞豆浆做好。❸ 将打出的菊花枸杞豆浆过滤后,按个人口味趁热添加适量白糖或冰糖调味,不宜吃糖者,可用蜂蜜代替。不喜甜者也可不加糖。

> 养生功效 菊花为菊科多年生草本植物,据古籍记载,菊花味甘苦,性微寒,有清热消肿、利咽止痛的功效。哮喘同时伴有咽喉肿痛、刺痒不适的,可以喝点菊花茶。菊花疏风散热,与枸杞结合,营养互补而味道鲜美,是辅助调理哮喘的佳品。

贴心提示 菊花性凉,虚寒体质,平时怕冷、易手脚发凉的人不宜经常饮用这款豆浆。

百合雪梨红豆浆

【材料】百合 15 克,雪梨 1 个,红豆 80 克,清水、白糖或冰糖适量。

【做法】❶ 将红豆清洗干净后,在清水中浸泡 6 ~ 8 小时,泡至发软备用;百合洗干净,略泡,切碎;雪梨洗净,去子,切碎。❷ 将浸泡好的红豆、百合、雪梨一起放入豆浆机的杯体中,添加清水至上下水位线之间,启动机器,煮至豆浆机提示百合雪梨红豆浆做好。❸ 将打出的百合雪梨红豆浆过滤后,按个人口味趁热添加适量白糖或冰糖调味,不宜吃糖者,可用蜂蜜代替,也可不加糖。

> 养生功效 百合鲜品富含黏液质,具有润燥清热作用。梨性味甘寒,具有清心润肺的功效。二者合用与红豆一起做成豆浆,可以起到润肺益脾、补虚益气、除虚热的作用。

贴心提示 梨子性凉,凡脾胃虚寒及便溏、腹泻者忌饮这款豆浆。

红枣山药糯米豆浆

【材料】红枣 10 克，山药 20 克，糯米 20 克，黄豆 50 克，清水、白糖或冰糖适量。

【做法】❶ 将黄豆清洗干净后，在清水中浸泡 6 ~ 8 小时，泡至发软备用；红枣洗干净后，用温水泡开；山药去皮后切成小丁，下入开水中焯烫，捞出沥干；糯米淘洗干净，用清水浸泡 2 小时。

❷ 将浸泡好的黄豆、糯米和红枣、山药一起放入豆浆机的杯体中，加水至上下水位线之间，启动机器，煮至豆浆机提示红枣山药糯米豆浆做好。

❸ 将打出的红枣山药糯米豆浆过滤后，按个人口味趁热往豆浆中添加适量白糖或冰糖调味，不宜吃糖者，可用蜂蜜代替。

养生功效 红枣中所富含的特殊物质可减少过敏介质的释放，从而避免过敏反应的发生。红枣具有补中益气，养胃健脾，养血壮神、润心肺、生津液、悦颜色、解药毒、调和百药的作用。当人体接触过敏源后，就会引起过敏症状，最常见的就是皮肤出现块状红疹，患处异常瘙痒。当然，除皮肤过敏外，鼻炎、哮喘等也可因过敏引起。预防和对抗各种过敏性疾病，都可食用红枣；中医认为，山药能健脾胃、益肺肾，适合身体虚弱、哮喘、过敏者食用；糯米则会通过补肺气的方式缓解鼻炎，因此这款由红枣、山药、糯米和黄豆制成的豆浆能够增强人的抵抗力。

贴心提示 山药一般要选择茎干笔直、粗壮，拿到手中有一定分量的。如果是切好的山药，则要选择切开处呈白色的。

洋甘菊豆浆

【材料】洋甘菊20克，黄豆80克，清水、白糖或冰糖适量。

【做法】❶将黄豆清洗干净后，在清水中浸泡6～8小时，泡至发软备用；洋甘菊清洗干净后备用。❷将浸泡好的黄豆和洋甘菊一起放入豆浆机的杯体中，添加清水至上下水位线之间，启动机器，煮至豆浆机提示洋甘菊豆浆做好。❸将打出的洋甘菊豆浆过滤后，按个人口味趁热添加适量白糖或冰糖调味，不宜吃糖者，可用蜂蜜代替。

养生功效 甘菊味甘、苦、微寒，甘寒滋阴，苦寒清热，药用可以疏散风热，清热解毒。甘菊含有一种成分可以起到抗过敏作用。而洋甘菊的性能更为温柔、清凉，抗过敏作用稍强。豆浆致敏概率较小，如果服牛奶而觉皮肤不适的朋友可以换为饮用豆浆。所以这款用洋甘菊和黄豆制成的豆浆，对于过敏性鼻炎有一定的缓解作用。

贴心提示 女性应注意勿过量食用，因为洋甘菊有通经效果，孕妇避免食用。

白萝卜糯米豆浆

【材料】白萝卜30克，糯米20克，黄豆50克，清水适量。

【做法】❶将黄豆清洗干净后，在清水中浸泡6～8小时，泡至发软备用；白萝卜去皮后切成小丁，下入开水中略焯，捞出后沥干；糯米淘洗干净，用清水浸泡2小时。❷将浸泡好的黄豆、糯米同白萝卜丁一起放入豆浆机的杯体中，添加清水至上下水位线之间，启动机器，煮至豆浆机提示白萝卜糯米豆浆做好。❸将打出的白萝卜糯米豆浆过滤后即可饮用。

养生功效 白萝卜能够帮助人体自身产生干扰素，增加机体免疫力，所以在一定程度上能够通过提高免疫力来抑制鼻炎的复发。另外，中医认为"肺开窍于鼻"，鼻炎其实是肺出现了问题，而白色的食物能够补肺，从这个角度而言，白萝卜对于鼻炎也有一定的缓解作用。糯米味甘性温，有补中益气、补肺气的功效，也能缓解鼻炎症状。

贴心提示 脾胃虚弱者，如大便稀者，应减少饮用这款豆浆。另外，在服用参类滋补药时忌食该品，以免影响疗效。

红枣大麦豆浆

【材料】红枣 30 克，大麦 20 克，黄豆 50 克，清水、白糖或冰糖适量。

【做法】❶ 将黄豆清洗干净后，在清水中浸泡 6～8 小时，泡至发软备用；红枣洗干净，去核；大麦淘洗干净，用清水浸泡 2 小时。❷ 将浸泡好的黄豆、大麦和红枣一起放入豆浆机的杯体中，添加清水至上下水位线之间，启动机器，煮至豆浆机提示红枣大麦豆浆做好。❸ 将打出的红枣大麦豆浆过滤后，按个人口味趁热添加适量白糖或冰糖调味，不宜吃糖者，可用蜂蜜代替。不喜甜者也可不加糖。

养生功效 红枣补血，人人皆知，但红枣的抗过敏作用，常被人们忽视。红枣中含有大量抗过敏物质——环磷酸腺苷，可阻止过敏反应的发生。红枣和富含谷氨酸、天冬氨酸的黄豆一起制成豆浆，能起到抑制过敏性鼻炎的作用。

贴心提示 据统计，在各种过敏性疾病中以哮喘、过敏性鼻炎和过敏性皮炎最常见。孩子防过敏除远离过敏原外，多吃些红枣也有助于预防过敏。

桂圆薏米豆浆

【材料】桂圆 20 克，薏米 30 克，黄豆 50 克，清水、白糖或冰糖适量。

【做法】❶ 将黄豆清洗干净后，在清水中浸泡 6～8 小时，泡至发软备用；桂圆去皮去核；薏米淘洗干净，用清水浸泡 2 小时。❷ 将浸泡好的黄豆、薏米同桂圆一起放入豆浆机的杯体中，添加清水至上下水位线之间，启动机器，煮至豆浆机提示桂圆薏米豆浆做好。❸ 将打出的桂圆薏米豆浆过滤后，按个人口味趁热添加适量白糖或冰糖调味，不宜吃糖者，可用蜂蜜代替。不喜甜者也可不加糖。

养生功效 桂圆是温补食品，对气虚受寒引发的过敏性鼻炎和哮喘者，有缓解和预防的作用。过敏性鼻炎也可能是因为"肺脾气虚水湿泛鼻"导致，而薏米能够健脾利湿，抗过敏的效果不错。因此，这款桂圆、薏米和黄豆组成的豆浆能缓解过敏性鼻炎。

贴心提示 容易流鼻血与正值过敏性鼻炎发作期的人不宜食用。

芦笋山药青豆豆浆

【材料】芦笋30克，山药20克，青豆20克，黄豆30克，清水、白糖或冰糖适量。

【做法】❶ 将黄豆、青豆清洗干净后，在清水中浸泡6~8小时，泡至发软备用；芦笋洗净后切成小段，山药去皮后切成小丁，下入开水中焯烫，捞出沥干。❷ 将上述食材一起放入豆浆机，添加清水煮至豆浆机提示芦笋山药青豆豆浆做好。❸ 过滤后，按个人口味趁热添加适量白糖或冰糖调味即可。

养生功效 山药含有淀粉糖化酶、淀粉酶等多种消化酶。特别是它所含的能够分解淀粉的淀粉糖化酶，是萝卜中含量的3倍，胃胀时食用，有促进消化的作用，可以去除不适症状；芦笋拥有鲜美芬芳的风味，能促进食欲，帮助消化。在西方，芦笋被称为"十大名菜之一"；青豆和黄豆容易消化吸收，它们搭配芦笋、山药制成的这款豆浆，具有增加食欲、助消化的功效。

贴心提示 患有痛风者和糖尿病患者不宜多食芦笋山药青豆豆浆。

山楂绿豆浆

【材料】山楂 30 克,绿豆 70 克,清水、白糖或冰糖适量。

【做法】❶ 将绿豆清洗干净后,在清水中浸泡 6～8 小时,泡至发软备用;山楂清洗后去核,并切成小碎丁。❷ 将浸泡好的绿豆和山楂一起放入豆浆机的杯体中,添加清水至上下水位线之间,启动机器,煮至豆浆机提示山楂绿豆浆做好。❸ 将打出的山楂绿豆浆过滤后,按个人口味趁热添加适量白糖或冰糖调味,不宜吃糖者,可用蜂蜜代替。

养生功效 山楂中含有多种维生素、山楂酸、柠檬酸、酒石酸以及苹果酸等,可以促进胃液分泌,增加胃内酶素等功能;绿豆是人们在炎热的夏季经常食用的一种食品,夏日因为天气炎热,很多人都没有什么胃口,这时就可以喝碗绿豆汤,帮助自己去除暑气,重新找回食欲。山楂搭配绿豆制作出的这款豆浆,适合在夏季胃口不好的时候饮用,它能生津止渴,消食开胃。

贴心提示 山楂含有大量的有机酸、果酸、山楂酸、枸橼酸等,空腹食用,会猛增胃酸,对胃黏膜有不良的刺激,所以在制作豆浆时不宜放太多山楂。

莴笋山药豆浆

【材料】黄豆 50 克,莴笋 30 克,山药 20 克,清水、白糖或冰糖适量。

【做法】❶ 将黄豆清洗干净后,在清水中浸泡 6～8 小时,泡至发软备用;莴笋洗净后切成小段,山药去皮后切成小丁,下入开水中焯烫,捞出沥干。❷ 将浸泡好的黄豆和莴笋、山药一起放入豆浆机的杯体中,添加清水至上下水位线之间,启动机器,煮至豆浆机提示莴笋山药豆浆做好。❸ 将打出的莴笋山药豆浆过滤后,按个人口味趁热添加适量白糖或冰糖调味,不宜吃糖者,可用蜂蜜代替。

养生功效 莴笋味道清新且略带苦味,可刺激消化酶分泌,增进食欲。其乳状浆液,可增强胃液、消化腺的分泌和胆汁的分泌,从而增强各消化器官的功能;山药可整顿消化系统,打成汁饮用,有健胃整肠的功能。这款豆浆,能够刺激消化液分泌,增加食欲。

贴心提示 有眼科疾病者宜少吃,脾胃虚寒易腹泻者忌吃,经期或产褥期女性不宜多吃。

板栗豆浆

【材料】板栗 10 个，黄豆 80 克，清水、白糖或冰糖适量。

【做法】❶将黄豆清洗干净后，在清水中浸泡 6～8 小时；板栗去壳，在温水中略泡，去除内皮，切碎。❷将上述食材一起放入豆浆机的杯体中，添加清水至上下水位线之间，启动机器，煮至豆浆机提示板栗豆浆做好。❸过滤后，按个人口味趁热添加适量白糖或冰糖调味。

养生功效 板栗素有"干果之王"的美誉，又被称为"铁杆庄稼"。《名医别录》说栗子"主益气，厚肠胃，补肾气，入脾肾经"。现在因为家长对于孩子的营养照顾过于精细，导致很多小儿出现了脾虚之症，厌食或拒食、肠腹泻、体型偏瘦。此时也可将板栗仁蒸煮熟后，磨粉制成糕饼，有助于增加孩子的食欲。板栗和黄豆一起制作出来的豆浆，味道醇香，还能起到养护脾胃的作用。

贴心提示 板栗生吃难消化，熟食又容易滞气，一次吃得太多会伤脾胃，每天最多吃 10 个就可以了。

高粱豆浆

【材料】高粱米 50 克，黄豆 50 克，清水、白糖或冰糖适量。

【做法】❶ 将黄豆清洗干净后，在清水中浸泡 6 ~ 8 小时，泡至发软备用；高粱米淘洗干净，用清水浸泡 2 小时。❷ 将浸泡好的绿豆和山楂一起放入豆浆机的杯体中，添加清水至上下水位线之间，启动机器，煮至豆浆机提示山楂绿豆浆做好。❸ 将打出的山楂绿豆浆过滤后，按个人口味趁热添加适量白糖或冰糖调味，不宜吃糖者，可用蜂蜜代替。

养生功效 李时珍《本草纲目》指出，高粱的性质温和但带涩性，具有利小便、止泻、止吐、生津、健脾、改善消化不良的功效。现代医学发现高粱中含有单宁，有收敛固脱的作用，对腹泻有明显疗效。高粱与黄豆一起做成的高粱豆浆，可发挥调和、润滑的作用，避免胃肠黏膜过度磨损，并使营养互补加强。这款高粱豆浆适宜于脾胃气虚、大便细软的人以及小儿消化不良时食用。

贴心提示 大便干燥者不宜多吃高粱，糖尿病患者应禁食高粱。

白萝卜豆浆

【材料】白萝卜 50 克，黄豆 50 克，清水适量。

【做法】❶ 将黄豆清洗干净后，在清水中浸泡 6 ~ 8 小时，泡至发软备用；白萝卜去皮后切成小丁，下入开水中略焯，捞出后沥干。❷ 将浸泡好的黄豆同白萝卜丁一起放入豆浆机的杯体中，添加清水至上下水位线之间，启动机器，煮至豆浆机提示白萝卜豆浆做好。❸ 将打出的白萝卜豆浆过滤后即可饮用。

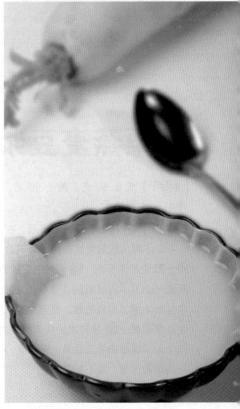

养生功效 萝卜有"上床萝卜下床姜，一年四季保健康"和"萝卜似人参"的美誉。萝卜中所含的淀粉酶、氧化酶等酶类物质有助消化的功能，当肚子发胀时吃块萝卜，便能顺气、化食，起到消胀的作用。萝卜中所含的芥子油和粗纤维能促进肠胃蠕动，帮助消化吸收，并把有毒物质及粪便及时排出体外，所以白萝卜与黄豆一起制作而成的豆浆，能够帮助人体下气消食、排毒通便，还能增强人体免疫力。

贴心提示 白萝卜性偏寒凉而利肠，脾虚泄泻者慎食或少食。胃溃疡、十二指肠溃疡、慢性胃炎、单纯甲状腺肿、先兆流产、子宫脱垂等患者不要食用。

板栗燕麦豆浆

【材料】黄豆 50 克，燕麦 50 克，板栗 5 颗，清水、冰糖适量。

【做法】❶ 将黄豆清洗干净后，在清水中浸泡 6 ～ 8 小时，泡至发软备用；板栗洗净后切碎待用；燕麦淘洗干净。❷ 将浸泡好的黄豆和板栗、燕麦一起放入豆浆机的杯体中，添加清水至上下水位线之间，启动机器，煮至豆浆机提示板栗燕麦豆浆做好。❸ 将打出的板栗燕麦豆浆过滤后，按个人口味趁热添加适量冰糖调味，不宜吃糖者，可用蜂蜜代替，或不加糖。

养生功效 熟板栗有和胃健脾功效，有的女性时常胃口不佳，连平时自己喜欢的食物都不想吃，这时就可以吃点熟板栗能帮助改善肠胃功能。小儿脾虚，也可将板栗仁蒸煮食用以增加其食欲，调理肠胃。当然我们也可以直接把板栗打成豆浆，加入了营养丰富的燕麦和黄豆后，这款豆浆既能调和肠胃，改善人食欲不振的症状，还更富营养物质，能给人带来一天充沛的精力。

贴心提示 板栗去皮的时候，可以先将板栗一切两瓣，去壳后放入盆内，加开水浸泡后用筷子搅拌几下，栗皮就会脱去。但浸泡时间不宜过长，以免影响生板栗的营养成分。

白萝卜青豆豆浆

【材料】白萝卜 30 克，青豆 20 克，黄豆 50 克，清水适量。

【做法】❶将黄豆、青豆清洗干净后，在清水中浸泡 6 ~ 8 小时，泡至发软备用；白萝卜去皮后切成小丁，下入开水中略焯，捞出后沥干。❷将浸泡好的黄豆、青豆同白萝卜丁一起放入豆浆机的杯体中，添加清水至上下水位线之间，启动机器，煮至豆浆机提示白萝卜青豆豆浆做好。❸将打出的白萝卜青豆豆浆过滤后即可饮用。

养生功效 白萝卜味甘、辛，性平、无毒。白萝卜生吃可促进消化，除了助消化外，还有很强的消炎作用，而其辛辣的成分可促胃液分泌，调整胃肠机能。有些人因食油腻过多引起消化不良、胃脘胀满，或滥吃人参补品，引起肚腹胀气，可用萝卜洗净、剥皮后，切片食之，即能帮助消除肚腹胀气；青豆和黄豆也有养护脾胃的作用。这款豆浆，具有健脾益胃、下气消食的作用。

贴心提示 白萝卜性偏寒凉而利肠，脾虚泄泻者应慎食或少食这款豆浆。

木瓜青豆豆浆

【材料】木瓜一个，青豆 20 克，黄豆 50 克，清水、白糖或冰糖适量。

【做法】❶将黄豆、青豆清洗干净后，在清水中浸泡 6 ~ 8 小时，泡至发软备用；木瓜去皮后洗干净，并切成小碎丁。❷将浸泡好的黄豆、青豆和木瓜一起放入豆浆机的杯体中，添加清水至上下水位线之间，启动机器，煮至豆浆机提示木瓜青豆豆浆做好。❸将打出的木瓜青豆豆浆过滤后，按个人口味趁热添加适量白糖或冰糖调味，不宜吃糖者，可用蜂蜜代替。也可不加糖。

养生功效 木瓜所含的蛋白分解酵素，有助于分解蛋白质和淀粉质，对消化系统大有裨益。另外，木瓜特有的木瓜酵素还可以帮助消化、治胃病。木瓜搭配同样具有补养脾胃的青豆和黄豆制成的豆浆，具有美容防治便秘和助消化的功效。

贴心提示 木瓜偏寒性，因此胃寒、体虚者不宜多吃，否则容易导致腹泻或造成胃寒恶心呕吐等。同时，木瓜中的木瓜碱有一定的毒性，孕妇、过敏体质者忌食，正常人每次食用量也不宜过多。

苹果香蕉豆浆

【材料】苹果一个，香蕉一根，黄豆50克，清水、白糖或冰糖适量。

【做法】❶ 将黄豆清洗干净后，在清水中浸泡6～8小时，泡至发软备用；苹果清洗后，去皮去核，并切成小碎丁；香蕉去皮后，切成碎丁。❷ 将浸泡好的黄豆和苹果、香蕉一起放入豆浆机的杯体中，添加清水至上下水位线之间，启动机器，煮至豆浆机提示苹果香蕉豆浆做好。❸ 将打出的苹果香蕉豆浆过滤后，按个人口味趁热添加适量白糖或冰糖调味，不宜吃糖者，可用蜂蜜代替。

养生功效 对于便秘有效的是苹果中所含的食物纤维，包括水溶性和不溶性两种。被称作果胶的水溶性纤维有很强的持水能力，它能吸收相当于纤维本身重量30倍的水分，它会在小肠内变成魔芋般的黏性成分。实验证明，苹果的果胶能增加肠内的乳酸菌，因此能够清洁肠道；香蕉的膳食纤维含量也很丰富，一般100克新鲜水果膳食纤维含量约1克，而香蕉则达3.1克。膳食纤维能在肠道中吸收水分，使大便膨胀，并促进肠蠕动而排便。同时，香蕉含有的大量水溶性植物纤维，能够引起高渗性的胃肠液分泌，从而将水分吸附到固体部分，使大便变软而易于排出。豆浆中本身也含有高纤维，能解决便秘问题，加入苹果和香蕉后，可以增强肠胃蠕动功能，缓解便秘。

贴心提示 制作苹果香蕉豆浆时，不要选用未成熟的香蕉，因为未成熟的香蕉含有大量淀粉、果胶和鞣酸。鞣酸比较难溶，有很强的收敛作用，会抑制胃肠液分泌并抑制其蠕动。如摄入过多尚未熟透且肉质发硬的香蕉，就会引起便秘或加重便秘。

玉米小米豆浆

【材料】玉米渣 25 克，小米 25 克，黄豆 50 克，清水、白糖或冰糖适量。

【做法】①将黄豆清洗干净后，在清水中浸泡 6～8 小时，泡至发软备用；玉米渣和小米淘洗干净，用清水浸泡 2 小时。②将浸泡好的黄豆、玉米渣和小米一起放入豆浆机的杯体中，添加清水至上下水位线之间，启动机器，煮至豆浆机提示玉米小米豆浆做好。③将打出的玉米小米豆浆过滤后，按个人口味趁热添加适量白糖或冰糖调味，不宜吃糖者，可用蜂蜜代替。不喜甜者也可不加糖。

养生功效 玉米表皮含有一种食物纤维半纤维素，有利于有害物质排出体外，还能预防大肠癌，增加肠内的有益细菌；小米含有丰富的维生素，苏氨酸、蛋氨酸和色氨酸的含量也比一般谷类粮食高，经常食用有助于消化吸收，特别是对预防老年人便秘有帮助。这款豆浆有健脾和胃、利水通淋功效，适合肠胃虚弱者饮用。

贴心提示 玉米渣也可以换成玉米粒，用刀切下新鲜的玉米粒，清洗后就可以同黄豆和小米一起放入豆浆机中。

黑芝麻花生豆浆

【材料】黑芝麻 20 克，花生 30 克，黄豆 50 克，清水、蜂蜜适量。

【做法】①将黄豆清洗干净后，在清水中浸泡 6～8 小时，泡至发软备用；花生去皮；黑芝麻淘去沙粒。②将浸泡好的黄豆和花生、黑芝麻一起放入豆浆机的杯体中，添加清水至上下水位线之间，启动机器，煮至豆浆机提示黑芝麻花生豆浆做好。③将打出的黑芝麻花生豆浆过滤，待稍凉后按个人口味添加适量蜂蜜。

养生功效 这款豆浆中的蜂蜜和黑芝麻都具有润肠或促进肠道运动的功能，所以通便效果较好。其中黑芝麻含脂肪油达 45%～55%，有缓慢泻下的作用。蜂蜜，性味甘平，具有很强的滋润作用。另外，花生所含的油脂具有润肠通便的作用。因此，黑芝麻、花生、黄豆再配上蜂蜜的豆浆，能够起到润肠通便的作用。

贴心提示 花生属高脂肪、高热能食物，因此一次不宜多吃。花生中包含的油脂成分具有缓泻作用，需要较多的胆汁来消化，所以，脾虚便溏、患急性肠炎与痢疾者，及胆囊切除者，均不宜常食这款豆浆。

燕麦豆浆

【材料】燕麦50克，黄豆50克，清水、白糖或蜂蜜适量。

【做法】❶将黄豆清洗干净后，在清水中浸泡6～8小时，泡至发软备用；燕麦米淘洗干净，用清水浸泡2小时。❷将浸泡好的黄豆同燕麦一起放入豆浆机的杯体中，添加清水至上下水位线之间，启动机器，煮至豆浆机提示燕麦豆浆做好。❸将打出的燕麦豆浆过滤后，按个人口味趁热添加适量白糖，或等豆浆稍凉后加入蜂蜜即可饮用。

养生功效 燕麦是一种低糖、高蛋白质、高脂肪、高能量食品。燕麦味甘性凉，有补益脾胃、润肠通便的功效，这不仅因为它含有的植物纤维，还因为在调理消化道功能方面，燕麦中所含的维生素 B_1、维生素 B_{12} 的功效卓著。另外，燕麦含有钙、磷、锌等矿物质，有预防骨质疏松、促进伤口愈合、预防贫血的功效，还是补钙佳品。燕麦和黄豆搭配而成的燕麦豆浆，适宜那些有便秘困扰的人饮用。

贴心提示 燕麦有催产作用，孕妇食用后易导致流产，故孕妇不宜食用；燕麦还有润肠作用，所以本身便溏腹泻者不宜食用，否则会加重症状。燕麦忌一次吃得太多，否则会造成胃痉挛或胃部胀气。

薏米燕麦豆浆

【材料】薏米 10 克，燕麦 40 克，黄豆 50 克，清水、白糖或蜂蜜适量。

【做法】❶将黄豆清洗干净后，在清水中浸泡 6～8 小时，泡至发软备用；薏米、燕麦淘洗干净，分别用清水浸泡 2 小时。❷将浸泡好的黄豆、薏米、燕麦一起放入豆浆机的杯体中，添加清水至上下水位线之间，启动机器，煮至豆浆机提示薏米燕麦豆浆做好。❸将打出的薏米燕麦豆浆过滤后，按个人口味趁热添加适量白糖，或等豆浆稍凉后加入蜂蜜即可饮用。

养生功效 燕麦热量低，富含纤维质，可增加饱足感。燕麦中含有 β－聚葡萄糖，可促进肠胃蠕动消化，减少肠胃负担，加上薏米，可明显改善中老年人便秘情形。此外，燕麦富含纤维、蛋白质、矿物质和维生素，可帮助老年人摄取较完整营养素。因此，这款豆浆，在缓解便秘的同时，还能给中老年人补充比较完整的营养成分。

贴心提示 燕麦一次不宜吃得太多，推荐量为每人每次 40 克，吃多了会造成胃痉挛或胀气。

薏米豌豆豆浆

【材料】薏米 20 克，豌豆 30 克，黄豆 50 克，清水、白糖或蜂蜜适量。

【做法】❶将黄豆、豌豆清洗干净后，在清水中浸泡 6～8 小时，泡至发软备用；薏米淘洗干净，用清水浸泡 2 小时。❷将浸泡好的黄豆、豌豆同薏米一起放入豆浆机的杯体中，添加清水至上下水位线之间，启动机器，煮至豆浆机提示薏米豌豆豆浆做好。❸将打出的薏米豌豆豆浆过滤后，按个人口味趁热添加适量白糖，或等豆浆稍凉后加入蜂蜜即可饮用。

养生功效 薏米是一种营养丰富的食物，其所含的矿物质和维生素能够增强肠胃功能。薏米还有健脾的功能，大鱼大肉之后吃点薏米粥对脾胃非常有好处；豌豆富含粗纤维，能促进大肠蠕动，保持大便通畅，起到清洁大肠的作用。这款豆浆能够增强肠胃的蠕动力，缓解便秘。

贴心提示 孕妇、尿频者不宜多食薏米豌豆豆浆。

玉米燕麦豆浆

【材料】甜玉米20克，燕麦30克，黄豆50克，清水、白糖或蜂蜜适量。

【做法】❶ 将黄豆清洗干净后，在清水中浸泡6～8小时，泡至发软备用；用刀切下鲜玉米粒，清洗干净；燕麦米淘洗干净，各用清水浸泡2小时。❷ 将浸泡好的黄豆、燕麦和玉米一起放入豆浆机的杯体中，添加清水至上下水位线之间，启动机器，煮至豆浆机提示玉米燕麦豆浆做好。❸ 将打出的玉米燕麦豆浆过滤后，按个人口味趁热添加适量白糖，或等豆浆稍凉后加入蜂蜜即可饮用。

养生功效 玉米中的纤维素含量很高，是大米的10倍，大量的纤维素能刺激胃肠蠕动，缩短食物残渣在肠内的停留时间，加速粪便排泄并把有害物质带出体外；燕麦能够预防便秘引起的腹胀、消化不良，还能抑制机体纳入大量有毒有害物质。这款豆浆能刺激胃肠蠕动、加速粪便排泄。

贴心提示 玉米蛋白质中缺乏色氨酸，单一食用玉米易发生糙皮病，所以玉米宜与豆类食品搭配食用。另外，玉米发霉后能产生致癌物，发霉的玉米绝对不能食用。

火龙果豌豆豆浆

【材料】火龙果半个，豌豆20克，黄豆50克，清水、白糖或冰糖适量。

【做法】❶ 将黄豆、豌豆清洗干净后，在清水中浸泡6～8小时，泡至发软备用；火龙果去皮后洗干净，并切成小碎丁。❷ 将浸泡好的黄豆、豌豆和火龙果一起放入豆浆机的杯体中，添加清水至上下水位线之间，启动机器，煮至豆浆机提示火龙果豌豆豆浆做好。❸ 将打出的火龙果豌豆豆浆过滤后，按个人口味趁热添加适量白糖或冰糖调味，不宜吃糖者，也可不加糖。

养生功效 火龙果热量低、含有丰富的可溶性膳食纤维，故具有减肥润肠、预防便秘的功效。家中的孩子如果有大便干燥、便秘的困扰，可以试试火龙果豌豆豆浆，一般第二天大便就会通畅了。豌豆的膳食纤维对不同年龄的便秘都有效，所以也适合小孩子食用。

贴心提示 家长在给火龙果去皮时，可先洗净外皮，切去头、尾，然后在火龙果身上浅浅地竖切几刀，用手拨开外皮即可。

小米豆浆

【材料】小米 50 克，黄豆 50 克，清水、白糖或蜂蜜适量。

【做法】❶将黄豆清洗干净后，在清水中浸泡 6～8 小时，泡至发软备用；小米淘洗干净，用清水浸泡 2 小时。❷将浸泡好的黄豆同小米一起放入豆浆机的杯体中，添加清水至上下水位线之间，启动机器，煮至豆浆机提示小米豆浆做好。❸将打出的小米豆浆过滤后，按个人口味趁热添加适量白糖，或等豆浆稍凉后加入蜂蜜即可饮用。

养生功效 小米是中国老百姓的传统食品，在北方有些地方小米粥更是每天饭桌上必不可少的。但是可别小看了这随处可见的小米。中医认为小米味甘咸，有清热解渴、健胃除湿、和胃安眠等功效，内热者或脾胃虚弱者更适合食用它。有的人胃口不好，吃了小米后能开胃又能养胃。民间还流行给产妇吃红糖小米粥，给婴儿喂小米粥汤的习惯。小米和黄豆熬成的豆浆色香柔滑、回味悠长，能够养脾胃，滋阴养血。

贴心提示 小米食用前淘洗次数不要太多，也不要用力搓洗，以免外层的营养物质流失。

糯米豆浆

【材料】糯米 30 克,黄豆 70 克,清水、白糖或蜂蜜适量。

【做法】❶将黄豆清洗干净后,在清水中浸泡 6～8 小时,泡至发软备用;糯米淘洗干净,用清水浸泡 2 小时。❷将浸泡好的黄豆同糯米一起放入豆浆机的杯体中,添加清水至上下水位线之间,启动机器,煮至豆浆机提示糯米豆浆做好。❸将打出的糯米豆浆过滤后,按个人口味趁热添加适量白糖或冰糖即可饮用。

养生功效 糯米又叫江米,是人们经常食用的粮食之一。因其香糯嫩滑,常被用以制成风味小吃,深受大家喜爱。逢年过节很多地方都有吃年糕的习俗。正月十五食用的元宵也是由糯米粉制成的。糯米富含 B 族维生素,具有暖温脾胃、补益中气等功能。对胃寒疼痛、食欲不佳、脾虚泄泻、腹胀、体弱乏力等症状有一定缓解作用。用糯米制作的豆浆具有很好的健脾暖胃功效。

贴心提示 中医认为糯米多食生热,易壅塞经络的气血,使筋骨酸痛的症状加重。所以有湿热痰火征象的人或者热体体质者,比如:发热、咳嗽、痰黄稠,或黄疸、泌尿系统感染、筋骨关节发炎疼痛及小孩与老人,不宜饮用糯米豆浆。

饴糖豆浆

【材料】黄豆 100 克,饴糖、清水适量。

【做法】❶将黄豆清洗干净后,在清水中浸泡 6～8 小时,泡至发软备用。❷将浸泡好的黄豆放入豆浆机的杯体中,添加清水至上下水位线之间,启动机器,煮至豆浆机提示豆浆做好。❸将打出的豆浆过滤后,按个人口味趁热添加适量饴糖即可。

养生功效 饴糖温补脾胃,《伤寒杂病论》中的名方建中汤中就有饴糖。豆浆本身甘甜,有润肺止咳、消火化痰的功效。饴糖配上豆浆,浆香微甜,既养阴又温补,既润肺又健脾和胃,适应于肺阴咳喘者饮用。

贴心提示 这款豆浆空腹服用效果更佳。

大米南瓜豆浆

【材料】南瓜 30 克,大米 20 克,黄豆 50 克,清水适量。

【做法】①将黄豆清洗干净后,在清水中浸泡 6 ~ 8 小时,泡至发软备用;南瓜去皮,洗净后切成小碎丁;大米淘洗干净,用清水浸泡 2 小时。②将浸泡好的黄豆、大米同南瓜丁一起放入豆浆机的杯体中,添加清水至上下水位线之间,启动机器,煮至豆浆机提示大米南瓜浆做好。③将打出的大米南瓜豆浆过滤后即可饮用。

养生功效 米汤能够刺激胃液的分泌,有助于消化,并对脂肪的吸收有促进作用。南瓜含有大量维生素、矿物质,能够增强肠胃蠕动力。南瓜中含有的果胶能够保护胃肠道黏膜,使其避免受到粗糙食品的刺激,有促进溃疡面愈合的作用,适宜于胃部不适者。黄豆具有健脾宽中的作用,可以用于脾胃虚弱、消化不良等症。这款豆浆,大米、南瓜、黄豆共同作用,对养护脾胃很有帮助。

贴心提示 豆浆过滤时,因为南瓜的絮状肉会影响出浆,可用筷子搅拌。过滤物可以加面粉、葛粉、鸡蛋制成松软可口的烙饼。

红薯大米豆浆

【材料】红薯 30 克,大米 20 克,黄豆 50 克,清水适量。

【做法】①将黄豆清洗干净后,在清水中浸泡 6 ~ 8 小时,泡至发软备用;红薯去皮、洗净,之后切成小碎丁;大米淘洗干净,用清水浸泡 2 小时。②将浸泡好的黄豆、大米和切好的红薯丁一起放入豆浆机的杯体中,添加清水至上下水位线之间,启动机器,煮至豆浆机提示红薯大米豆浆做好。③将打出的红薯大米豆浆过滤后即可饮用。

养生功效 红薯本身养胃,其富含的膳食纤维能消食化积,增加食欲。但红薯能促进胃酸分泌,所以平时胃酸过多,常感觉反酸、烧心的人不宜吃;大米也具有健脾养胃的功效。平时人们喜欢用红薯和大米做成粥,实际上它二者和黄豆搭配制成的豆浆,也有健脾暖胃的功效,胃不适时喝一杯,会顿时感觉舒服很多。

贴心提示 红薯在胃中产生酸,所以胃溃疡及胃酸过多的人不宜饮用这款豆浆。

莲藕枸杞豆浆

【材料】莲藕 40 克，枸杞 10 克，黄豆 50 克，清水、白糖或冰糖各适量。

【做法】❶将黄豆清洗干净后，在清水中浸泡 6 ~ 8 小时，泡至发软备用；枸杞洗干净后，用温水泡开；莲藕去皮后切成小丁，下入开水中略焯，捞出后沥干。❷将浸泡好的黄豆、枸杞和切好的莲藕一起放入豆浆机的杯体中，添加清水至上下水位线之间，启动机器，煮至豆浆机提示莲藕枸杞豆浆做好。❸将打出的莲藕枸杞豆浆过滤后，按个人口味趁热往豆浆中添加适量白糖或冰糖调味，不宜吃糖者，可用蜂蜜代替。

养生功效 莲藕会散发出一种独特清香，还含有鞣质，有一定健脾止泻作用，能增进食欲，促进消化，开胃健中，有益于胃纳不佳，食欲不振者恢复健康。枸杞是老年人经常用的滋补良品。莲藕、枸杞搭配黄豆制成的这款豆浆，适合老人饮用，具有温补脾胃的功效。

贴心提示 虽然莲藕能够健脾益胃，但是脾胃消化功能低下者一定要忌食莲藕，大便溏泄者也尽量不要食用莲藕。

桂花大米豆浆

【材料】桂花 20 克，大米 30 克，黄豆 50 克，清水、白糖或冰糖适量。

【做法】❶将黄豆清洗干净后，在清水中浸泡 6 ~ 8 小时，泡至发软备用；桂花清洗干净后备用；大米淘洗干净，用清水浸泡 2 小时。❷将浸泡好的黄豆、大米和桂花一起放入豆浆机的杯体中，添加清水至上下水位线之间，启动机器，煮至豆浆机提示桂花大米豆浆做好。❸将打出的桂花大米豆浆过滤后，按个人口味趁热添加适量白糖或冰糖调味，不宜吃糖者，可用蜂蜜代替。

养生功效 桂花具有解除胀气、肠胃不适的功效，经常饮用桂花做的茶，对于口臭、十二指肠溃疡、胃寒胃疼有预防治疗功效。桂花制成的浆也能减轻胀气肠胃不适，清新迷人的香味还令人神清气爽，安心宁神。大米具有补脾和胃的功效。桂花、大米和黄豆搭配做成的豆浆，味道醇香，具有暖胃生津的功效。

贴心提示 桂花宜密闭贮存，以防香气逸散或受潮霉变。

青豆浆

【材料】青豆 100 克，白糖适量，清水适量。

【做法】❶将青豆清洗干净后，在清水中浸泡 6 ~ 12 小时。❷将浸泡好的青豆放入豆浆机的杯体中，并加水至上下水位线之间，启动机器，煮至豆浆机提示豆浆做好。❸将打出的豆浆过滤后，按个人口味趁热往豆浆中添加适量白糖或冰糖调味。

养生功效 青豆是黄豆的嫩果实。它多作为蔬菜食用，清香鲜甜，耐看好吃。研究表明，青豆富含不饱和脂肪酸和大豆磷脂，能起到保持血管弹性、健脑和防止脂肪肝形成的作用。另外，青豆中还富含皂角苷、异黄酮、蛋白酶抑制剂、硒、钼等成分，用青豆制作的豆浆能健脾、润燥、利水。

贴心提示 青豆不宜久煮，否则会变色。老人、久病体虚人群不宜多食。腹泻者勿食。

玉米葡萄豆浆

【材料】甜玉米20克，葡萄6～10粒，黄豆50克，清水、白糖或冰糖适量。

【做法】❶将黄豆清洗干净后，在清水中浸泡6～8小时，泡至发软备用；用刀切下鲜玉米粒，清洗干净；葡萄去皮、去子。❷将浸泡好的黄豆同葡萄和玉米一起放入豆浆机的杯体中，添加清水至上下水位线之间，启动机器，煮至豆浆机提示玉米葡萄豆浆做好。❸将打出的玉米葡萄豆浆过滤后，按个人口味趁热添加适量白糖或冰糖调味即可饮用。

养生功效 玉米中的不饱和脂肪酸，尤其是亚油酸的含量高达60%以上，它和玉米胚芽中的维生素E协同作用，可降低血液胆固醇浓度，并防止其沉积于血管壁。葡萄中的果酸能帮助消化、增进食欲，防止肝炎后脂肪肝的发生。

贴心提示 这款豆浆不宜与水产品同时食用，间隔至少两个小时以上食用为宜。因为葡萄中的鞣酸容易与水产品中的钙质形成难以吸收的物质，影响健康。

银耳山楂豆浆

【材料】山楂15克，银耳10克，黑豆50克，清水、白糖或冰糖适量。

【做法】❶将黑豆清洗干净后，在清水中浸泡6～8小时，泡至发软备用；山楂清洗后去核，并切成小碎丁；银耳用清水泡发，洗净，切碎。❷将浸泡好的黑豆和山楂、银耳一起放入豆浆机的杯体中，添加清水至上下水位线之间，启动机器，煮至豆浆机提示银耳山楂豆浆做好。❸将打出的银耳山楂豆浆过滤后，按个人口味趁热添加适量白糖或冰糖调味，不宜吃糖者，可用蜂蜜代替。

养生功效 山楂有助于胆固醇转化，而且含有熊果酸，能阻止动物脂肪在血管壁的沉积；银耳能提高肝脏解毒能力，保护肝脏功能。山楂、银耳和黑豆搭配制成的这款豆浆有助于胆固醇转化，并能促进肝脏蛋白质的合成。

贴心提示 熟的银耳不宜放置时间过长，在细菌的分解作用下，其中所含的硝酸盐会还原成亚硝酸盐，对人体造成严重危害，所以，再美味的银耳食品，过夜后就不能食用了。

荷叶青豆豆浆

【材料】 荷叶 30 克，青豆 20 克，黄豆 50 克，清水、白糖或冰糖适量。

【做法】 ❶将黄豆、青豆清洗干净后，在清水中浸泡 6 ~ 8 小时，泡至发软备用；荷叶清洗干净后撕成碎块。❷将上述食材一起放入豆浆机，加清水煮至豆浆做好。❸过滤后，按个人口味趁热添加适量白糖或冰糖调味即可。

养生功效 对于肥胖者来说，荷叶茶是一剂减肥良药。荷叶茶是保健茶的一种，有利于脂肪肝的好转；青豆富含不饱和脂肪酸以及大豆磷脂，有保持血管弹性、健脑和防止脂肪肝形成的作用；黄豆中丰富的大豆蛋白能降低血清胆固醇浓度。荷叶、青豆搭配黄豆制成的这款豆浆，可以有效预防脂肪在肝脏堆积，降低血清胆固醇浓度。

贴心提示 新鲜荷叶保存时，可以先将整张荷叶洗干净后，用保鲜膜包好冷冻起来。

芝麻小米豆浆

【材料】黑芝麻20克，小米30克，黄豆50克，清水、白糖或冰糖适量。

【做法】❶将黄豆清洗干净后，在清水中浸泡6～8小时，泡至发软备用；小米淘洗干净，用清水浸泡2小时；黑芝麻淘去沙粒。❷将浸泡好的黄豆、黑芝麻和小米一起放入豆浆机的杯体中，添加清水至上下水位线之间，启动机器，煮至豆浆机提示芝麻小米豆浆做好。❸将打出的芝麻小米豆浆过滤后，按个人口味趁热添加适量白糖或冰糖调味，不宜吃糖者，可用蜂蜜代替。不喜甜者也可不加糖。

养生功效 黑芝麻中的铁和维生素E可以活化脑细胞，消除血管中的胆固醇，长期食用可以起到补肝益肾的作用，对脂肪肝患者有很大的帮助；小米是粗粮，也有一定降脂作用，对缓解脂肪肝的诸多症状有一定帮助。芝麻、小米搭配黄豆制成的豆浆能促进体内磷脂合成。

贴心提示 小米宜与大豆、芝麻或肉类食物混合食用，这是由于小米的氨基酸中缺乏赖氨酸，而大豆的氨基酸中富含赖氨酸，可以补充小米的不足。

苹果燕麦豆浆

【材料】苹果一个，燕麦30克，黄豆50克，清水、白糖或冰糖适量。

【做法】❶将黄豆清洗干净后，在清水中浸泡6～8小时，泡至发软备用；苹果清洗后，去皮去核，并切成小碎丁；燕麦米淘洗干净，用清水浸泡2小时。❷将浸泡好的黄豆、燕麦和苹果丁一起放入豆浆机的杯体中，添加清水至上下水位线之间，启动机器，煮至豆浆机提示苹果燕麦豆浆做好。❸将打出的苹果燕麦豆浆过滤后，按个人口味趁热添加适量白糖或冰糖调味，不宜吃糖者，可用蜂蜜代替。也可不加糖。

养生功效 苹果含有丰富的钾，可排除体内多余的钠盐，维持满意的血压，从而预防脂肪肝。燕麦含有丰富的亚油酸和皂苷素，可以降低血清胆固醇和甘油三酯。燕麦、苹果搭配黄豆制成的这款豆浆能够降低胆固醇浓度，防止脂肪聚集，预防脂肪肝。

贴心提示 苹果不需削皮，因为苹果中的维生素和果胶等有效成分大多含在表皮上。

黑芝麻黑枣豆浆

【材料】 黑芝麻 10 克，黑枣 30 克，黑豆 60 克，清水、白糖或冰糖各适量。

【做法】 ❶ 将黑豆清洗干净后，在清水中浸泡 6～8 小时，泡至发软备用；黑芝麻淘去沙粒；黑枣去核，洗净，切碎。❷ 将浸泡好的黑豆和洗净的黑芝麻、黑枣一起放入豆浆机的杯体中，加水至上下水位线之间，启动机器，煮至豆浆机提示黑芝麻黑枣豆浆做好。❸ 将打出的黑芝麻黑枣豆浆过滤后，按个人口味趁热往豆浆中添加适量白糖或冰糖调味，不宜吃糖者，可用蜂蜜代替。不喜甜者也可不加糖。

养生功效 长过痘痘的皮肤，有时候颜色明显跟其他地方不一样，而且皮肤也会变得粗糙起来。这时，我们就可以用黑芝麻黑枣豆浆来调理粉刺皮肤。黑芝麻在美容方面的功效非常显著：黑芝麻中的维生素 E 可维护皮肤的柔嫩与光泽，黑芝麻能润肠通便，有滋润皮肤的作用。如果在节食的过程中，适当进食芝麻糊，对因为减肥营养不足而导致的皮肤粗糙，有不错的功效；黑枣以含维生素 C 和钙质、铁质最多，多用于补血和作为调理药物，人的气血畅通，长过粉刺的脸上，气色也会好起来。从这个方面来讲，多吃黑枣很有好处。黑芝麻、黑枣加上黑豆制成的豆浆，适合消除痘痘后调理皮肤时饮用。

贴心提示 豆浆中若放入太多的黑枣，饮用后会引起胃酸过多和腹胀，需要特别注意。

绿豆黑芝麻豆浆

【材料】绿豆30克，黑芝麻20克，黄豆50克，清水、白糖或冰糖适量。

【做法】❶将黄豆、绿豆清洗干净后，在清水中浸泡6～8小时，泡至发软备用；黑芝麻淘去沙粒。❷将浸泡好的黄豆、绿豆和黑芝麻一起放入豆浆机的杯体中，添加清水至上下水位线之间，启动机器，煮至豆浆机提示绿豆黑芝麻豆浆做好。❸将打出的绿豆黑芝麻豆浆过滤后，按个人口味趁热添加适量白糖或冰糖调味，不宜吃糖者，可用蜂蜜代替。不喜甜者也可不加糖。

养生功效 绿豆属清热解毒类药物，具有消炎杀菌、促进吞噬功能等作用。绿豆因其含有大量蛋白质、B族维生素以及钙、磷、铁等矿物质，故能清洁肌肤、抑制青春痘；黑芝麻中蕴含丰富的维生素E，它对肌肤中的胶原纤维和弹力纤维有"滋润"作用。

贴心提示 绿豆性凉，脾胃虚弱、体弱瘦小的人不宜食用。男子阳痿、遗精者也不宜食用绿豆黑芝麻豆浆。

薏米绿豆豆浆

【材料】薏米20克，绿豆30克，黄豆50克，清水、白糖或蜂蜜适量。

【做法】❶将黄豆、绿豆清洗干净后，在清水中浸泡6～8小时，泡至发软备用；薏米淘洗干净，用清水浸泡2小时。❷将浸泡好的黄豆、绿豆、薏米一起放入豆浆机的杯体中，添加清水至上下水位线之间，启动机器，煮至豆浆机提示薏米绿豆豆浆做好。❸将打出的薏米绿豆豆浆过滤后，按个人口味趁热添加适量白糖，或等豆浆稍凉后加入蜂蜜即可饮用。

养生功效 一般认为，如果体内长期湿热相交，就很容易长痘。薏米和绿豆都有清热利湿的作用，薏米能够中和肤质，抑制油性皮肤的分泌，使人看起来清清爽爽。绿豆则有清热去火、消肿止痒等功效。薏米、绿豆和黄豆搭配制成的这款豆浆能够抑制痘痘生成，尤其适用于油性皮肤。

贴心提示 体质虚弱的人不要多喝此豆浆。由于绿豆具有解毒的功效，所以正在吃中药的人也不要多喝。

海带绿豆浆

【材料】海带 30 克，绿豆 70 克，清水、白糖或冰糖适量。

【做法】❶ 将绿豆清洗干净后，在清水中浸泡 6 ~ 8 小时，泡至发软备用；海带洗净，切碎。❷ 将浸泡好的绿豆和海带一起放入豆浆机的杯体中，添加清水至上下水位线之间，启动机器，煮至豆浆机提示海带绿豆浆做好。❸ 将打出的海带绿豆浆过滤后，按个人口味趁热添加适量白糖或冰糖调味，不宜吃糖者，可用蜂蜜代替。不喜甜者也可不加糖。

养生功效 研究发现，吃海带较多的青少年中，患有痤疮很少，究其原因，与海带中含有较高的的锌元素有关。锌能参与皮肤的正常代谢，减轻毛囊皮脂腺导管口的角化，有利于皮脂腺分泌物排出。绿豆具有良好的解毒效果，对汗疹、粉刺等各种皮肤问题效果极佳。这款豆浆能通过补锌，抑制青春痘，适合青春期的人防痘时饮用。

贴心提示 吃海带后不要马上喝茶，也不要立刻吃酸涩的水果。

白果绿豆豆浆

【材料】绿豆 25 克，白果 10 个，黄豆 50 克，清水、白糖或冰糖适量。

【做法】❶ 将黄豆、绿豆清洗干净后，在清水中浸泡 6 ~ 8 小时，泡至发软备用；白果去壳后，先浸泡一段时间然后再炖熟备用。❷ 将浸泡好的黄豆、绿豆和熟白果一起放入豆浆机的杯体中，添加清水至上下水位线之间，启动机器，煮至豆浆机提示白果绿豆豆浆做好。❸ 将打出的白果绿豆豆浆过滤后，按个人口味趁热添加适量白糖或冰糖调味，不宜吃糖者，可用蜂蜜代替。不喜甜者也可不加糖。

养生功效 白果中的白果酸有抑制皮肤真菌的作用。绿豆提取物中的牡蛎碱和异牡蛎碱，能有效去除皮肤内的不净物，使皮肤焕发洁净、透明的光彩。这款豆浆有通畅血管的功效，可防止毛孔堵塞，从而减少粉刺和青春痘。

贴心提示 白果有一定毒性，一定要炖熟后食用，这款豆浆不宜长期饮用。

胡萝卜枸杞豆浆

【材料】胡萝卜 1/3 根，枸杞 10 克，黄豆 50 克，清水适量。

【做法】❶ 将黄豆清洗干净后，在清水中浸泡 6～8 小时，泡至发软备用；胡萝卜去皮后切成小丁，下入开水中略焯，捞出后沥干；枸杞洗干净后，用温水泡开。❷ 将浸泡好的黄豆、枸杞同胡萝卜丁一起放入豆浆机的杯体中，添加清水至上下水位线之间，启动机器，煮至豆浆机提示胡萝卜枸杞豆浆做好。❸ 将打出的胡萝卜枸杞豆浆过滤后即可饮用。

养生功效 胡萝卜中含有的维生素 A 可调节上皮细胞的代谢，对毛囊角有一定的调节作用，同时能调节皮肤汗腺功能，减少酸性代谢产物对表皮的侵袭，有利于减少青春痘。枸杞可以提高皮肤吸收养分的能力，所以也能起到一定的美容养颜作用。胡萝卜、枸杞搭配黄豆制成的这款豆浆，有利于缓解脸上的青春痘，还能帮助去除痘印。

贴心提示 想要怀孕的女性不宜多饮胡萝卜枸杞豆浆，糖尿病者也要少饮此豆浆。

银耳杏仁豆浆

【材料】银耳 30 克，杏仁 5～6 粒，黄豆 50 克，清水、白糖或冰糖各适量。

【做法】❶ 将黄豆清洗干净后，在清水中浸泡 6～8 小时，泡至发软备用；银耳用清水泡发，洗净，切碎；干杏仁洗净后也须在清水中泡软，不过若是新鲜的杏仁洗净后，只需略泡一下即可。❷ 将浸泡好的黄豆、杏仁和银耳一起放入豆浆机的杯体中，添加清水至上下水位线之间，启动机器，煮至豆浆机提示银耳杏仁豆浆做好。❸ 将打出的银耳杏仁豆浆过滤后，按个人口味趁热添加适量白糖或冰糖调味。不宜吃糖者，可用蜂蜜代替，不喜甜者也可不加。

养生功效 银耳俗称雪耳，具有润泽滑爽肌肤的功效。杏仁含有丰富的单不饱和脂肪酸，有益于心脏健康，所含的维生素 E 等抗氧化物质，能预防疾病和早衰。这款豆浆能促进皮肤微循环，使皮肤光滑细腻。

贴心提示 银耳本身无味道，选购时可取少许试尝，如对舌有刺激或辣的感觉，可能是用二氧化硫熏制的银耳。

黑豆核桃豆浆

【材料】黑豆 25 克，核桃仁 1 个，黄豆 50 克，清水、白糖或冰糖适量。

【做法】❶ 将黄豆、黑豆清洗干净后，在清水中浸泡 6～8 小时，泡至发软；核桃仁碾碎。

❷ 将浸泡好的黄豆、黑豆和核桃仁一起放入豆浆机的杯体中，并加水至上下水位线之间，启动机器，煮至豆浆机提示黑豆核桃豆浆做好。

❸ 将打出的黑豆核桃豆浆过滤后，按个人口味趁热往豆浆中添加适量白糖或冰糖调味，不宜吃糖者，可用蜂蜜代替。

养生功效 黑色是中医所说肾的颜色，如果一个人的黄褐斑是发黑的，除了斑的颜色发黑，脸上不长斑的地方也不会白净，整个人偏瘦，这可能就是肾虚引起的黄褐斑。想淡化这种黄褐斑就要补肾，具体来说就是补肾阴。黑豆和核桃都是常见的补肾食品，食用后能够通过补上虚损的肾阴，减轻色斑。从它们的营养成分上分析，黑豆含有丰富的维生素，其中维生素 E 含量最高，可驻颜，使皮肤白嫩。核桃仁也是润肤防衰的美容佳品。所以，利用黑豆和核桃制成的豆浆，能够减轻颜色发黑的黄褐斑。

贴心提示 因为肾阴虚引起的黄褐斑，除了饮用豆浆的方法，也可以服用"六味地黄丸"来淡化色斑。

木耳红枣豆浆

【材料】木耳30克，红枣20克，绿豆50克，清水、白糖或冰糖适量。

【做法】❶将绿豆清洗干净后，在清水中浸泡6～8小时，泡至发软备用；木耳洗净，用温水泡发；红枣洗干净，去核。❷将浸泡好的绿豆、木耳和红枣一起放入豆浆机的杯体中，添加清水至上下水位线之间，启动机器，煮至豆浆机提示木耳红枣豆浆做好。❸将打出的木耳红枣豆浆过滤后，按个人口味趁热添加适量白糖或冰糖调味，不宜吃糖者，可用蜂蜜代替。不喜甜者也可不加糖。

养生功效 黑木耳中铁的含量极为丰富，为猪肝的7倍多，故常吃木耳能养血驻颜，令人肌肤红润，容光焕发。黑木耳在《本草纲目》中记载，可去面上黑斑，可润肤，防止皮肤老化；大枣和中益气，健脾润肤，有助黑木耳祛除黑斑。黑木耳和红枣同煮，能治疗黄褐斑。它们搭配绿豆制成的这款豆浆具有调理气血、祛斑的功效。

贴心提示 木耳不宜与田螺同食，从食物药性来说，寒性的田螺，遇上滑利的木耳，不利于消化，所以二者不宜同食。

黄瓜胡萝卜豆浆

【材料】黄瓜20克，胡萝卜30克，黄豆50克，清水适量。

【做法】❶将黄豆清洗干净后，在清水中浸泡6～8小时，泡至发软备用；胡萝卜去皮后切成小丁，下入开水中略焯，捞出后沥干；黄瓜洗净，切成丁。❷将浸泡好的黄豆和黄瓜丁、胡萝卜丁一起放入豆浆机的杯体中，添加清水至上下水位线之间，启动机器，煮至豆浆机提示黄瓜胡萝卜豆浆做好。❸将打出的黄瓜胡萝卜豆浆过滤后即可食用。

养生功效 鲜黄瓜的黄瓜酶是很强的活性生物酶，能有效促进机体新陈代谢，促进血液循环，达到润肤美容的目的。黄瓜中的维生素C还可以使肌肤之中的黑色素进行还原，可起到比较好的美白效果，间接地起到了祛斑的作用。胡萝卜也能够淡化色斑，使肌肤紧致。黄瓜、胡萝卜和黄豆搭配制成的这款豆浆含有丰富的纤维丝和维生素，可以滋养皮肤，淡化黑色素。

贴心提示 脾胃虚弱、腹痛腹泻、肺寒咳嗽者都应少吃，因黄瓜性凉，胃寒患者食之易致腹痛泄泻。

玫瑰茉莉豆浆

【材料】玫瑰花 10 克，茉莉花 10 克，黄豆 80 克，清水、白糖或冰糖适量。

【做法】❶将黄豆清洗干净后，在清水中浸泡 6 ~ 8 小时，泡至发软备用；玫瑰花瓣仔细清洗干净后备用；茉莉花瓣清洗干净后备用。❷将浸泡好的黄豆和玫瑰花、茉莉花一起放入豆浆机的杯体中，添加清水至上下水位线之间，启动机器，煮至豆浆机提示玫瑰茉莉豆浆做好。❸将打出的玫瑰茉莉豆浆过滤后，按个人口味趁热添加适量白糖或冰糖调味，不宜吃糖者，可用蜂蜜代替。

养生功效 青色是肝的颜色，如果黄褐斑颜色发青，说明肝郁是黄褐斑的主要成因。中医认为，玫瑰花味甘微苦、性温，最明显的功效就是理气解郁、活血散瘀和调经止痛。茉莉花也能疏肝解郁，从中医角度来看，能辅助改善情绪紧张、心情不佳，具有放松的作用。这款豆浆，对于肝郁引起的黄褐斑有一定的效果。

贴心提示 若想去掉脸上的斑点，除了喝玫瑰茉莉豆浆外，还要保持一个放松、愉悦的心态。

山药莲子豆浆

【材料】山药 30 克，莲子 20 克，黄豆 50 克，清水、白糖或冰糖适量。

【做法】❶将黄豆清洗干净后，在清水中浸泡 6 ~ 8 小时，泡至发软备用；山药去皮后切成小丁，下入开水中焯烫，捞出沥干；莲子洗净后略泡。❷将浸泡好的黄豆、莲子和山药一起放入豆浆机的杯体中，添加清水至上下水位线之间，启动机器，煮至豆浆机提示山药莲子豆浆做好。❸将打出的山药莲子豆浆过滤后，按个人口味趁热添加适量白糖或冰糖调味，不宜吃糖者，可用蜂蜜代替。不喜甜者也可不加糖。

养生功效 中医认为脾的颜色是黄色的。如果黄褐斑的颜色发黄，多是脾虚造成的。对付这样的黄褐斑，一定要补脾。山药和莲子都是补脾餐桌上的常备食材，它们加上黄豆制成的豆浆适合脾虚的人。长期食用，对于脾虚引起的黄褐斑有不错的改善功效。

贴心提示 脾虚引起的黄褐斑除了饮用豆浆调理外，还可以服用中成药"补中益气丸"、"参苓白术丸"、"人参健脾丸"，也有祛斑的功效。

薏米黄瓜绿豆浆

【材料】薏米 30 克，黄瓜 20 克，绿豆 50 克，清水、白糖或冰糖适量。

【做法】❶ 将绿豆清洗干净后，在清水中浸泡 6 ~ 8 小时，泡至发软备用；黄瓜削皮、洗净后切成碎丁；薏米淘洗干净，用清水浸泡 2 小时。

❷ 将浸泡好的绿豆、薏米和黄瓜一起放入豆浆机的杯体中，添加清水至上下水位线之间，启动机器，煮至豆浆机提示薏米黄瓜绿豆浆做好。

❸ 将打出的薏米黄瓜绿豆浆过滤后，按个人口味趁热添加适量白糖或冰糖调味，不宜吃糖者，可用蜂蜜代替。

养生功效 所有的谷物中，薏米的除湿效果最好，在换季时或者湿润的地方，常食薏米能够使人充满活力，并且增强人体的抵抗能力；黄瓜中的黄瓜酶是很强的活性生物酶，能促进机体的血液循环，起到补水润肤的作用。黄瓜具有摄取身体多余热量的作用，还能消除皮肤的发热感，使发热皮肤平稳，同时排除毛孔内积存的废物，去除湿疹，使肌肤更加美丽，特别是对容易出汗及脸上常长小疙瘩的人更适宜；绿豆是天然清热消暑的食品，尤其在夏季，人最容易出现湿阻引起的湿疹，可时常服用，对于改善湿疹也有良好的功效。薏米、黄瓜搭配绿豆制成的这款豆浆能够排出体内湿气，缓解湿疹。

贴心提示 挑选黄瓜时，要选那些看上去细长且比较均匀的，顶花带刺，颜色新鲜的，这样的黄瓜是最新鲜的。

苦瓜绿豆浆

【材料】绿豆 50 克，苦瓜 30 克，清水、白糖或冰糖适量。

【做法】❶将绿豆清洗干净后，在清水中浸泡 6 ~ 8 小时，泡至发软备用；苦瓜洗净，去蒂，除子，切成小丁。❷将浸泡好的绿豆和苦瓜丁一起放入豆浆机的杯体中，添加清水至上下水位线之间，启动机器，煮至豆浆机提示苦瓜绿豆浆做好。❸将打出的苦瓜绿豆浆过滤后，按个人口味趁热添加适量白糖或冰糖调味，不宜吃糖者，可用蜂蜜代替。不喜甜者也可不加糖。

养生功效 据《本草纲目》记载："绿豆气味甘寒，无毒……解一切药草、牛马、金石诸毒。"意思是说，绿豆能解药中金、石、砒霜、草木诸毒。因此，可以帮助排出面部受到的工业污染；苦瓜中含有奎宁，能清热解毒，祛湿止痒，有助于预防湿疹。绿豆和苦瓜一起制成的豆浆有助于缓解湿疹症状。

贴心提示 苦瓜的味道比较苦，想去除苦味，可以在洗净苦瓜后，用盐轻轻揉搓一会儿。这款豆浆性质较寒凉，脾胃虚寒者及慢性胃肠炎患者应少食或不食。

莴笋黄瓜绿豆浆

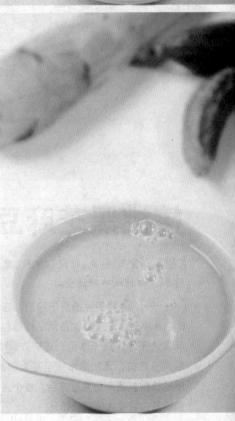

【材料】莴笋 30 克，黄瓜 20 克，绿豆 50 克，清水、白糖或冰糖适量。

【做法】❶将绿豆清洗干净后，在清水中浸泡 6 ~ 8 小时，泡至发软备用；黄瓜削皮、洗净后切成碎丁；莴笋洗净后切成小段。❷将浸泡好的黄豆、莲子和山药一起放入豆浆机的杯体中，添加清水至上下水位线之间，启动机器，煮至豆浆机提示山药莲子豆浆做好。❸将打出的山药莲子豆浆过滤后，按个人口味趁热添加适量白糖或冰糖调味，不宜吃糖者，可用蜂蜜代替。不喜甜者也可不加糖。

养生功效 莴笋中的钾含量大大高于钠含量，有利于体内的水电解质平衡，促进排尿。黄瓜可以利尿，有助于清除血液中像尿酸那样的潜在有害物质。莴笋、黄瓜搭配绿豆制成的这款豆浆具有利水消肿的功效，可在一定程度上缓解湿疹症状。

贴心提示 莴笋想要保存的时间长一些，可以取出已削皮的莴笋，将毛巾放在水里浸湿，把湿毛巾放在冰箱里，再将莴笋放在上面，即可防止莴笋蔫萎。

核桃黑芝麻豆浆

【材料】黄豆 50 克，核桃仁 4 枚，黑芝麻 20 克，清水、白糖或冰糖适量。

【做法】❶ 将黄豆清洗干净后，在清水中浸泡 6 ~ 8 小时，泡至发软备用；核桃仁碾碎；黑芝麻淘洗干净，沥干水分，碾碎。❷ 将食材一起放入豆浆机，添加清水煮至豆浆做好。❸ 将打出的核桃黑芝麻豆浆过滤后，按个人口味趁热添加适量白糖或冰糖调味即可。

养生功效 肾主骨，即中医认为养肾可以健骨。核桃和黑芝麻都是补肾的佳品，把肾补上了，即使不吃钙片，肾会在正常时从食物中"抓取"钙质。外国营养学家发现，关节炎病人服用核桃有益，这与中医的认识是一致的。核桃补肾强筋，而从其成分富含维生素 B_6。核桃、黑芝麻与黄豆搭配制作出的豆浆，能够预防关节炎。

贴心提示 芝麻连皮一起吃不容易消化，压碎后不仅有股迷人的香气，更有助于人体吸收。

薏米西芹山药豆浆

【材料】黄豆 30 克，薏米 20 克，西芹 25 克，山药 25 克，清水、白糖或冰糖适量。

【做法】❶ 将黄豆清洗干净后，在清水中浸泡 6 ~ 8 小时，泡至发软备用；薏米淘洗干净，用清水浸泡 2 小时；西芹洗净，切段；山药去皮后切成小丁，下入开水中焯烫，捞出沥干。❷ 将浸泡好的黄豆、薏米和西芹、山药一起放入豆浆机的杯体中，添加清水至上下水位线之间，启动机器，煮至豆浆机提示薏米西芹山药豆浆做好。❸ 将打出的薏米西芹山药豆浆过滤后，按个人口味趁热添加适量白糖或冰糖调味，不宜吃糖者，可用蜂蜜代替。不喜甜者也可不加糖。

养生功效 薏米、西芹、山药均有健脾利湿的功效，三者搭配黄豆制成豆浆，对于缓解关节肿胀很有帮助。

贴心提示 薏米会使身体冷虚，虚寒体质者不适宜长期食用这款豆浆，怀孕妇女及正值经期的妇女不要食用。

苦瓜薏米豆浆

【材料】黄豆 50 克，苦瓜 30 克，薏米 20 克，清水、白糖或冰糖适量。

【做法】❶ 将黄豆清洗干净后，在清水中浸泡 6 ~ 8 小时，泡至发软备用；苦瓜洗净，去蒂，除子，切成小丁；薏米淘洗干净，用清水浸泡 2 小时。❷ 将浸泡好的黄豆、薏米和苦瓜丁一起放入豆浆机的杯体中，添加清水至上下水位线之间，启动机器，煮至豆浆机提示苦瓜薏米豆浆做好。❸ 将打出的苦瓜薏米豆浆过滤后，按个人口味趁热添加适量白糖或冰糖调味，不宜吃糖者，可用蜂蜜代替。不喜甜者也可不加糖。

养生功效 薏米可缓解肿胀，苦瓜能缓解类风湿病的症状。二者加上黄豆，可以满足人体对维生素、微量元素和纤维素的需求，同时改善新陈代谢，起到清热解毒、消肿止痛的作用，从而缓解关节局部的红肿热痛症状。这款豆浆能有效缓解类风湿疼痛。

贴心提示 类风湿性关节炎的主要症状就是关节疼痛，关节之所以会疼痛是由于受寒所引起的，所以除了利用豆浆食疗之外，保暖也是不可忽略的。

木耳粳米黑豆浆

【材料】木耳 20 克，粳米 30 克，黑豆 50 克，清水、白糖或冰糖适量。

【做法】❶将黑豆清洗干净后，在清水中浸泡 6～8 小时，泡至发软备用；粳米淘洗干净，用清水浸泡 2 小时；木耳洗净，用温水泡发。❷将浸泡好的黑豆、粳米、木耳一起放入豆浆机的杯体中，添加清水至上下水位线之间，启动机器，煮至豆浆机提示木耳大米黑豆浆做好。❸将打出的木耳粳米黑豆浆过滤后，按个人口味趁热添加适量白糖或冰糖调味，不宜吃糖者，可用蜂蜜代替。不喜甜者也可不加糖。

养生功效 黑木耳是著名的山珍，可食、可药、可补，中国老百姓餐桌上久食不厌，有"素中之荤"的美誉。它具有提高人体免疫力的作用，可以缓解局部的红肿热痛等症状，对于风湿关节痛均有一定的缓解功效；黑豆有解毒作用，它能补肾滋阴、除湿利水；粳米性味甘、淡、平和，有健脾养胃、补中益气的功效。若能将三种食物强强联合制成豆浆，营养价值大增，对于风湿关节炎患者来说是进补的佳品，可强身壮骨，预防骨病。

贴心提示 木耳的鉴别：优质木耳表面黑而光润，有一面呈灰色，手摸上去感觉干燥，无颗粒感，嘴尝无异味；假木耳看上去较厚，分量也较重，手摸时有潮湿或颗粒感，嘴尝有甜或咸味。

薏米花生豆浆

【材料】黄豆 50 克，薏米 30 克，花生 20 克，白糖、清水适量。

【做法】❶ 将黄豆清洗干净后，在清水中浸泡 6～8 小时；花生去皮，略泡；薏米淘洗干净，用清水浸泡 2 小时。❷ 将食材一起放入豆浆机煮至豆浆做好。❸ 将打出的薏米花生豆浆过滤后，按个人口味趁热往豆浆中添加适量白糖或冰糖调味即可。

养生功效 花生营养丰富，有降血脂及廷年益寿的功效，对预防骨质疏松也有很好的作用。薏米有利水消肿、健脾去湿、舒筋除痹、清热排脓等功效，可缓解关节的肿胀和局部发热。薏米、花生搭配黄豆制成的这款豆浆，可缓解关节疼痛，预防骨质疏松。

贴心提示 胆囊切除者不宜食用薏米花生豆浆，因为花生里含的脂肪需要胆汁去消化，胆囊切除后，储存胆汁的功能丧失，没有大量的胆汁来帮助消化，会引起消化不良。

黑芝麻牛奶豆浆

【材料】黄豆60克，牛奶150毫升，黑芝麻15克，清水、白糖或冰糖适量。

【做法】❶将黄豆清洗干净后，在清水中浸泡6～8小时，泡至发软备用；黑芝麻淘洗干净，沥干水分，碾碎；牛奶备用。❷将浸泡好的黄豆和碾碎的黑芝麻一起放入豆浆机的杯体中，添加清水至上下水位线之间，启动机器，煮至豆浆机提示豆浆做好。❸将打出的豆浆过滤后，加入牛奶搅拌均匀，再按个人口味趁热添加适量白糖或冰糖调味，不宜吃糖者，可用蜂蜜代替。

> 养生功效 黑芝麻钙含量特别高，有利于获得令人满意的骨峰值。牛奶中含有丰富的食物性活性钙，似比其他类型食物中的钙含量都高，是理想的人体钙质来源，既容易吸收利用又安全。牛奶中含有乳糖和维生素D，能促进钙质吸收。将牛奶、芝麻、黄豆一起制成豆浆，能够加强钙的吸收，从而很好地预防骨质疏松。

> 贴心提示 缺铁性贫血、胆囊炎、胰腺炎患者不宜饮用这款豆浆。

核桃黑枣豆浆

【材料】黄豆50克，核桃仁2个，黑枣3个，清水、白糖或冰糖适量。

【做法】❶将黄豆清洗干净后，在清水中浸泡6～8小时，泡至发软备用；核桃仁碾碎；黑枣洗干净后，用温水泡开。❷将浸泡好的黄豆、黑枣与核桃仁一起放入豆浆机的杯体中，添加清水至上下水位线之间，启动机器，煮至豆浆机提示核桃黑枣豆浆做好。❸将打出的核桃黑枣豆浆过滤后，按个人口味趁热添加适量白糖或冰糖调味，不宜吃糖者，可用蜂蜜代替。不喜甜者也可不加糖。

> 养生功效 核桃中的天然抗氧化剂和Ω-3脂肪酸有助于人体对矿物质如钙、磷、锌等的吸收，可以促进骨骼生长，另外Ω-3脂肪酸有助于保持骨密度，减少因自由基（高活性分子）造成的骨质疏松；黑枣中富含钙和铁。核桃、黑枣与黄豆搭配制成的这款豆浆可以补钙，预防骨质疏松。

> 贴心提示 好的黑枣皮色应是乌亮有光，黑里泛出红色者，皮色乌黑者为次，色黑带萎者更次。好的黑枣颗大均匀，短壮圆整，顶圆蒂方，皮面皱纹细浅。

海带黑豆豆浆

【材料】海带20克，黑豆30克，黄豆50克，清水、白糖或冰糖适量。

【做法】❶将黄豆、黑豆清洗干净后，在清水中浸泡6～8小时，泡至发软备用；海带洗净，切碎。❷将浸泡好的黄豆、黑豆和海带一起放入豆浆机的杯体中，添加清水至上下水位线之间，启动机器，煮至豆浆机提示海带黑豆豆浆做好。❸将打出的海带黑豆豆浆过滤后，按个人口味趁热添加适量白糖或冰糖调味，不宜吃糖者，可用蜂蜜代替。不喜甜者也可不加糖。

养生功效　骨质疏松和肾虚有很大关系，骨质疏松患者除了应该补钙，还要考虑补肾。海带含钙量高，能促进骨骼的生长，预防骨质疏松。黄豆营养丰富，既能补钙又能补肾。黑豆具有很好的滋阴补肾的作用。海带、黑豆、黄豆三者搭配制作出的豆浆富含钙质，补肾益气，经常饮用能够预防骨质疏松。

贴心提示　海带性寒质滑，故肾虚寒者不宜食用这款豆浆。海带虽然营养丰富，味美可口，但海带含有一定量的砷，若摄入量过多容易引起慢性中毒，所以在食用前要用清水漂洗干净，使砷溶解于水。通常浸泡一昼夜换一次水，可使其中含砷量符合食品卫生标准。

木耳紫米豆浆

【材料】木耳30克，紫米20克，黄豆50克，清水、白糖或冰糖适量。

【做法】❶将黄豆清洗干净后，在清水中浸泡6～8小时，泡至发软备用；木耳洗净，用温水泡发；紫米淘洗干净，用清水浸泡2小时。❷将浸泡好的黄豆、木耳和紫米一起放入豆浆机的杯体中，添加清水至上下水位线之间，启动机器，煮至豆浆机提示木耳紫米豆浆做好。❸将打出的木耳紫米豆浆过滤后，按个人口味趁热添加适量白糖或冰糖调味，不宜吃糖者，可用蜂蜜代替。不喜甜者也可不加糖。

养生功效　黑木耳，色泽黑褐，质地柔软，味道鲜美，营养丰富，可素可荤，它含有较多的钙和蛋白质，能够预防骨质疏松。黄豆含黄酮甙、钙、铁、磷等，可促进骨骼生长和补充骨中所需的营养。用木耳和紫米搭配黄豆制成的这款豆浆能够有效预防骨质疏松。

麦枣豆浆

【材料】黄豆 50 克，燕麦片 50 克，干枣、清水、白糖或冰糖适量。

【做法】❶ 将黄豆清洗干净后，在清水中浸泡 6 ~ 8 小时，泡至发软备用；干枣洗干净，去核；燕麦片备用。❷ 将浸泡好的黄豆和燕麦片、干枣一起放入豆浆机的杯体中，添加清水至上下水位线之间，启动机器，煮至豆浆机提示麦枣豆浆做好。❸ 将打出的麦枣豆浆过滤后，按个人口味趁热添加适量白糖或冰糖调味，不宜吃糖者，可用蜂蜜代替。不喜甜者也可不加糖。

养生功效　燕麦片含钙量特别高，每 100 克燕麦片含钙 186 毫克，是玉米、大米的 10 倍以上。每 100 克牛奶含钙 104 毫克，燕麦片含钙量比牛奶还要高许多。钙是构成人体骨骼的主要成分，能增强骨质，预防骨质疏松和软骨病，并维持毛细血管的正常。营养专家推荐，成年人每日需摄取 800 毫克的钙，而食用燕麦片可补充体内需要的钙。红枣也富含钙。干枣中的钙含量比鲜枣要高。燕麦片、干枣搭配黄豆制成的豆浆营养均衡，能补钙强身，适宜中老年人食用。

贴心提示　"燕麦片"和"麦片"不是一种东西。纯燕麦片是燕麦粒轧制而成，呈扁平状，直径相当于黄豆粒，形状完整。经过速食处理的速食燕麦片有些散碎感，但仍能看出其原有形状。麦片则是多种谷物混合而成，如小麦、大米、玉米、大麦等，其中燕麦片只占一小部分，甚至根本不含有燕麦片。

芝麻花生黑豆浆

【材料】黑芝麻20克，花生20克，黑豆70克，清水、白糖或冰糖适量。

【做法】❶将黑豆清洗干净后，在清水中浸泡6～8小时，泡至发软备用；花生去皮，略泡，碾碎；黑芝麻淘洗干净，沥干水分，碾碎。❷将浸泡好的黄豆、花生和黑芝麻一起放入豆浆机的杯体中，添加清水至上下水位线之间，启动机器，煮至豆浆机提示芝麻花生黑豆浆做好。❸将打出的芝麻花生黑豆浆过滤后，按个人口味趁热添加适量白糖或冰糖调味，不宜吃糖者，可用蜂蜜代替。不喜甜者也可不加糖。

> 养生功效 中医认为，肾主骨，因此补钙就是补肾。黑芝麻具有补肝肾、润五脏的作用。而且黑芝麻含钙量很高，是很好的补钙来源。黑豆乃"肾之谷"，是补肾佳品。这款豆浆不仅能够补肾，还能够补钙。

> 贴心提示 黑豆对健康虽有如此多的功效，但不适宜生吃，尤其是肠胃不好的人生吃会出现胀气现象。患有慢性肠炎、便溏腹泻者忌食这款豆浆。

西芹黑豆豆浆

【材料】西芹20克，黑豆30克，黄豆50克，清水适量。

【做法】❶将黄豆、黑豆清洗干净后，在清水中浸泡6～8小时，泡至发软备用；西芹择洗干净后，切成碎丁。❷将浸泡好的黄豆、黑豆同西芹丁一起放入豆浆机的杯体中，添加清水至上下水位线之间，启动机器，煮至豆浆机提示西芹黑豆豆浆做好。❸将打出的西芹黑豆豆浆过滤后即可饮用。

> 养生功效 一般蔬菜的钙吸收率都不太好，但芹菜是个例外。每100克芹菜中含钙160毫克，它们中所含的钙有50%以上可为人体所吸收利用。因此，常吃西芹有强健骨骼的功效。黑豆和黄豆的钙质也很丰富，每100克大豆中含有367毫克的钙，是补钙的重要来源。西芹、黑豆和黄豆搭配制成的这款豆浆，能够让人体充分吸收钙质，具有强健骨骼的作用。

> 贴心提示 西芹具有杀精作用，它能够抑制男性激素的生成，减少精子数量，所以年轻的男性朋友应少饮西芹黑豆豆浆。西芹叶的营养价值比西芹茎高，其抗坏血酸含量远大于西芹茎，且抗癌功效更为显著，所以在食用时不要丢弃西芹叶。

紫菜虾皮豆浆

【材料】黄豆 50 克,大米 20 克,虾皮 10 克,紫菜 10 克,清水、葱末、盐适量。

【做法】❶ 将黄豆清洗干净后,在清水中浸泡 6 ~ 8 小时,泡至发软备用;大米淘洗干净,用清水浸泡 2 小时;紫菜撕成小片;虾皮洗净。❷ 将浸泡好的黄豆和大米、紫菜、虾皮、葱末一起放入豆浆机的杯体中,添加清水至上下水位线之间,启动机器,煮至豆浆机提示紫菜虾皮豆浆做好。❸ 将打出的紫菜虾皮豆浆过滤后,按个人口味趁热添加适量盐调味即可。

养生功效　骨质疏松症与钙有直接关系。当体内的钙丢失量多于摄入量时,骨骼就会脱钙,从而产生骨质疏松症。肠钙是体内钙代谢的主要环节之一,如果肠道对钙的吸收减少,就会影响钙向骨骼的沉积。虾皮含钙量很高,紫菜含镁量较高,两者合用,能促进钙的吸收,为身体提供充足的钙质,防止缺钙引起骨质疏松。

贴心提示　有皮肤过敏现象者不宜饮用这款豆浆,因为紫菜和虾皮属于发物,不利于过敏现象恢复。

紫菜黑豆豆浆

【材料】紫菜 20 克,大米 30 克,黑豆 20 克,黄豆 30 克,盐、清水适量。

【做法】❶ 将黄豆、黑豆清洗干净后,在清水中浸泡 6 ~ 8 小时,泡至发软备用;紫菜洗干净;大米淘洗干净,用清水浸泡 2 小时。❷ 将浸泡好的黄豆、黑豆、大米同紫菜一起放入豆浆机的杯体中,添加清水至上下水位线之间,启动机器,煮至豆浆机提示紫菜黑豆豆浆做好。❸ 将打出的紫菜黑豆豆浆过滤后,加入盐调味即可饮用。

养生功效　如果人体摄入的镁偏少,会导致抽筋等肌肉问题。紫菜钙镁含量丰富,每 100 克中含镁 105 毫克、含钙量约有 343 毫克,适当食用更能促进钙的吸收。大米有健脾养胃、补血益气的功效,可以滋补身体。黄豆富含钙质。紫菜、黑豆、大米和黄豆搭配制成的这款豆浆有很好的补钙作用,能够促进骨骼的生长。

贴心提示　紫菜是海产食品,容易返潮变质,应装入黑色食品袋置于低温干燥处存放,或放入冰箱中,以保持其味道和营养。若凉水浸泡后的紫菜呈蓝紫色,说明在干燥、包装前已被有毒物所污染,这种紫菜对人体有害,不能食用。

芝麻黑枣黑豆浆

【材料】黑芝麻 10 克，黑枣 30 克，黑豆 60 克，清水、白糖或冰糖各适量。

【做法】❶将黑豆清洗干净后，在清水中浸泡 6 ~ 8 小时，泡至发软备用；黑芝麻淘去沙粒；黑枣去核，洗净，切碎。❷将浸泡好的黑豆和洗净的黑芝麻、黑枣一起放入豆浆机的杯体中，加水至上下水位线之间，启动机器，煮至豆浆机提示芝麻黑枣黑豆浆做好。❸将打出的芝麻黑枣黑豆浆过滤后，按个人口味趁热往豆浆中添加适量白糖或冰糖调味，不宜吃糖者，可用蜂蜜代替。不喜甜者也可不加糖。

养生功效 黑芝麻含钙丰富，100 克牛奶中的钙含量为 100 多毫克，而同等重量的黑芝麻含钙量是牛奶的 7 ~ 8 倍。黑枣和黑豆中也富含钙质，它们搭配黑豆做成豆浆，富含钙质，是一款补钙的营养保健佳品，非常适宜钙流失严重和缺钙人群饮用。

贴心提示 黑芝麻、南瓜子、葵花子等植物种子，都是很好的补钙食品，而食用的最佳时机是早餐，因为早晨机体处于"饥渴"状态，对食物的吸收率在一天中是最好的。

西芹紫米豆浆

【材料】黄豆 50 克，紫米 20 克，西芹 30 克，清水、白糖或冰糖适量。

【做法】❶将黄豆清洗干净后，在清水中浸泡 6 ~ 8 小时，泡至发软备用；紫米淘洗干净，用清水浸泡 2 小时；西芹洗净，切段。❷将浸泡好的黄豆、紫米和西芹一起放入豆浆机的杯体中，添加清水至上下水位线之间，启动机器，煮至豆浆机提示西芹紫米豆浆做好。❸将打出的西芹紫米豆浆过滤后，按个人口味趁热添加适量白糖或冰糖调味，不宜吃糖者，可用蜂蜜代替。不喜甜者也可不加糖。

养生功效 芹菜、紫米和黄豆的含钙量都很高，它们是重要的补钙来源。因此三者搭配出来的这款豆浆含钙量很高，能够很好地为人体补钙。

贴心提示 紫米好坏的鉴别：上等的紫米米粒细长，颗粒饱满均匀，外观色泽呈紫白色或紫白色夹小紫色块，用水洗涤水色呈黑色，用手抓取易在手指中留有紫黑色，用指甲刮除米粒上的色块后米粒仍然呈紫白色。

香芋枸杞红豆浆

【材料】芋头 20 克, 枸杞子 5 克, 红小豆 50 克, 清水、白糖或冰糖适量。

【做法】❶ 将红小豆清洗干净后, 在清水中浸泡 6 ~ 8 小时, 泡至发软备用; 芋头去皮, 切成小块, 放入蒸锅蒸熟待用; 枸杞洗净, 用清水泡发。❷ 将浸泡好的红小豆、枸杞和蒸熟的芋头一起放入豆浆机的杯体中, 添加清水至上下水位线之间, 启动机器, 煮至豆浆机提示香芋枸杞红豆浆做好。❸ 将打出的香芋枸杞红豆浆过滤后, 按个人口味趁热添加适量白糖或冰糖调味, 不宜吃糖者, 可用蜂蜜代替。不喜甜者也可不加糖。

养生功效 中医认为, 夏季在五行中属火, 对应的脏腑是心, 因此, 夏季养生重在养心。夏日气温高, 暑热伤阴, 心血暗耗, 往往表现为头晕、心悸、失眠、烦躁等不适症状。红豆性平, 有清热解毒、活血排脓, 通气除烦的功效, 对于缓解夏季头痛很有帮助; 芋头的维生素和矿物质含量较高, 具有清热化痰、消肿止痛的作用, 适合夏季食用。芋头、枸杞与红豆混合打出的豆浆, 口感醇厚, 有很好的止痛功效。

贴心提示 最好选用个头较大的芋头, 因为大芋头的质感更好, 打出的豆浆更细腻黏稠, 口感更好。饮用这款豆浆不可同时吃香蕉。

西芹香蕉豆浆

【材料】西芹 20 克，香蕉一根，黄豆 50 克，清水、白糖或冰糖适量。

【做法】❶ 将黄豆清洗干净后，在清水中浸泡 6 ~ 8 小时，泡至发软备用；西芹择洗干净后，切成碎丁；香蕉去皮后，切成碎丁。❷ 将浸泡好的黄豆和西芹、香蕉一起放入豆浆机的杯体中，添加清水至上下水位线之间，启动机器，煮至豆浆机提示西芹香蕉豆浆做好。❸ 将打出的西芹香蕉豆浆过滤后，按个人口味趁热添加适量白糖或冰糖调味，不宜吃糖者，可用蜂蜜代替。不喜甜者也可不加糖。

> 养生功效 从芹菜子中分离出的一种碱性成分，对动物有镇静作用，有利于安定情绪，消除烦躁。香蕉中含有一种物质，能帮助人脑产生 5- 羟色胺，5- 羟色胺可以驱散人的悲观、烦躁的情绪，增加平静、愉悦感。所以，经常饮用这款豆浆可以使人心情愉悦，预防和缓解头痛。

> 贴心提示 多吃香蕉还会因胃酸分泌大大减少而引起胃肠功能紊乱和情绪波动过大。因此，香蕉虽然味道可口，也不可多吃。

茉莉花燕麦豆浆

【材料】茉莉花 10 克，燕麦 30 克，黄豆 50 克，清水、白糖或冰糖适量。

【做法】❶ 将黄豆清洗干净后，在清水中浸泡 6 ~ 8 小时，泡至发软备用；茉莉花洗干净备用；燕麦淘洗干净，用清水浸泡 2 小时。❷ 将浸泡好的黄豆、燕麦和茉莉花一起放入豆浆机的杯体中，添加清水至上下水位线之间，启动机器，煮至豆浆机提示茉莉花燕麦豆浆做好。❸ 将打出的茉莉花燕麦豆浆过滤后，按个人口味趁热添加适量白糖或冰糖调味，不宜吃糖者，可用蜂蜜代替。不喜甜者也可不加糖。

> 养生功效 茉莉花性寒、味香淡、香气有理气安神之功效，可改善昏睡及焦虑现象，对缓解头痛也有一定帮助。燕麦可以改善血液循环，缓解生活和工作带来的压力。茉莉花、燕麦搭配黄豆制成的这款豆浆可缓解头疼，稳定情绪。

> 贴心提示 体有热毒者不宜过多食用茉莉花燕麦豆浆，孕妇不宜饮用。

生菜小米豆浆

【材料】生菜 30 克，小米 20 克，黄豆 50 克，清水适量。

【做法】❶ 将黄豆清洗干净后，在清水中浸泡 6～8 小时，泡至发软备用；生菜洗净后切碎；小米淘洗干净，用清水浸泡 2 小时。❷ 将浸泡好的黄豆、小米和切好的生菜一起放入豆浆机的杯体中，添加清水至上下水位线之间，启动机器，煮至豆浆机提示生菜小米豆浆做好。❸ 将打出的生菜小米豆浆过滤后即可饮用。

养生功效 生菜中的茎叶中含有莴苣素，故味微苦，具有镇痛催眠的作用；生菜中含有甘露醇等有效成分，有利尿和促进血液循环的作用；小米味甘咸，有清热解渴、健胃除湿、和胃安眠等功效。小米中所含的类雌激素物质，有滋阴养血的功效，能帮助恢复体力，还能防止反胃和呕吐。生菜、小米和黄豆搭配制成的这款豆浆具有清热提神、止痛镇痛的功效。

贴心提示 购买生菜时，要先看菜叶的颜色是否青绿，然后看茎部。茎部呈干净白色的比较新鲜。越新鲜的生菜叶子越脆，叶面有诱人的光泽。在叶面有断口或褶皱的地方，不新鲜的生菜会因为空气氧化的作用而变得好像生了锈斑一样，而新鲜的生菜则不会有。

百合葡萄小米豆浆

【材料】小米 40 克，鲜百合 10 克，葡萄干 10 克，黄豆 40 克，清水、白糖或冰糖适量。

【做法】❶ 将黄豆清洗干净后，在清水中浸泡 6 ~ 8 小时，泡至发软备用；小米淘洗干净用清水浸泡 2 小时；鲜百合洗净，分瓣。❷ 将浸泡好的黄豆、小米和葡萄干、鲜百合一起放入豆浆机的杯体中，添加清水至上下水位线之间，启动机器，煮至豆浆机提示百合葡萄小米豆浆做好。❸ 将打出的百合葡萄小米豆浆过滤后，按个人口味趁热添加适量白糖或冰糖调味。不喜甜者也可不加糖。

> 养生功效 葡萄干性平，味甘、微酸，具有补肝肾，益气血的功效。经常食用，对神经衰弱和过度疲劳均有补益；百合入心经，能清心除烦，宁心安神，提高睡眠质量。百合与葡萄干加上小米和黄豆制成的这款豆浆，能有效改善肝肾亏虚和气血虚弱引起的失眠。

> 贴心提示 在制作的时候葡萄干也可换成提子干，同样也有助于失眠者食用。

红豆小米豆浆

【材料】红小豆 25 克，小米 35 克，黄豆 40 克，清水、白糖或冰糖适量。

【做法】❶ 将黄豆、红小豆清洗干净后，在清水中浸泡 6 ~ 8 小时；小米淘洗干净，用清水浸泡 2 小时。❷ 将浸泡好的黄豆、红小豆和小米一起放入豆浆机中，加水启动机器，煮至豆浆机提示红豆小米豆浆做好。❸ 过滤后，按个人口味趁热添加适量白糖或冰糖调味即可饮用。

> 养生功效 小米、黄豆和红小豆都含有色氨酸，通过代谢，能够生成 5- 羟色胺，5- 羟色胺可以抑制中枢神经兴奋度，使人产生困意。5- 羟色胺还可以转化生成具有镇静和诱发睡眠作用的褪黑素。此外，小米含有大量淀粉，吃后易让人产生温饱感，促进胰岛素的分泌，提高进入脑内的色氨酸数量，是不可多得的助眠食物。

> 贴心提示 购买小米时需注意，严重变质的小米，手捻易成粉状，碎米多，闻起来微有霉变味、酸臭味、腐败味或其他不正常的气味，尝起来无味，微有苦味、涩味及其他不良滋味，不可购买。

核桃花生豆浆

【材料】核桃仁2枚，花生仁20克，黄豆50克，大米50克，清水、白糖或冰糖适量。

【做法】❶将黄豆清洗干净后，在清水中浸泡6~8小时，泡至发软备用；大米淘洗干净，用清水浸泡2小时；核桃仁、花生仁碾碎。❷将浸泡好的黄豆和大米、核桃仁、花生仁一起放入豆浆机的杯体中，添加清水至上下水位线之间，启动机器，煮至豆浆机提示核桃花生豆浆做好。❸将打出的核桃花生豆浆过滤后，按个人口味趁热添加适量白糖或冰糖调味，不宜吃糖者，可用蜂蜜代替。不喜甜者也可不加糖。

养生功效 核桃含有丰富的不饱和脂肪酸，这种物质不仅能预防动脉粥样硬化，预防脑血管病，而且是构成大脑细胞的重要物质之一。因此，中医认为核桃具有补脑益智的功效。临床研究证明，核桃有改善睡眠质量的功效。这是因为核桃中磷的含量较多，每100克含磷294毫克，超过各种鲜果和干果。磷是人体不可缺少的元素，是组成磷脂的必需物质，而磷脂能使大脑产生一种促进记忆的物质——乙酰胆碱。如果脑磷脂缺乏，易引起脑神经细胞膜松弛，使思维迟钝。核桃搭配黄豆、大米、花生制成的豆浆，能养血健脾、安神助眠。

贴心提示 核桃含油脂多，吃多了会令人上火、恶心，正在上火、腹泻的人不宜吃。正在用药的人不要饮用这款豆浆，因为核桃仁含鞣酸，可与铁剂及钙剂结合降低药效。

核桃桂圆豆浆

【材料】黄豆 80 克，核桃仁 2 枚，桂圆、清水、白糖或冰糖适量。

【做法】❶将黄豆清洗干净后，在清水中浸泡 6 ~ 8 小时，泡至发软备用；核桃仁碾碎；桂圆去皮、去核。❷将浸泡好的黄豆与核桃、桂圆一起放入豆浆机的杯体中，添加清水至上下水位线之间，启动机器，煮至豆浆机提示核桃桂圆豆浆做好。❸将打出的核桃桂圆豆浆过滤后，按个人口味趁热添加适量白糖或冰糖调味，不宜吃糖者，可用蜂蜜代替。不喜甜者也可不加糖。

养生功效 肾虚可造成严重的失眠。桂圆内含葡萄糖、蔗糖、蛋白质、脂肪、鞣质和维生素 A、维生素 B，这些物质能营养神经和脑组织，从而调整大脑皮层功能，改善甚至消除失眠与健忘。因此，这款豆浆能有效改善睡眠质量，对改善贫血及病后虚弱都有一定的辅助功效。

贴心提示 桂圆质量的鉴别方法：手剥桂圆，肉核易分离、肉质软润不粘手者质量较好；若肉核不易分离、肉质干硬，则质量差。若桂圆壳面或蒂端有白点，说明肉质已发霉，不可食用。

南瓜百合豆浆

【材料】黄豆 50 克，南瓜 50 克，鲜百合 20 克，水、盐、胡椒粉适量。

【做法】❶将黄豆清洗干净后，在清水中浸泡 6 ~ 8 小时，泡至发软备用；南瓜去皮后切成小块；鲜百合洗净后分瓣。❷将浸泡好的黄豆和南瓜、鲜百合一起放入豆浆机的杯体中，添加清水至上下水位线之间，启动机器，煮至豆浆机提示南瓜百合豆浆做好。❸将打出的南瓜百合豆浆过滤后，按个人口味趁热添加适量盐和胡椒粉调味即可。

养生功效 抑郁会影响到睡眠质量。南瓜是一种抗抑郁的食物，它之所以能给人带来好心情是因为它含有丰富的维生素 B_6 和铁，这两种营养素能帮助身体把储存的血糖转化为葡萄糖，而葡萄糖正是脑部唯一的燃料。百合性微寒，具有清心除烦，抚慰心神的作用，可用于热病后余热未消、神思恍惚、失眠多梦、心情抑郁等症。这款豆浆，能够起到抗抑郁、安神助眠的效果。

贴心提示 轻度失眠人群可食用此豆浆进行调理。

绿豆小米高粱豆浆

【材料】高粱米 20 克，小米 20 克，绿豆 20 克，黄豆 40 克，清水、白糖或冰糖适量。

【做法】❶ 将黄豆、绿豆清洗干净后，在清水中浸泡 6 ~ 8 小时，泡至发软备用；高粱米、小米淘洗干净，用清水浸泡 2 小时。❷ 将浸泡好的黄豆、绿豆、高粱米、小米一起放入豆浆机的杯体中，添加清水至上下水位线之间，启动机器，煮至豆浆机提示绿豆小米高粱豆浆做好。❸ 将打出的绿豆小米高粱豆浆过滤后，按个人口味趁热添加适量白糖或冰糖调味，不宜吃糖者，可用蜂蜜代替。不喜甜者也可不加糖。

养生功效 脾胃不和，脾的运化功能失调，水湿滞留体内，湿盛而化痰，痰热上扰心神，人便会失眠。高粱和小米都有健脾益胃的功效，可以通过对脾胃的养护帮助睡眠。

贴心提示 大便燥结者应少食或不食此款豆浆。

百合枸杞豆浆

【材料】枸杞子 30 克，鲜百合 20 克，黄豆 50 克，清水、白糖或冰糖适量。

【做法】❶ 将黄豆清洗干净后，在清水中浸泡 6 ~ 8 小时，泡至发软备用；枸杞洗净，用清水泡软；鲜百合洗净后分瓣。❷ 将浸泡好的黄豆、枸杞和鲜百合一起放入豆浆机的杯体中，添加清水至上下水位线之间，启动机器，煮至豆浆机提示百合枸杞豆浆做好。❸ 将打出的百合枸杞豆浆过滤后，按个人口味趁热添加适量白糖或冰糖调味，不宜吃糖者，可用蜂蜜代替。不喜甜者也可不加糖。

养生功效 神经衰弱是引起失眠的重要原因。枸杞能够滋补肝肾，百合具有宁心安神的功效，可用于调理心肾不交造成的神经衰弱。所以这款豆浆具有镇静催眠的作用，对于睡时易醒、多梦也有很好的调养效果。

贴心提示 新鲜百合在改善失眠的功效上更强。

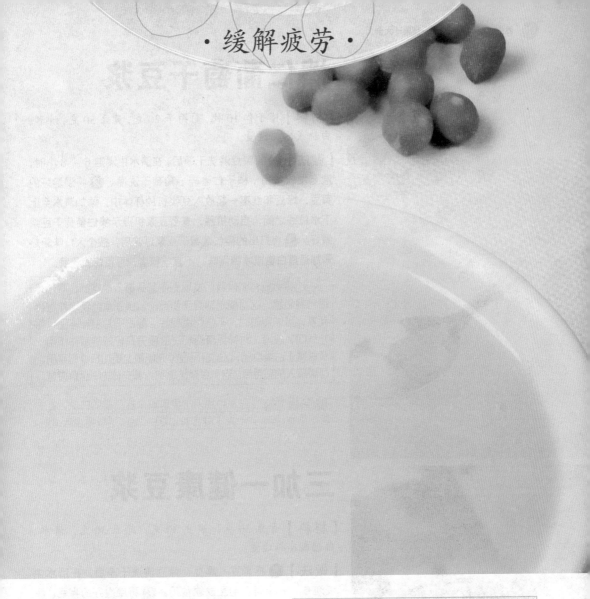

杏仁花生豆浆

【材料】黄豆 50 克，杏仁 20 克，花生仁 30 克，清水、白糖或冰糖适量。

【做法】❶ 将黄豆清洗干净后，在清水中浸泡 6～8 小时，泡至发软备用；杏仁碾碎备用；花生仁洗净备用。❷ 将浸泡好的黄豆和杏仁、花生仁一起放入豆浆机的杯体中，添加清水至上下水位线之间，启动机器，煮至豆浆机提示杏仁花生豆浆做好。❸ 将打出的杏仁花生豆浆过滤后，按个人口味趁热添加适量白糖或冰糖调味，不宜吃糖者，可用蜂蜜代替。不喜甜者也可不加糖。

养生功效 杏仁富含蛋白质、脂肪、糖类、B族维生素、维生素 P 以及钙、磷等营养成分，食用杏仁及时补充营养，增强体能；花生具有很高的营养价值，内含丰富的脂肪和蛋白质、并含有硫胺素、核黄素、维生素 B_3 等多种维生素，矿物质含量也很丰富，特别是含有人体必需的氨基酸，有促进脑细胞发育，增强记忆的功能。这款豆浆营养丰富，能够迅速补充体能，缓解疲劳。

贴心提示 杏仁含有毒物质氢氰酸，过量服用可致中毒，所以这款豆浆不宜长期饮用。

榛仁葡萄干豆浆

【材料】榛子仁 10 枚，葡萄干 20 克，黄豆 50 克，清水、白糖或冰糖适量。

【做法】❶ 将黄豆清洗干净后，在清水中浸泡 6～8 小时，泡至发软备用；榛子仁碾碎；葡萄干洗净。❷ 将浸泡好的黄豆、绿豆和红枣一起放入豆浆机的杯体中，添加清水至上下水位线之间，启动机器，煮至豆浆机提示榛仁葡萄干豆浆做好。❸ 将打出的榛仁葡萄干豆浆过滤后，按个人口味趁热添加适量白糖或冰糖调味，不宜吃糖者，可用蜂蜜代替。

养生功效 有时候我们发现即便营养摄入很均衡，可还是很容易疲惫，这可能是缺乏镁引起的。榛子富含镁这种微量元素，当你疲倦时，不妨吃点榛子。葡萄干为滋补佳品，可补气血、暖肾，对神经衰弱和过度疲劳有较好的滋补作用；黄豆属于谷类食品，这类食品在补充能量上更加持续和平稳，可缓解人的疲惫感。这款豆浆能够给人补充体力，缓解疲惫。

贴心提示 在豆浆中加入干果可以丰富豆浆的口味，补充营养物质，但有些干果本身含有丰富的油脂，所以要注意适量。

三加一健康豆浆

【材料】青豆 30 克，黑豆 30 克，绿豆 30 克，清水、白糖或冰糖适量。

【做法】❶ 将青豆、黑豆、绿豆清洗干净后，在清水中浸泡 6～8 小时，泡至发软备用。❷ 将浸泡好的青豆、黑豆、绿豆一起放入豆浆机的杯体中，添加清水至上下水位线之间，启动机器，煮至豆浆机提示豆浆做好。❸ 将打出的豆浆过滤后，按个人口味趁热添加适量白糖或冰糖调味，不宜吃糖者，可用蜂蜜代替。

养生功效 豆类的营养价值非常高，我国传统饮食讲究"五谷宜为养，失豆则不良"，意思是说五谷是有营养的，但没有豆子就会失去平衡。现代营养学也证明，每天坚持食用豆类食品，只要两周的时间，人体就可以减少脂肪含量，增加免疫力。青豆、黑豆、绿豆搭配制成的豆浆能够给人补充营养，增强体力。

贴心提示 体瘦者和尿多者不宜多吃。

腰果花生豆浆

【材料】花生仁 30 克，腰果 20 克，黄豆 50 克，清水、白糖或冰糖适量。

【做法】❶ 将黄豆清洗干净后，在清水中浸泡 6 ~ 8 小时，泡至发软备用；花生仁洗净；腰果碾碎。❷ 将浸泡好的黄豆和花生仁、腰果一起放入豆浆机的杯体中，添加清水至上下水位线之间，启动机器，煮至豆浆机提示腰果花生豆浆做好。❸ 将打出的腰果花生豆浆过滤后，按个人口味趁热添加适量白糖或冰糖调味，不宜吃糖者，可用蜂蜜代替。不喜甜者也可不加糖。

养生功效 花生具有很高的营养价值，除了含有丰富的脂肪、蛋白质、多种维生素以及人体必需的氨基酸和矿物质，还含有特殊的健脑物质，如卵磷脂、胆碱等，能改善脑疲劳，促进脑细胞发育，增强记忆；腰果的维生素 B_1 含量仅次于芝麻和花生，有补充体力、消除疲劳的效果。腰果含铁量是牛肉的两倍，铁有助于给全身供氧，缺铁会导致疲劳和注意力减退。所以，饮用这款豆浆能够有效消除身体疲乏，缓解脑疲劳。

贴心提示 过敏体质的人吃了腰果，常常引起过敏反应，严重的吃一两粒腰果，就会引起过敏性休克，如不及时抢救，往往发生不良的后果。为了防止产生上述现象，没有吃过腰果的人，不要多吃。跌打损伤者不宜饮用这款豆浆，因为花生中有一种凝血因子，可导致血瘀不散，加重瘀肿。

玫瑰花红豆浆

【材料】 玫瑰花 5 ~ 8 朵，红豆 90 克，清水、白糖或冰糖适量。

【做法】 ❶ 将红豆清洗干净后，在清水中浸泡 6 ~ 8 小时，泡至发软备用；玫瑰花瓣仔细清洗干净后备用。❷ 将浸泡好的红豆和玫瑰花一起放入豆浆机的杯体中，添加清水至上下水位线之间，启动机器，煮至豆浆机提示玫瑰花红豆浆做好。❸ 将打出的玫瑰花红豆浆过滤后，按个人口味趁热添加适量白糖或冰糖调味，以减少玫瑰花的涩味。不宜吃糖者，可用蜂蜜代替。

养生功效 自古以来，玫瑰花就是女人养颜的佳品。很多人为了养颜，把玫瑰酿成玫瑰花酒，也有的人把玫瑰做茶饮当作日常保健之用。事实上，食用玫瑰花在我国早已有之，早在宋代，民间就有用糖腌渍玫瑰花瓣而制成的"玫瑰花酱"。玫瑰花之所以能够起到养颜的功效，是因为它具有理气活血的作用，能够帮助女性改善暗黄的肌肤，让肌肤变得更有光泽；小小的红豆也是女人养颜的好帮手，红豆能够补血，多吃可以令人气色红润。尤其是对于缺少维生素 B_{12} 引起的贫血，食用红豆更有效。红豆和玫瑰花搭配而成的豆浆，有活血化瘀的作用，具有美容养颜，提升肤色的功效。

贴心提示 玫瑰花具有活血化瘀的作用，孕妇不宜饮用这款豆浆，以免导致流产。

茉莉玫瑰花豆浆

【材料】茉莉花 3 朵，玫瑰花 3 朵，黄豆 90 克，清水、白糖或冰糖适量。

【做法】❶ 将黄豆清洗干净后，在清水中浸泡 6 ~ 8 小时，泡至发软备用；茉莉花瓣、玫瑰花瓣清洗干净后备用。❷ 将浸泡好的黄豆和茉莉花、玫瑰花一起放入豆浆机的杯体中，添加清水至上下水位线之间，启动机器，煮至豆浆机提示茉莉玫瑰花豆浆做好。❸ 将打出的茉莉玫瑰花豆浆过滤后，按个人口味趁热添加适量白糖或冰糖调味，不宜吃糖者，可用蜂蜜代替。

养生功效 中医认为，肺经是主管人的皮毛的，身体的肺经运行通畅肌肤才能细腻红润。茉莉的花、叶的归经都包括肺经，如果在日常饮食中，适量摄入茉莉花或含茉莉花有效成分的食品，都能收到一定的美容功效。玫瑰花能够通过活血化瘀的功效，令人恢复好气色，它与茉莉花的搭配能够让人的皮肤变得更水嫩、气色更好。

贴心提示 茉莉花开花时节，可以用新鲜的茉莉花制作这款豆浆，香气更加浓郁。

香橙豆浆

【材料】橙子 1 个，黄豆 50 克，清水、白糖或冰糖适量。

【做法】❶ 将黄豆清洗干净后，在清水中浸泡 6 ~ 8 小时，泡至发软备用；橙子去皮、去子后撕碎。❷ 将浸泡好的黄豆和橙子一起放入豆浆机的杯体中，添加清水至上下水位线之间，启动机器，煮至豆浆机提示香橙豆浆做好。❸ 将打出的香橙豆浆过滤后，按个人口味趁热添加适量白糖或冰糖调味，不宜吃糖者，可用蜂蜜代替。

养生功效 现代医学认为，橙子含丰富维生素 C，具有防止皮肤老化及皮肤敏感的功效。维生素 C 还有预防雀斑、美白的功效。油质肌肤、容易受外界物质刺激的敏感肌肤，尤其适合选用含香橙成分的护肤品。另外，橙子发出的气味有利于缓解人们的心理压力。这款豆浆的味道酸甜可口，色泽美艳，经常饮用能起到润泽皮肤的功效。

贴心提示 橙子味美但不要吃得过多，过多食用橙子等柑橘类水果会引起中毒。这款豆浆不适合脾胃虚寒腹泻者及糖尿病患者，贫血病人也不宜多饮。

柠檬豆浆

【材料】黄豆100克，柠檬一片，清水适量。

【做法】❶将黄豆清洗干净后，在清水中浸泡6～8小时，泡至发软备用。❷将浸泡好的黄豆放入豆浆机的杯体中，添加清水至上下水位线之间，启动机器，煮至豆浆机提示豆浆做好。❸将打出的豆浆过滤后，挤入柠檬汁即可。

养生功效 柠檬可以促进胃中蛋白质分解酶的分泌，增加胃肠蠕动，从而有助消化吸收。国外的美容专家称它为美容水果，认为柠檬汁有着很好的洁肤美容的功效，防止及消除皮肤色素的沉积，能令肌肤光亮细腻。柠檬因为含有烟酸和丰富的有机酸，酸味极浓，所以在放入豆浆中时，一定要少放一点，以免太酸而不能饮用。

贴心提示 在挑选柠檬的时候，深黄色的柠檬一般较为成熟，而且通常皮薄、汁多。

牡丹豆浆

【材料】牡丹花球 5 ~ 8 朵，黄豆 80 克，清水、白糖或冰糖适量。

【做法】①将黄豆清洗干净后，在清水中浸泡 6 ~ 8 小时，泡至发软备用；牡丹花球去蒂后，仔细清洗干净后备用。②将浸泡好的黄豆和牡丹花一起放入豆浆机的杯体中，添加清水至上下水位线之间，启动机器，煮至豆浆机提示牡丹豆浆做好。③将打出的牡丹豆浆过滤后，按个人口味趁热添加适量白糖或冰糖调味，也可以用蜂蜜代替。

养生功效 从唐代起，牡丹就被喻为"国色天香"，被赋予了国花的地位。牡丹不仅具有极高的欣赏价值，它的药用价值也很大，并能帮助女人养颜。牡丹养血和肝、散郁祛瘀，适用于面部黄褐斑、皮肤衰老。经常饮用牡丹花和黄豆制成的豆浆，可以令气血充沛、容颜红润、精神饱满，还可减轻生理疼痛，对改善贫血及养颜美容有益。

贴心提示 如果不要求口感一定细腻，这款豆浆也可以不过滤。

红枣莲子豆浆

【材料】红枣 15 克，莲子 15 克，黄豆 50 克，清水、白糖或冰糖适量。

【做法】①将黄豆清洗干净后，在清水中浸泡 6 ~ 8 小时，泡至发软备用；红枣洗净，去核，切碎；莲子清洗干净后略泡。②将浸泡好的黄豆和红枣、莲子一起放入豆浆机的杯体中，添加清水至上下水位线之间，启动机器，煮至豆浆机提示红枣莲子豆浆做好。③将打出的红枣莲子豆浆过滤后，按个人口味趁热添加适量白糖或冰糖调味，不宜吃糖者，可用蜂蜜代替。不喜甜者也可不加糖。

养生功效 红枣对于促进血液循环很有帮助，它能扩张冠状动脉，增强心肌收缩力。在精神紧张、心中烦乱、睡眠不安或出现更年期综合征时，中医的处方常配加红枣，主要是红枣有镇静作用。莲子也有养心安神的功效，对于多梦失眠有一定的作用。饮用红枣莲子豆浆能够养血安神，人休息好了，皮肤看上去自然也更有光彩。

贴心提示 糖尿病患者应当少食或者不食红枣莲子豆浆。

红豆黄豆豆浆

【材料】黄豆 30 克，红豆 60 克，蜂蜜 10 克，清水适量。

【做法】❶ 将黄豆、红绿豆清洗干净后，在清水中浸泡 6～8 小时，泡至发软备用。❷ 将浸泡好的黄豆和红豆一起放入豆浆机的杯体中，添加清水至上下水位线之间，启动机器，煮至豆浆机提示豆浆做好。❸ 将打出的豆浆过滤后，稍凉后添加蜂蜜即可。

养生功效 红豆富含铁质，食用后能令人气色变得红润起来，多吃红豆还可以补血、促进血液循环，是女性健康美容的良好伙伴。另外，红豆还有利水消肿的作用，能够清热解毒，营养学也认为红豆含有较多的皂角甙，能够刺激肠道，所以红豆有良好的利尿作用。一个人如果体内毒素过多，皮肤肯定会出现色斑、痤疮等，而红豆具有清热排毒的作用，对于改善肌肤也有好处。加入蜂蜜和黄豆的营养成分后，这款红豆黄豆豆浆不但味道香甜，还能让皮肤也变得红润起来。

贴心提示 这款豆浆在夏季饮用，美肤的效果更佳。

薏米玫瑰豆浆

【材料】薏米 20 克，玫瑰花 15 朵，黄豆 50 克，清水、白糖或冰糖适量。

【做法】❶ 将黄豆清洗干净后，在清水中浸泡 6～8 小时，泡至发软备用；玫瑰花洗净；薏米淘洗干净，用清水浸泡 2 小时。❷ 将浸泡好的黄豆、薏米和玫瑰花一起放入豆浆机的杯体中，添加清水至上下水位线之间，启动机器，煮至豆浆机提示薏米玫瑰豆浆做好。❸ 将打出的薏米玫瑰豆浆过滤后，按个人口味趁热添加适量白糖或冰糖调味，不宜吃糖者，可用蜂蜜代替。不喜甜者也可不加糖。

养生功效 玫瑰花有理气和血、舒肝解郁、降脂减肥、润肤养颜等作用。薏米健脾益胃，祛风胜湿，能改善脾胃两虚而导致的颜面多皱、面色暗沉。薏米中含有的维生素 E 能保持人体皮肤光泽细腻，改善暗黄肤色。这款豆浆有助于消除面部暗疮、皱纹，改善面色暗沉。

贴心提示 因为玫瑰花能活血化瘀，多食薏米能滑胎，所以孕妇不宜食用此豆浆，以免导致流产。

百合莲藕绿豆浆

【材料】鲜百合5克，莲藕30克，绿豆70克，清水、白糖或蜂蜜适量。

【做法】❶ 将绿豆清洗干净后，在清水中浸泡6～8小时，泡至发软备用；百合洗净，略泡，切碎；莲藕去皮，洗净，切碎。❷ 将浸泡好的绿豆同百合、莲藕一起放入豆浆机的杯体中，添加清水至上下水位线之间，启动机器，煮至豆浆机提示百合莲藕绿豆浆做好。❸ 将打出的百合莲藕绿豆浆过滤后，按个人口味趁热添加适量白糖，或等豆浆稍凉后加入蜂蜜即可饮用。

养生功效 对皮肤细胞新陈代谢有益。生莲藕性寒，有清热除烦之功，特别适合因血热而长"痘痘"者食用。煮熟后的莲藕由凉变温，有养胃滋阴，健脾益气养血的功效，是一种很好的食补佳品。绿豆有清热解毒的功效。百合、莲藕和绿豆一起制成的豆浆能防止皮肤粗糙，让你越喝越美丽。

贴心提示 食用莲藕，要挑选外皮呈黄褐色，肉肥厚而白的，如果发黑，有异味，则不宜食用。藕皮也有平喘止咳的功效，如果有需要也可以不去掉，但是一定要清洗干净。

西芹薏米豆浆

【材料】黄豆50克，薏米20克，西芹30克，清水、白糖或冰糖适量。

【做法】❶ 将黄豆清洗干净后，在清水中浸泡6～8小时，泡至发软备用；薏米淘洗干净，用清水浸泡2小时；西芹洗净，切段。❷ 将浸泡好的黄豆、薏米和西芹一起放入豆浆机的杯体中，添加清水至上下水位线之间，启动机器，煮至豆浆机提示西芹薏米豆浆做好。❸ 将打出的西芹薏米豆浆过滤后，按个人口味趁热添加适量白糖或冰糖调味，不宜吃糖者，可用蜂蜜代替。不喜甜者也可不加糖。

养生功效 西芹营养丰富，含铁量较高，能补充妇女经血的损失，避免皮肤苍白、干燥、面色无华。薏米是极佳的美容食材，具有治疣平痘、淡斑美白、润肤除皱等美容养颜功效。用西芹、薏米搭配黄豆制成的这款豆浆能够润白肌肤，淡化斑点。

贴心提示 脾胃虚寒、肠滑不固者、血压偏低者及婚育期男士不宜多食西芹薏米豆浆。

大米红枣豆浆

【材料】大米 25 克，红枣 25 克，黄豆 50 克，清水、白糖或冰糖适量。

【做法】❶将黄豆清洗干净后，在清水中浸泡 6～8 小时，泡至发软备用；大米淘洗干净，用清水浸泡 2 小时；红枣洗净并去核后，切碎待用。❷将浸泡好的黄豆、大米和红枣一起放入豆浆机的杯体中，添加清水至上下水位线之间，启动机器，煮至豆浆机提示大米红枣豆浆做好。❸将打出的大米红枣豆浆过滤后，按个人口味趁热添加适量白糖或冰糖调味，不宜吃糖者，可用蜂蜜代替。不喜甜者也可不加糖。

养生功效 红枣有增强体能、加强肌力的功效。红枣的含糖量高产生的热量较大，另外亦含有丰富的蛋白质、脂肪及多种维生素，尤其所含的维生素 C 特别高。从这个角度上说，红枣是天然的美容食品。这款豆浆，有很好的美容养颜功效。

贴心提示 腹胀者不适合饮用这款豆浆，以免生湿积滞，越喝肚子的胀风情况越无法改善。体质燥热的女性，不适合在月经期间饮用这款豆浆，这可能会造成经血过多。

桂花茯苓豆浆

【材料】桂花 10 克，茯苓粉 20 克，黄豆 70 克，清水、白糖或冰糖适量。

【做法】❶将黄豆清洗干净后，在清水中浸泡 6～8 小时，泡至发软备用；桂花清洗干净后备用。❷将浸泡好的黄豆和桂花一起放入豆浆机的杯体中，加入茯苓粉，添加清水至上下水位线之间，启动机器，煮至豆浆机提示桂花茯苓豆浆做好。❸将打出的桂花茯苓豆浆过滤后，按个人口味趁热添加适量白糖或冰糖调味，不宜吃糖者，可用蜂蜜代替。

养生功效 大多数人都比较喜欢桂花的味道，常用桂花泡茶饮。其实桂花远不只有泡茶这一种功效，还可以将桂花、茯苓、黄豆加白糖打磨成桂花茯苓豆浆，味美且开胃，还有利于皮肤的健康与美丽。对于那些爱漂亮的朋友们，不妨经常喝一些桂花茯苓豆浆。

贴心提示 桂花的香味强烈，所以在制作豆浆时忌过量饮用。另外，体质偏热、火热内盛者也要谨慎饮用。茯苓粉在中药店可以买到。熬煮的时候要不时搅拌一下，以免粘锅。

糯米黑豆浆

【材料】糯米 30 克，黑豆 70 克，清水、白糖或蜂蜜适量。

【做法】❶ 将黑豆清洗干净后，在清水中浸泡 6 ~ 8 小时，泡至发软备用；糯米淘洗干净，用清水浸泡 2 小时。❷ 将浸泡好的黑豆同糯米一起放入豆浆机的杯体中，添加清水至上下水位线之间，启动机器，煮至豆浆机提示糯米黑豆浆做好。❸ 将打出的糯米黑豆浆过滤后，按个人口味趁热添加适量白糖或冰糖即可饮用。

养生功效 中医认为，糯米能补养人体正气，起到御寒、滋补的作用。古代医书中有记载"糯米粥为温养胃气妙品"，因此患有神经衰弱及病后、产后的人食用糯米粥调养，可达到滋补营养、健脾养胃的功效；古代很多医书都记载了黑豆有养颜明目、乌发嫩肤的作用。因黑豆的蛋白质量位居豆类之冠，比牛奶、肉类都高，而且容易被人体吸收，保健效果极佳。黑豆与糯米搭配能够滋阴补肾、滋润肌肤、乌发美容、健脾开胃。因此这款豆浆尤其适合爱美的女士们。

贴心提示 黑豆的嘌呤含量较高，尿酸过高的人一次不宜食用太多。

薏米红枣豆浆

【材料】薏米 30 克，红枣 20 克，黄豆 50 克，清水、白糖或冰糖适量。

【做法】 ❶ 将黄豆清洗干净后，在清水中浸泡 6～8 小时，泡至发软备用；红枣洗净，去核，切碎；薏米淘洗干净，用清水浸泡 2 小时。 ❷ 将浸泡好的黄豆和红枣、薏米一起放入豆浆机的杯体中，添加清水至上下水位线之间，启动机器，煮至豆浆机提示薏米红枣豆浆做好。 ❸ 将打出的薏米红枣豆浆过滤后，按个人口味趁热添加适量白糖或冰糖调味，不宜吃糖者，可用蜂蜜代替。不喜甜者也可不加糖。

养生功效 薏米像米更像仁，所以也有很多地方叫它薏仁。颗实饱满的薏米清新黏糯，很多人都喜欢吃，但是很少有人知道薏米对于水肿型的肥胖还有一定的减肥作用。中医上说，薏米能强筋骨、健脾胃、消水肿、去风湿、清肺热等。尤其是薏米利湿的效果很好，运化水湿是脾的主要功能之一，喝进来的水、吃进来的食物，如不能转化为人体可以利用的津液，就会变成"水湿"，体内湿气太重就会影响到脾的负担。所以薏米的这种祛湿作用，能够为脾脏减轻负担，从而达到减肥的目的；红枣最突出的特点是维生素含量高，它能保证减肥时人体营养的补充，让人健康减肥。所以薏米、黄豆和红枣制作出的豆浆适宜水肿型肥胖者食用，在减肥的同时还能补充维生素。

贴心提示 因为红枣的糖分含量较高，所以糖尿病患者应当少食或者不食。凡是痰湿偏盛、湿热内盛、腹部胀满者也应忌食。

荷叶豆浆

【材料】荷叶 30 克，黄豆 70 克，清水、白糖或冰糖适量。

【做法】❶ 将黄豆清洗干净后，在清水中浸泡 6～8 小时，泡至发软备用；荷叶清洗干净后撕成碎块。❷ 将浸泡好的黄豆、荷叶一起放入豆浆机的杯体中，添加清水至上下水位线之间，启动机器，煮至豆浆机提示荷叶豆浆做好。❸ 将打出的荷叶豆浆过滤后，按个人口味趁热添加适量白糖或冰糖调味，不宜吃糖者，可用蜂蜜代替。不喜甜者也可不加糖。

> 养生功效 荷叶味苦辛微涩、性凉，消暑利湿，有降血脂作用。荷叶碱是荷叶中提取的生物碱，荷叶碱可扩张血管，清热解暑，有降血压的作用，同时还是减肥的良药。荷叶减肥原理即服用后在人体肠壁上形成一层脂肪隔离膜，有效阻止脂肪的吸收，从根本上减重，并更有效地控制反弹。所以，荷叶豆浆是一款安全、绿色的减肥佳品。

> 贴心提示 胃酸过多、消化性溃疡和龋齿者，及服用滋补药品期间忌服用。尽量少吃生的荷叶，尤其是胃肠功能弱的人更应慎服。空腹服用荷叶豆浆，会使胃酸猛增，对胃黏膜造成不良刺激，使胃发胀满、泛酸。

红薯豆浆

【材料】红薯 50 克，黄豆 50 克，清水适量。

【做法】❶ 将黄豆清洗干净后，在清水中浸泡 6～8 小时，泡至发软备用；红薯去皮、洗净，之后切成小碎丁。❷ 将浸泡好的黄豆和切好的红薯丁一起放入豆浆机的杯体中，添加清水至上下水位线之间，启动机器，煮至豆浆机提示红薯豆浆做好。❸ 将打出的红薯豆浆过滤后即可饮用。

> 养生功效 红薯，又名白薯、地瓜等。它味道甜美，营养丰富，又易于消化，可供给大量的热量，有的地区还将它作为主食。同时，红薯也是一种理想的减肥食品。因为红薯含有大量膳食纤维，在肠道内无法被消化吸收，能刺激肠道，促进肠道蠕动，通便排毒，尤其对老年性便秘有较好的疗效。经常饮用红薯豆浆能够让人在减肥的同时补充营养，尤其适合那些需要减肥的上班族饮用。

> 贴心提示 在做肝、胆道系统检查或胰腺、上腹部肿块检查的前一天，不宜吃红薯、土豆等胀气食物。

西芹绿豆浆

【材料】西芹20克，绿豆80克，清水适量。

【做法】❶将绿豆清洗干净后，在清水中浸泡6～8小时，泡至发软备用；西芹择洗干净后，切成碎丁。❷将浸泡好的绿豆同西芹丁一起放入豆浆机的杯体中，添加清水至上下水位线之间，启动机器，煮至豆浆机提示西芹绿豆浆做好。❸将打出的西芹绿豆浆过滤后即可饮用。

养生功效 清脆可口的芹菜是减肥餐桌上必不可少的一道菜。它之所以具有减肥的功效，源于芹菜中丰厚的粗纤维，能够刮洗肠壁，削减脂肪被小肠吸收。芹菜对心脏不错，而且它还含有充足的钾，能够预防下半身的水肿现象。芹菜搭配绿豆制成的西芹绿豆浆，可以借助豆浆中的膳食纤维来帮助瘦身。

贴心提示 芹菜有两种，一种是西芹，一种是唐芹。如果你偏爱味道浓烈的食物，可选择唐芹。它的味道较强，减肥效果也非常好。

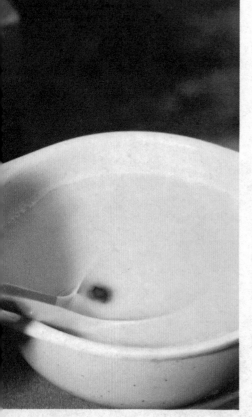

糙米红枣豆浆

【材料】糙米30克，红枣20克，黄豆50克，清水、白糖或冰糖适量。

【做法】❶将黄豆清洗干净后，在清水中浸泡6～8小时，泡至发软备用；红枣洗净，去核，切碎；糙米淘洗干净，用清水浸泡2小时。❷将浸泡好的黄豆、糙米和红枣一起放入豆浆机的杯体中，添加清水至上下水位线之间，启动机器，煮至豆浆机提示糙米红枣豆浆做好。❸将打出的糙米红枣豆浆过滤后，按个人口味趁热添加适量白糖或冰糖调味，不宜吃糖者，可用蜂蜜代替。不喜甜者也可不加糖。

养生功效 糙米中的锌、镕、锰、钒等微量元素有利于提高胰岛素的敏感性，对糖耐量受损的人很有帮助。红枣具有增加肌力、调和气血、健体美容和抗衰的功效。用糙米和红枣制作而成的这款豆浆有很好的减肥功效，非常适合想减肥的人士饮用。

贴心提示 因为红枣的糖分含量较高，所以糖尿病患者应当少食或者不食。凡是痰湿偏盛、湿热内盛、腹部胀满者也应忌食。

西芹荞麦豆浆

【材料】西芹 20 克, 荞麦 30 克, 黄豆 50 克,
清水、白糖或冰糖适量。

【做法】❶ 将黄豆清洗干净后, 在清水中浸泡
6 ~ 8 小时, 泡至发软备用; 西芹择洗干净后,
切成碎丁; 荞麦淘洗干净, 用清水浸泡 2 小时。
❷ 将浸泡好的黄豆、荞麦和西芹一起放入豆浆
机的杯体中, 添加清水至上下水位线之间, 启
动机器, 煮至豆浆机提示西芹荞麦豆浆做好。
❸ 将打出的西芹荞麦豆浆过滤后, 按个人口味
趁热添加适量白糖或冰糖调味, 不宜吃糖者,
可用蜂蜜代替。不喜甜者也可不加糖。

养生功效 荞麦是一种粗粮, 几乎所有的粗粮
都有减肥的功效。而且, 荞麦还具有清理肠道沉
积废物的作用, 因此民间称之为"净肠草"。西
芹的膳食纤维丰富, 二者搭配能够缩短体内废物
在肠道内堆积的时间, 尽快将它们排出体外。体
内的"垃圾"处理系统运转正常, 身体就不容易
发胖。另外, 西芹和荞麦本身热量低, 脂肪少,
即便多食也不容易发胖。它们搭配黄豆而成的西
芹荞麦豆浆, 是一款不容易让人发胖的饮品, 其
中也富含丰富的营养物质, 不至于让减肥者出现
营养不良的情况。

贴心提示 由于芹菜有清热的特殊功效, 故
消化不良者和肠胃功能较差者, 宜常饮西芹荞
麦豆浆。

荷叶绿豆豆浆

【材料】荷叶20克,绿豆30克,黄豆50克,清水适量。

【做法】❶将黄豆、绿豆清洗干净后,在清水中浸泡6~8小时,泡至发软备用;荷叶择洗干净后,切成碎丁。❷将浸泡好的黄豆、绿豆同切碎的荷叶一起放入豆浆机的杯体中,添加清水至上下水位线之间,启动机器,煮至豆浆机提示荷叶绿豆豆浆做好。❸将打出的荷叶绿豆豆浆过滤后即可饮用。

养生功效 荷叶之所以被奉为减肥瘦身的良药,主要是因为荷叶有利尿、通便的功效。利尿可以帮助排除体内多余的水分,消除水肿,通便可以清理肠胃,排除体内毒素。但无论是利尿还是通便,减去的都只是体内的水分,而不是脂肪,所以对于减肥来说,荷叶能起到一定的辅助作用。利用荷叶和绿豆、黄豆做成的豆浆,可以说是一种安全、绿色的减肥佳品。

贴心提示 荷叶绿豆豆浆只适用于水肿型肥胖者及有便秘现象的肥胖者。荷叶性寒,从这个方面来说,荷叶绿豆豆浆并不适合体质虚弱或寒性体质的肥胖者,否则会导致腹泻,如果过量饮用,就会严重腹泻甚至脱水。

桑叶绿豆豆浆

【材料】桑叶20克,绿豆30克,黄豆50克,清水适量。

【做法】❶将黄豆、绿豆清洗干净后,在清水中浸泡6~8小时,泡至发软备用;桑叶择洗干净后,切成碎丁。❷将浸泡好的黄豆、绿豆同切碎的桑叶一起放入豆浆机的杯体中,添加清水至上下水位线之间,启动机器,煮至豆浆机提示桑叶绿豆豆浆做好。❸将打出的桑叶绿豆豆浆过滤后即可饮用。

养生功效 桑叶有利水的作用,不仅可以促进排尿,还可使积在细胞中的多余水分排走,能够消肿。桑叶还可以将血液中过剩的中性脂肪和胆固醇排清,即清血功能。正因如此,它既可以减肥,又可以改善因为肥胖引起的高脂血症。桑叶和绿豆、黄豆制成的豆浆,能够利水消肿,起到减肥的作用,还能防止心肌梗死、脑出血。

贴心提示 桑叶绿豆豆浆适合肝燥者食用。桑叶性寒,有疏风散热、润肺止咳的功效,因此,风寒感冒有口淡、鼻塞、流清涕、咳嗽的人不宜食用这款豆浆。

荞麦豆浆

【材料】荞麦50克，黄豆50克，清水、白糖或冰糖适量。

【做法】❶ 将黄豆清洗干净后，在清水中浸泡6～8小时，泡至发软备用；荞麦淘洗干净，用清水浸泡2小时。❷ 将浸泡好的黄豆和荞麦一起放入豆浆机的杯体中，加水至上下水位线之间，启动机器，煮至豆浆机提示荞麦豆浆做好。❸ 将打出的荞麦豆浆过滤后，按个人口味趁热往豆浆中添加适量白糖或冰糖调味，不宜吃糖者，可用蜂蜜代替。不喜甜者也可不加糖。

养生功效 平衡性良好的植物蛋白质，这种蛋白质在体内不易转化成脂肪，所以经常食用荞麦豆浆不易导致肥胖。荞麦中还含有极其丰富的食物纤维，多食荞麦食品具有良好的预防便秘作用，帮助排毒，有一定的减肥功效。有的人为了减肥，特意买来荞麦茶喝，其实用荞麦做成的豆浆也有相同的功效。

贴心提示 荞麦一般人群都可食用，尤其适合肥胖症、高血压、糖尿病患者及中老年人。但一次不可食用太多，否则易造成消化不良。少数人有时可能会有皮肤瘙痒、头晕等过敏反应。脾胃虚寒、消化功能不佳及经常腹泻的人不宜食用。

银耳红豆豆浆

【材料】银耳30克，红小豆20克，黄豆50克，清水适量。

【做法】❶将黄豆、红小豆清洗干净后，在清水中浸泡6～8小时，泡至发软备用；银耳用清水泡发，洗净，切碎。❷将浸泡好的黄豆、红小豆同银耳一起放入豆浆机的杯体中，添加清水至上下水位线之间，启动机器，煮至豆浆机提示银耳红豆豆浆做好。❸将打出的银耳红豆豆浆过滤后即可饮用。

养生功效 红豆性平味甘酸，可通小肠，具有健脾利水、清利温热、和血排脓、解毒消肿的功效，所以凡是脾虚不适、腹水胀满、皮肤水肿等疾病，都可以酌量进食，经常食用还能减肥消肿。银耳是一种含粗纤维的减肥食品，它同红豆、黄豆制成的豆浆，一方面适合肥胖者减肥食用，另一方面还具有美容养颜的功效。这款豆浆尤其适合爱美的肥胖女性饮用。

贴心提示 质量好的银耳，耳花大而松散，耳肉肥厚，色泽呈白色或略带微黄，蒂头无黑斑或杂质，朵形较圆整，大而美观。如果银耳花朵呈黄色，一般是下雨或受潮烘干的。如果银耳色泽呈暗黄，朵形不全，呈残状，蒂间不干净，属于质量差的。

核桃蜂蜜豆浆

【材料】核桃仁2～3个，黄豆80克，蜂蜜10克、清水适量。

【做法】❶ 将黄豆清洗干净后，在清水中浸泡6～8小时，泡至发软。核桃仁备用，可碾碎。❷ 将浸泡好的黄豆和核桃仁一起放入豆浆机的杯体中，并加水至上下水位线之间，启动机器，煮至豆浆机提示豆浆做好。❸ 将打出的豆浆过滤后，待稍凉往豆浆中添加蜂蜜即可。

养生功效 因精神紧张、压力大造成的脱发，可以试试补肾生发的蜂蜜核桃豆浆，最好在早晨喝，因为早晨通常是空腹，能够充分吸收利用，发挥核桃的养发作用。因为"发者血之余"，脑力工作者常因用脑过度，耗伤心血而出现脱发情况。常吃核桃能够改善脑循环，增强脑力。血旺则发黑，而且核桃中富含多种维生素，所以适合因为肾阳虚引起的头发早白，脱发等现象。核桃同黄豆制成的豆浆，搭配上蜂蜜，能够缓解因压力过大导致的脱发、白发病症，经常饮用有乌发的功效。

贴心提示 挑选核桃时需注意，质量差的核桃仁碎泛油，黏手，色黑褐，有哈喇味，不能食用。如果把整个核桃放在水里，无仁核桃不会下沉，优质核桃则沉入水中。

核桃黑豆浆

【材料】黑豆80克，核桃仁1～2颗，清水、白糖或冰糖适量。

【做法】❶将黑豆清洗干净后，在清水中浸泡6～8小时，泡至发软备用；核桃仁碾碎。❷将浸泡好的黑豆和碾碎的核桃仁一起放入豆浆机的杯体中，添加清水至上下水位线之间，启动机器，煮至豆浆机提示核桃黑豆浆做好。❸将打出的核桃黑豆浆过滤后，按个人口味趁热添加适量白糖或冰糖调味，不宜吃糖者，可用蜂蜜代替。不喜甜者也可不加糖。

养生功效 核桃仁含有亚麻油酸及钙、磷、铁，经常食用可润肌肤、乌须发，并具有防治头发过早变白和脱落的功能。自古以来，黑豆就是一种常用的补肾佳品，具有补肾益精和润肤、乌发的作用，根据中医理论，豆乃肾之谷，黑色属水，水走肾，所以肾虚的人食用黑豆是有益处的。肾虚是导致脱发和白发的重要原因，核桃搭配黑豆制成的这款豆浆具有补肾功效，可以乌发、防脱发。

贴心提示 黑豆不适宜生吃，尤其是肠胃不好的人，生吃会出现胀气现象。

芝麻核桃豆浆

【材料】黄豆70克，黑芝麻20克，核桃仁1～2颗，清水、白糖或冰糖适量。

【做法】❶将黄豆清洗干净后，在清水中浸泡6～8小时，泡至发软备用；黑芝麻淘去沙粒；核桃仁碾碎。❷将浸泡好的黄豆和黑芝麻、核桃仁一起放入豆浆机的杯体中，添加清水至上下水位线之间，启动机器，煮至豆浆机提示芝麻核桃豆浆做好。❸将打出的芝麻核桃豆浆过滤后，按个人口味趁热添加适量白糖或冰糖调味，不宜吃糖者，可用蜂蜜代替。不喜甜者也可不加糖。

养生功效 中医认为头发的营养来源是在于血，假如头发变白或易于脱落，多半是因为肝血不足，肾气虚弱所致。黑芝麻有滋肝益肾、补血生津等功效，核桃也有滋血养发的作用，黄豆可以防止头发干枯。

贴心提示 不要剥掉核桃仁表面的褐色薄皮，因为这样会损失一部分营养。

芝麻黑米黑豆豆浆

【材料】黄豆50克，黑芝麻10克，黑米20克，黑豆20克，清水、白糖或冰糖适量。

【做法】❶将黄豆、黑豆清洗干净后，在清水中浸泡6～8小时，泡至发软备用；黑芝麻淘去沙粒；黑米淘洗干净，用清水浸泡2小时。❷将浸泡好的黄豆、黑豆、黑米和黑芝麻一起放入豆浆机的杯体中，添加清水至上下水位线之间，启动机器，煮至豆浆机提示芝麻黑米黑豆豆浆做好。❸将打出的芝麻黑米黑豆豆浆过滤后，按个人口味趁热添加适量白糖或冰糖调味，不宜吃糖者，可用蜂蜜代替。不喜甜者也可不加糖。

养生功效 一般而言，小孩儿在虚岁七八岁时，随着肾中精气的"活动"，头发就会逐渐乌黑、浓郁起来。如果头发仍旧发黄、稀疏，主要是肾气不足。黑色食品都有补肾功效。所以这款豆浆能够滋阴补虚，改善孩子头发稀疏的状况。

贴心提示 脾胃虚弱的小儿不宜食用这款豆浆。

芝麻蜂蜜豆浆

【材料】黑芝麻30克，黄豆60克，蜂蜜10克，清水适量。

【做法】❶将黄豆清洗干净后，在清水中浸泡6～8小时，泡至发软备用；芝麻淘去沙粒。❷将浸泡好的黄豆和黑芝麻一起放入豆浆机的杯体中，添加清水至上下水位线之间，启动机器，煮至豆浆机提示芝麻蜂蜜豆浆做好。❸将打出的芝麻蜂蜜豆浆过滤后，待稍凉添加蜂蜜即可。

养生功效 黑芝麻中的维生素E有助于头皮内的血液循环，促进头发的生长，并对头发起滋润作用，防止头发干燥和发脆。黑芝麻富含油脂。实际上，黑芝麻和黄豆打成豆浆后搭配上蜂蜜，也能起到养发、护发的作用。这款芝麻蜂蜜豆浆特别适合因肝肾不足引起的头发早白、脱发症状，尤其适合中老年人食用。

贴心提示 芝麻虽好，食用时也有一定的禁忌，那些有慢性肠炎，阳痿，遗精者，以及白带异常的人不宜食用芝麻蜂蜜豆浆。

芝麻花生黑豆浆

【材料】黑豆 50 克，花生 30 克，黑芝麻 20 克，清水、白糖或冰糖适量。

【做法】❶ 将黑豆清洗干净后，在清水中浸泡 6 ~ 8 小时，泡至发软备用；芝麻淘去沙粒；花生去皮。❷ 将浸泡好的黑豆和花生、芝麻一起放入豆浆机的杯体中，添加清水至上下水位线之间，启动机器，煮至豆浆机提示芝麻花生黑豆浆做好。❸ 将打出的芝麻花生黑豆浆过滤后，按个人口味趁热添加适量白糖或冰糖调味，不宜吃糖者，可用蜂蜜代替。不喜甜者也可不加糖。

> 养生功效 头发的光彩与肾精的充盛也有很密切的关系。人们都知道，如果头发看起来不好，应该多吃黑芝麻之类的食物，其实这些东西在很大程度上就是用来强壮补肾的。黑豆、花生和黑芝麻都有助于补肾益精，它们共同作用可使肾精充盛，令头发变得更有光泽。这款豆浆能改善脱发、须发早白和非遗传性白发。

贴心提示 花生仁不要去除红衣，因为它能补血、养血、止血。

核桃黑米豆浆

【材料】黄豆 50 克，黑米 30 克，核桃仁 1 ~ 2 颗，清水、白糖或冰糖适量。

【做法】❶ 将黄豆清洗干净后，在清水中浸泡 6 ~ 8 小时，泡至发软备用；黑米淘洗干净，用清水浸泡 2 小时；核桃仁碾碎。❷ 将浸泡好的黄豆和黑米、核桃仁一起放入豆浆机的杯体中，添加清水至上下水位线之间，启动机器，煮至豆浆机提示核桃黑米豆浆做好。❸ 将打出的核桃黑米豆浆过滤后，按个人口味趁热添加适量白糖或冰糖调味，不宜吃糖者，可用蜂蜜代替。不喜甜者也可不加糖。

> 养生功效 白发和脱发等头发上的一系列问题，同肝血不足或者肾精不足有关系。而核桃和黑米都是滋补肝肾的佳品，所以将它们搭配起来能达到养发护发的目的。黄豆能够补气养血，加上核桃和黑米的共同作用，这款豆浆可滋阴补肾、护发乌发。

贴心提示 真假黑米的辨别：正宗黑米只是表面米皮为黑色，剥去米皮，米心是白色，米粒颜色有深有浅，而染色黑米颜色基本一致。

糯米芝麻黑豆浆

【材料】糯米30克，黑芝麻20克，黑豆50克，清水、白糖或冰糖适量。

【做法】❶将黑豆清洗干净后，在清水中浸泡6～8小时；黑芝麻淘去沙粒；糯米淘洗干净，用清水浸泡2小时。❷将浸泡好的黑豆、糯米和黑芝麻一起放入豆浆机，加清水煮至豆浆机提示糯米芝麻黑豆浆做好。❸过滤后，按个人口味趁热添加适量白糖或冰糖调味。

养生功效 糯米是一种滋补食品，它能够滋阴补益，对于尿频、盗汗均有较好的疗效。另外，糯米有补肾的作用，与黑芝麻和黑豆搭配效果最好，可以使头发乌黑发亮。这款用糯米、黑芝麻搭配黑豆制成的豆浆，能够补虚、补血，可以改善因肝肾不足、气血亏损所致的须发早白。

贴心提示 由于糯米极柔黏，难以消化，脾胃虚弱者不宜多食这款豆浆；老人、小孩或病人应慎食。

茯苓米香豆浆

【材料】黄豆 60 克，粳米 25 克，茯苓粉 15 克，清水、白糖或冰糖适量。

【做法】❶ 将黄豆清洗干净后，在清水中浸泡 6 ~ 8 小时，泡至发软备用；粳米淘洗干净，用清水浸泡 2 小时。❷ 将浸泡好的黄豆、粳米和茯苓粉一起放入豆浆机的杯体中，添加清水至上下水位线之间，启动机器，煮至豆浆机提示茯苓米香豆浆做好。❸ 将打出的茯苓米香豆浆过滤后，按个人口味趁热添加适量白糖或冰糖调味，不宜吃糖者，可用蜂蜜代替。不喜甜者也可不加糖。

养生功效 茯苓具有延缓衰老的功效，历代饮食都很重视茯苓的这一功效，也出现了很多以茯苓为原料制成的风味小吃。有营养学家对慈禧太后的长寿补益药方进行了分析，发现她常用的补益中药共 64 种，使用率最高的一味中药就是茯苓。近年药理研究还证明，茯苓中富含的茯苓多糖能增强人体免疫功能，可以提高人体的抗病能力，起到防病、延缓衰老的作用；黄豆可以补充蛋白质，粳米可以补充碳水化合物，二者搭配茯苓制成的豆浆，不但可以健脾利湿、补充人体所需营养，还能延缓衰老，减轻岁月给肌肤带来的影响。

贴心提示 茯苓粉在中药店可以买到。熬煮的时候要不时搅拌一下，以免粘锅。

黑米豆浆

【材料】黑米 50 克，黄豆 50 克，清水、白糖或蜂蜜适量。

【做法】❶ 将黄豆清洗干净后，在清水中浸泡 6 ~ 8 小时，泡至发软备用；黑米淘洗干净，用清水浸泡 2 小时。❷ 将浸泡好的黄豆同黑米一起放入豆浆机的杯体中，添加清水至上下水位线之间，启动机器，煮至豆浆机提示黑米豆浆做好。❸ 将打出的黑米豆浆过滤后，按个人口味趁热添加适量白糖，或等豆浆稍凉后加入蜂蜜即可饮用。

> 养生功效 黑米因其乌黑的外形而得名，黑米的颜色之所以与其他米的颜色不同，主要是因为它外部的皮层中含有花青素类色素。这种色素自身就具有很强的抗衰老作用。经国内外研究表明，米的颜色越深，那么表皮色素的抗衰老效果越强，黑米色素的作用在各种颜色的米中是最强的。所以这款黑米豆浆能够帮助大家抗衰老，具有养颜的功效。

> 贴心提示 市面上有些黑米是假冒品，在购买的时候可以将米粒外面皮层全部刮掉，观察米粒是否呈白色，如果是呈白色，就极有可能是人为染色的黑米。

火龙果豆浆

【材料】火龙果一个，黄豆 50 克，清水、白糖或冰糖适量。

【做法】❶ 将黄豆清洗干净后，在清水中浸泡 6 ~ 8 小时，泡至发软备用；火龙果去皮后洗干净，并切成小碎丁。❷ 将浸泡好的黄豆和火龙果一起放入豆浆机的杯体中，添加清水至上下水位线之间，启动机器，煮至豆浆机提示火龙果豆浆做好。❸ 将打出的火龙果豆浆过滤后，按个人口味趁热添加适量白糖或冰糖调味，不宜吃糖者，可用蜂蜜代替。

> 养生功效 火龙果的果实中含有较多的花青素，花青素是一种作用明显的抗氧化剂，能有效防止血管硬化，从而可阻止老年人心脏病发作和血凝块形成引起的脑中风。另外，它还能对抗自由基，有效缓解衰老。火龙果还能预防脑细胞病变，抑制痴呆症的发生。总体而言，火龙果豆浆的抗衰老作用明显，经常饮用还有预防便秘、防老年病变等多种功效。

> 贴心提示 糖尿病人不宜多食火龙果豆浆。

苹果豆浆

【材料】苹果一个，黄豆50克，清水、白糖或冰糖适量。

【做法】❶将黄豆清洗干净后，在清水中浸泡6～8小时，泡至发软备用；苹果清洗后，去皮去核，并切成小碎丁。❷将浸泡好的黄豆和苹果一起放入豆浆机的杯体中，添加清水至上下水位线之间，启动机器，煮至豆浆机提示苹果豆浆做好。❸将打出的苹果豆浆过滤后，按个人口味趁热添加适量白糖或冰糖调味，不宜吃糖者，可用蜂蜜代替。也可不加糖。

养生功效 苹果含有的果胶可以降低胆固醇；苹果含有类黄酮，可以减少冠心病的发生；苹果还含有非常丰富的抗氧化物。除此之外，苹果中的维生素C是心血管的保护神，胶质和微量元素铬则能保持血糖的稳定。经常饮用苹果豆浆，能够帮助身体抵抗多种疾病，苹果天然的怡人香气，还能消除压抑感。

贴心提示 苹果不宜与海味同食，因为苹果含有鞣酸，与海味同食不但会降低海味蛋白质的营养价值，还容易发生腹痛、恶心、呕吐等病症。

杏仁芝麻糯米豆浆

【材料】糯米 20 克，熟芝麻 10 克，杏仁 10 克，黄豆 50 克，清水、白糖或蜂蜜适量。

【做法】❶将黄豆清洗干净后，在清水中浸泡 6 ~ 8 小时，泡至发软备用；糯米清洗干净，并在清水中浸泡 2 小时；芝麻和杏仁分别碾碎。❷将浸泡好的黄豆、糯米、芝麻、杏仁一起放入豆浆机的杯体中，添加清水至上下水位线之间，启动机器，煮至豆浆机提示杏仁芝麻糯米豆浆做好。❸将打出的杏仁芝麻糯米豆浆过滤后，按个人口味趁热添加适量白糖，或等豆浆稍凉后加入蜂蜜即可饮用。

养生功效 芝麻被称为抗衰防老的"仙家食品"。常吃芝麻，能清除细胞内衰老物质"自由基"，延缓细胞的衰老，保持机体青春活力。杏仁中含有丰富的维生素 E，维生素 E 已被证实是一种强抗氧化物质，可以减缓衰老。糯米可以温补人的脾胃，帮助吸收。糯米搭配芝麻和杏仁制成的豆浆，能够减缓衰老，预防多种慢性病。

贴心提示 家里面没有芝麻或者杏仁的，也可以用芝麻粉和杏仁粉代替；产妇、幼儿、病人，特别是糖尿病患者不宜食用杏仁芝麻糯米豆浆。

三黑豆浆

【材料】黑豆 50 克，黑米 30 克，黑芝麻 20 克，清水、白糖或冰糖适量。

【做法】❶将黑豆清洗干净后，在清水中浸泡 6 ~ 8 小时，泡至发软备用；黑米淘洗干净，用清水浸泡 2 小时；黑芝麻淘洗干净，用平底锅焙出香味待用。❷将浸泡好的黑豆、黑米和黑芝麻一起放入豆浆机的杯体中，添加清水至上下水位线之间，启动机器，煮至豆浆机提示三黑豆浆做好。❸将打出的三黑豆浆过滤后，按个人口味趁热添加适量白糖或冰糖调味，不宜吃糖者，可用蜂蜜代替。不喜甜者也可不加糖。

养生功效 黑豆富含抗氧化剂维生素 E，能清除体内自由基，减少皮肤皱纹。黑豆皮以及黑米外部皮层含有花青素，有很强的抗氧化功效。黑芝麻含有的多种氨基酸，在维生素 E 和维生素 B_1 的作用下，能加速人体的代谢。这款豆浆富含营养物质，具有抗击衰老的功效。

贴心提示 黑芝麻用火焙一下，可以去除芝麻本身的涩味，磨成浆后口感比较好。

黑豆胡萝卜豆浆

【材料】胡萝卜 1/3 根，黑豆 30 克，黄豆 30 克，清水、白糖或冰糖各适量。

【做法】❶ 将黑豆和黄豆清洗干净后，在清水中浸泡 6~8 小时，泡至发软备用；胡萝卜去皮后切成小丁，下入开水中略焯，捞出后沥干。❷ 将浸泡好的黑豆、黄豆同胡萝卜丁一起放入豆浆机的杯体中，添加清水至上下水位线之间，启动机器，煮至豆浆机提示黑豆胡萝卜豆浆做好。❸ 将打出的黑豆胡萝卜豆浆过滤后，按个人口味趁热往豆浆中添加适量白糖或冰糖调味，不宜吃糖者可用蜂蜜代替。不喜甜者也可不加糖。

养生功效 胡萝卜富含胡萝卜素，胡萝卜素进入人体被吸收后，可转化成维生素 A，从而保持人体上皮组织的机能，令肌肤湿润细嫩；黑豆含有锌、硒等微量元素，对延缓人的衰老和降低血液黏稠度等有益。所以，胡萝卜、黑豆和黄豆制成的这款豆浆能抗氧化，防衰老。

贴心提示 想要孩子的女性不宜多饮黑豆胡萝卜豆浆。另外，大量摄入胡萝卜素会令皮肤的色素产生变化，变成橙黄色。

胡萝卜黑豆核桃豆浆

【材料】胡萝卜 1/3 根，黑豆 50 克，核桃仁 2 个，清水、白糖或冰糖各适量。

【做法】❶ 将黑豆清洗干净后，在清水中浸泡 6~8 小时，泡至发软备用；胡萝卜去皮后切成小丁，下入开水中略焯，捞出后沥干；核桃仁碾碎。❷ 将浸泡好的黑豆同胡萝卜丁、核桃一起放入豆浆机的杯体中，添加清水至上下水位线之间，启动机器，煮至豆浆机提示胡萝卜黑豆核桃豆浆做好。❸ 将打出的胡萝卜黑豆核桃豆浆过滤后，按个人口味趁热往豆浆中添加适量白糖或冰糖调味，不宜吃糖者可用蜂蜜代替。不喜甜者也可不加糖。

养生功效 黑豆有补肾益精和润肤的作用，经常食用有利于抗衰延年，黑豆还具有利水、活血、解毒的作用。胡萝卜中富含胡萝卜素，经常食用能防御身体自由基的危害，起到美容、延缓衰老的功效；核桃有助于胡萝卜中营养的吸收。这款豆浆能对抗自由基，延缓衰老。

贴心提示 想要怀孕的女性不宜多饮这款豆浆。另外，糖尿病者也要少饮胡萝卜黑豆核桃豆浆。

紫薯红豆浆

【材料】紫薯 50 克,红小豆 50 克,清水适量。

【做法】① 将红小豆清洗干净后,在清水中浸泡 6 ~ 8 小时,泡至发软备用;紫薯去皮、洗净,之后切成小碎丁。② 将浸泡好的红小豆和切好的紫薯丁一起放入豆浆机的杯体中,添加清水至上下水位线之间,启动机器,煮至豆浆机提示紫薯红豆浆做好。③ 将打出的紫薯红豆浆过滤后即可饮用。

养生功效 紫薯富含花青素,花青素是纯天然的抗衰老的营养补充剂,是当今人类发现的最有效的抗氧化剂,它的抗氧化性能比维生素 E 高出 50 倍,比维生素 C 高出 20 倍。花青素可营养皮肤,增强皮肤免疫力,应对各种过敏性症状。它不但能防止皮肤皱纹的提早生成,还可维持正常的细胞连接、血管的稳定、增强微细血管循环、提高微血管和静脉的流动,进而达到异常皮肤的迅速愈合。红豆中富含铁质,经常食用能使人气色红润,多吃红豆还能补血、促进血液循环、强化体力、增强抵抗力。

贴心提示 紫薯含有一种氧化酶,这种酶容易在人的胃肠道里产生大量二氧化碳气体,如吃得过多,会使人腹胀、呃逆、放屁。紫薯的含糖量较高,吃多了可刺激胃酸大量分泌,使人感到烧心。

核桃小麦红枣豆浆

【材料】小麦仁 30 克，核桃仁 2 个，红枣 5 个，黄豆 40 克，清水、白糖或冰糖各适量。

【做法】❶ 将黄豆清洗干净后，在清水中浸泡 6 ~ 8 小时，泡至发软；小麦仁清洗干净，在清水中浸泡 2 小时；红枣洗净，去核，切碎。核桃仁碾碎。❷ 将浸泡好的黄豆和小麦仁、核桃仁、红枣一起放入豆浆机的杯体中，并加水至上下水位线之间，启动机器，煮至豆浆机提示核桃小麦红枣豆浆做好。❸ 将打出的核桃小麦红枣豆浆过滤后，按个人口味趁热往豆浆中添加适量白糖或冰糖调味，不宜吃糖者可用蜂蜜代替。不喜甜者也可不加糖。

养生功效 小麦仁中富含膳食纤维，可帮助人体排便，降低心血管疾病的死亡危险，延年益寿；核桃中富含维生素 E，保护脑细胞免受自由基的袭击。红枣能保证人体营养的补充，提高机体免疫力。这款豆浆能够增强身体的免疫力，延缓衰老。

贴心提示 取核桃仁时，有个简便的方法。可以将核桃放入蒸锅中大火蒸上 5 分钟，然后迅速取出过凉水，这样不但容易取出完整的核桃仁，而且还会令核桃仁表皮的那层褐色薄皮没了涩味，变得更香。

松仁开心果豆浆

【材料】松仁 25 克，开心果 25 克，黄豆 50 克，清水、白糖或冰糖各适量。

【做法】❶ 将黄豆清洗干净后，在清水中浸泡 6 ~ 8 小时，泡至发软；松仁、开心果仁碾碎。❷ 将浸泡好的黄豆和松仁、开心果一起放入豆浆机的杯体中，并加水至上下水位线之间，启动机器，煮至豆浆机提示松仁开心果豆浆做好。❸ 将打出的松仁开心果豆浆过滤后，按个人口味趁热往豆浆中添加适量白糖或冰糖调味，不宜吃糖者可用蜂蜜代替。不喜甜者也可不加糖。

养生功效 松仁性温味甘，具有养阴、熄风、润肺、滑肠等功效，能治疗风痹、头眩等病。松仁还能够降血糖、防止动脉硬化、防止因胆固醇增高而引起心血管疾病。开心果富含精氨酸，它不仅可以缓解动脉硬化的发生，有助于降低血脂，还能降低心脏病发作危险。这款豆浆能够有效预防心血管疾病。

贴心提示 脾虚腹泻以及多痰患者不宜食用松仁。由于这款豆浆的油脂含量丰富，胆功能严重不良者应慎饮。

生菜绿豆豆浆

【材料】生菜30克，绿豆20克，黄豆50克，清水适量。

【做法】❶ 将黄豆、绿豆清洗干净后，在清水中浸泡6～8小时，泡至发软备用；生菜洗净后切碎。❷ 将浸泡好的黄豆、绿豆和切好的生菜一起放入豆浆机的杯体中，添加清水至上下水位线之间，启动机器，煮至豆浆机提示生菜绿豆豆浆做好。❸ 将打出的生菜绿豆豆浆过滤后即可饮用。

养生功效 香脆可口的生菜也是一款排毒功效很强的食材，生菜中有大量的纤维素，多吃生菜有利于把肠道中的废物排出体外。如果在少吃其他食物的基础上，多吃生菜，就可以逐渐降低血液中的胆固醇。另外，生菜还可以清除因为假期多食大鱼大肉导致的体内火气，绿豆也具有清热解毒、止渴利尿等功效。生菜、绿豆和黄豆搭配制作的豆浆具有排毒、去火的养生功用。

贴心提示 生菜容易残留农药，认真冲洗后，最好用清水泡一泡，避免发生毒副作用。另外，生菜和绿豆均性凉，患有尿频和胃寒的人不宜多饮生菜绿豆豆浆。

黄瓜豆浆

【材料】黄瓜20克、黄豆70克，清水适量。

【做法】❶将黄豆清洗干净后，在清水中浸泡6～8小时，泡至发软备用；黄瓜削皮、洗净后切成碎丁。❷将浸泡好的黄豆和切好的黄瓜丁一起放入豆浆机的杯体中，添加清水至上下水位线之间，启动机器，煮至豆浆机提示黄瓜豆浆做好。❸将打出的黄瓜豆浆过滤后即可饮用。

养生功效 黄瓜性凉，味甘，具有清热止渴、利水消肿、泻火解毒之功效。现代研究也发现，鲜黄瓜中含有非常娇嫩的纤维素，能加速肠道腐坏物质的排泄，常饮黄瓜豆浆有益于身体排毒；黄瓜还能抑制碳水化合物在人体内转化为脂肪，因而黄瓜豆浆还具有减肥的功效。此外，黄瓜豆浆还可以消暑，适合夏日饮用。

贴心提示 在黄瓜贮存的问题上需要注意，黄瓜适宜温度为10～12℃，所以它不宜久放冰箱内储存，否则会出现冻"伤"，变黑、变软、变味，甚至还会长毛发黏。

莲藕豆浆

【材料】莲藕50克，黄豆50克，清水适量。

【做法】❶将黄豆清洗干净后，在清水中浸泡6~8小时，泡至发软备用；莲藕去皮后切成小丁，下入开水中略焯，捞出后沥干。❷将浸泡好的黄豆同莲藕丁一起放入豆浆机的杯体中，添加清水至上下水位线之间，启动机器，煮至豆浆机提示莲藕豆浆做好。❸将打出的莲藕豆浆过滤后即可饮用。

> 养生功效 莲藕微甜而脆，十分爽口，是老幼妇孺、体弱多病者的上好食品和滋补佳珍。莲藕的含糖量不高却含有丰富的维生素，尤其是维生素K、维生素C的含量较高，它还富含食物纤维，既能帮助消化、防止便秘，又能利尿通便，排泄体内的废物质和毒素；莲藕能够健脾益胃，产妇多吃莲藕，能清除腹内积存的瘀血，促使乳汁分泌。莲藕和黄豆一起制成的豆浆，能够清热解毒，帮助排除身体内的废物，滋养皮肤，增强人的抗病能力。

> 贴心提示 莲藕性偏凉，所以产妇不宜过早食用，产后1~2周后再吃莲藕豆浆比较合适；脾胃消化功能低下、胃及十二指肠溃疡患者忌食莲藕豆浆。

无花果豆浆

【材料】无花果2个，黄豆80克，清水、白糖或冰糖适量。

【做法】❶将黄豆清洗干净后，在清水中浸泡6~8小时，泡至发软备用；无花果洗净，去蒂，切碎。❷将浸泡好的黄豆和无花果一起放入豆浆机的杯体中，添加清水至上下水位线之间，启动机器，煮至豆浆机提示无花果豆浆做好。❸将打出的无花果豆浆过滤后，按个人口味趁热添加适量白糖或冰糖调味，不宜吃糖者，可用蜂蜜代替。也可不加糖。

> 养生功效 中医认为，无花果味甘、性平，能补脾益胃、润肺利咽、润肠通便。现代医学研究认为，无花果含有苹果酸、柠檬酸、脂肪酶、蛋白酶等，能有效地促进蛋白质的分解，帮助人体对食物的消化。另外，无花果的果实吸水膨胀后，能吸附多种化学物质，使肠道各种有害物质被吸附，然后随着排泄物排出体外。所以，饮用无花果豆浆还能起到净化肠道的作用。

> 贴心提示 由于无花果适应性及抗逆性都比较强，在污染较重的化工区生长的无花果对有毒气体具有一定的吸附作用，所以长在污染源附近的无花果不宜食用，以避免中毒。

莴笋绿豆豆浆

【材料】莴笋 30 克，绿豆 50 克，黄豆 20 克，清水适量。

【做法】❶将黄豆、绿豆清洗干净后，在清水中浸泡 6～8 小时，泡至发软备用；莴笋洗净后切成小段，下入开水中焯烫，捞出沥干。❷将浸泡好的黄豆、绿豆和莴笋一起放入豆浆机的杯体中，添加清水至上下水位线之间，启动机器，煮至豆浆机提示莴笋绿豆豆浆做好。❸将打出的莴笋绿豆豆浆过滤后即可食用。

养生功效 莴笋含钾量较高，有利于排尿，对高血压和心脏病患者极为有益。而且莴笋中含有大量的植物纤维素，能够促进肠壁蠕动，帮助大便排泄，对各种原因引起的便秘有辅助作用。绿豆可以通过利尿、清热的办法，来化解并排出心脏的毒素。黄豆具有通便、排毒功效。莴笋搭配绿豆和黄豆制成的这款豆浆，能够有效改善排泄系统，有利于人体排出毒素。

贴心提示 将买来的莴笋放入盛有凉水的器皿内，水淹至莴笋主干 1/3 处，这样放置多日仍可保持新鲜。脾胃虚寒者和产后妇女不宜多食这款豆浆。

芦笋绿豆豆浆

【材料】芦笋 30 克，绿豆 50 克，黄豆 20 克，清水适量。

【做法】❶将黄豆、绿豆清洗干净后，在清水中浸泡 6～8 小时，泡至发软备用；芦笋洗净后切成小段，下入开水中焯烫，捞出沥干。❷将浸泡好的黄豆、绿豆和芦笋一起放入豆浆机的杯体中，添加清水至上下水位线之间，启动机器，煮至豆浆机提示芦笋绿豆豆浆做好。❸将打出的芦笋绿豆豆浆过滤后即可食用。

养生功效 芦笋含有多种人体必需的元素和微量元素，全面而且比例适当。芦笋中含有丰富的硒元素，硒是抗癌元素之王。芦笋抗癌的奥秘还在于它富含组织蛋白中的酰胺酶，这是一种使细胞生长正常的物质，加之所含叶酸、核酸的强化作用，能有效控制癌细胞生长。绿豆具有清热解毒功效。这款豆浆具有排毒抗癌的功效。

贴心提示 芦笋营养丰富，尤其是嫩茎的顶尖部分，各种营养物质含量最为丰富。但芦笋不宜生吃，也不宜长时间存放，存放一周以上最好就不要食用了。

糯米莲藕豆浆

【材料】糯米 30 克，莲藕 20 克，黄豆 50 克，清水适量。

【做法】❶将黄豆清洗干净后，在清水中浸泡 6 ～ 8 小时，泡至发软备用；糯米淘洗干净，用清水浸泡 2 小时；莲藕去皮后切成小丁，下入开水中略焯，捞出后沥干。❷将浸泡好的黄豆同糯米、莲藕丁一起放入豆浆机的杯体中，添加清水至上下水位线之间，启动机器，煮至豆浆机提示糯米莲藕豆浆做好。❸将打出的糯米莲藕豆浆过滤后即可饮用。

养生功效 莲藕中含有黏液蛋白和膳食纤维，能与人体内胆酸盐，食物中的胆固醇及甘油三酯结合，使其从粪便中排出，从而减少脂类的吸收。糯米也是排毒的佳品，糯米中含有蛋白质、脂肪、糖类、钙、磷、铁、维生素等营养成分，有补中益气、养胃健脾、止泻、解毒疗疮等功效。黄豆具有通便、排毒的作用。这款豆浆，能够通便、排毒，帮助排除身体内的废物，增加机体的抗病能力。

贴心提示 食用莲藕要挑选外皮呈黄褐色、肉肥厚而白的。没切过的莲藕可在室温中放置一周的时间，但因莲藕容易变黑，切面的部分容易腐烂，所以切过的莲藕要在切口处覆以保鲜膜，冷藏保鲜一个星期左右。

海带豆浆

【材料】海带 20 克，黄豆 70 克，清水、白糖或冰糖适量。

【做法】❶将黄豆清洗干净后，在清水中浸泡 6 ～ 8 小时，泡至发软备用；海带水发泡后洗净，切碎。❷将浸泡好的黄豆和海带一起放入豆浆机的杯体中，添加清水至上下水位线之间，启动机器，煮至豆浆机提示海带豆浆做好。❸将打出的海带豆浆过滤后，按个人口味趁热添加适量白糖或冰糖调味，不宜吃糖者，可用蜂蜜代替。不喜甜者也可不加糖。

养生功效 海带称得上是餐桌上的"排毒专家"：其所含的胶质成分能促进体内的放射性物质随同尿液排出体外；海带中的碘质和海藻酸能促进铅的排出；海带中的褐藻酸能减慢肠道吸收放射性元素锶的速度，使锶排出体外。黄豆也有排毒作用，它能解酒毒、增强肝脏的解毒功能。经常饮用海带豆浆，能获得双倍排毒的效果。

贴心提示 脾胃虚寒、甲亢中碘过盛型的病人要忌食海带豆浆。孕妇与乳母不可过量食用海带豆浆。海带豆浆不宜与茶水一同饮用，以免影响海带中铁的吸收。

红薯绿豆豆浆

【材料】绿豆30克，红薯30克，黄豆40克，清水、白糖或冰糖适量。

【做法】❶将黄豆、绿豆清洗干净后，在清水中浸泡6~8小时，泡至发软备用；红薯去皮、洗净，切碎。❷将浸泡好的黄豆、绿豆和红薯一起放入豆浆机的杯体中，添加清水至上下水位线之间，启动机器，煮至豆浆机提示红薯绿豆豆浆做好。❸将打出的红薯绿豆豆浆过滤后，按个人口味趁热添加适量白糖或冰糖调味，不宜吃糖者，可用蜂蜜代替。不喜甜者也可不加糖。

养生功效　残留在蔬果上的农药进入体内，不容易被体内的消化酶分解，而绿豆却可与这些有害物质发生反应，把它们带出体外。红薯中含有大量的膳食纤维，吃红薯能够刺激肠道，增强其蠕动性，达到通便排毒的目的。这款红薯绿豆豆浆能够辅助化解农药中毒、铅中毒等，并且能够促进排便，消除体内废气。

贴心提示　这款豆浆不可与柿子同食，否则容易出现胃疼、胃胀等不适感。

糙米燕麦豆浆

【材料】燕麦片30克，糙米20克，黄豆50克，清水、白糖或冰糖适量。

【做法】❶将黄豆清洗干净后，在清水中浸泡6~8小时，泡至发软备用；糙米淘洗干净，用清水浸泡2小时；燕麦片备用。❷将浸泡好的黄豆、糙米和燕麦片一起放入豆浆机的杯体中，添加清水至上下水位线之间，启动机器，煮至豆浆机提示糙米燕麦豆浆做好。❸将打出的糙米燕麦豆浆过滤后，按个人口味趁热添加适量白糖或冰糖调味，不宜吃糖者，可用蜂蜜代替。不喜甜者也可不加糖。

养生功效　燕麦、大豆和糙米中都含有大量的膳食纤维，经常食用会令大便通畅，体内废物等毒素也会随之排出。食物纤维的体积大，能够促进肠蠕动、减少食物在肠道中的停留时间。另外，糙米具有分解农药等放射性物质的功效，从而可有效防止体内吸收有害物质。这款豆浆能促进肠蠕动，达到排毒减肥的目的。

贴心提示　搅打豆浆前最好先将糙米用水充分浸泡，因为糙米的米质比较硬，浸泡后能打得细碎一些，易于营养的吸收。

豌豆浆

【材料】豌豆 100 克，白糖适量，清水适量。

【做法】❶将豌豆清洗干净后，在清水中浸泡 6 ～ 12 小时。❷将泡好的豌豆放入豆浆机的杯体中，并加水至上下水位线之间，启动机器，煮至豆浆机提示豆浆做好并过滤。❸根据个人的口味，趁热往豌豆豆浆中加入适量白糖调味。不宜吃糖，可用蜂蜜代替。不喜甜者也可不加糖。

养生功效 豌豆俗称荷兰豆，它的颜色似翡翠，形状像珍珠，含有丰富的维生素。豌豆中含有丰富的粗纤维，能够促进大肠蠕动，保持大便通畅，起到清洁大肠的作用。不但如此，豌豆中还含有人体必需的各种营养物质，尤其是含有优质蛋白质，可以提高机体的抗病能力和康复能力。喝上一杯豌豆豆浆，不但能帮助自己清除宿便，还有利于体内营养物质的吸收。

贴心提示 豌豆不宜长期冷藏，买回来之后最好在 1 个月内吃完。搭配鸡蛋、肉干等富含氨基酸的食物，能大大提高豌豆豆浆的营养价值。豌豆中含有一种物质，会抑制精子生成，降低精子活力，渴望要孩子的男性不要过多食用。

红枣紫米豆浆

【材料】红枣 10 克，紫米 30 克，黄豆 60 克，清水、白糖或蜂蜜适量。

【做法】❶ 将黄豆清洗干净后，在清水中浸泡 6 ~ 8 小时，泡至发软备用；红枣洗干净，去核；紫米淘洗干净，用清水浸泡 2 小时。❷ 将浸泡好的黄豆同紫米、红枣一起放入豆浆机的杯体中，添加清水至上下水位线之间，启动机器，煮至豆浆机提示红枣紫米豆浆做好。❸ 将打出的红枣紫米豆浆过滤后，按个人口味趁热添加适量白糖或冰糖即可饮用。

养生功效 红枣具有养血安神的功效，是滋补阴虚的良药，用红枣熬制的水对因经血过多而引起贫血的女性有帮助，可改善怕冷、苍白和手脚冰冷的现象。而且红枣性质平和，无论在月经前或后，都可饮用，有极高的抗衰老和养颜作用。紫米也叫作"血糯米"，从它的名字上也能看出紫米有养血的功效。用红枣和紫米制作的这款豆浆有养血安神的功效。

贴心提示 因为红枣的糖分含量较高，糖尿病患者应当少食或者不食。凡是痰湿偏盛、湿热内盛、腹部胀满者也忌食红枣紫米豆浆。

红枣豆浆

【材料】黄豆100克，红枣3个，清水、白糖或冰糖适量。

【做法】❶ 将黄豆清洗干净后，在清水中浸泡6～8小时，泡至发软备用；红枣洗干净后，用温水泡开。❷ 将浸泡好的黄豆和红枣一起放入豆浆机的杯体中，加水至上下水位线之间，启动机器，煮至豆浆机提示红枣豆浆做好。❸ 将打出的红枣豆浆过滤后，按个人口味趁热往豆浆中添加适量白糖或冰糖调味，不宜吃糖者，可用蜂蜜代替。

养生功效 按照中医五行学说，红色为火，为阳，故红色食物进入人体后可入心、入血，大多可以益气补血和促进血液循环、振奋心情。红枣就是红色食物中补心的佼佼者，中医认为，红枣性平，味甘，具有补中益气、养血安神之功效，是滋补阴虚的良药。用红枣制成的豆浆具有增加肌力、调和气血、健体美容和抗衰的功效。这款豆浆特别适合脾胃虚弱、经常腹泻、常感到疲惫的人饮用。

贴心提示 因为红枣的糖分含量较高，所以糖尿病患者应当少食或者不食。凡是痰湿偏盛、湿热内盛、腹部胀满者也忌食红枣豆浆。

紫米豆浆

【材料】紫米50克，黄豆50克，清水、白糖或蜂蜜适量。

【做法】❶ 将黄豆清洗干净后，在清水中浸泡6～8小时，泡至发软备用；紫米淘洗干净，用清水浸泡2小时。❷ 将浸泡好的黄豆同紫米一起放入豆浆机的杯体中，添加清水至上下水位线之间，启动机器，煮至豆浆机提示紫米豆浆做好。❸ 将打出的紫米豆浆过滤后，按个人口味趁热添加适量白糖，或等豆浆稍凉后加入蜂蜜即可饮用。

养生功效 紫米属糯米类，质地细腻，俗称"紫珍珠"。《红楼梦》中称之为"御田胭脂米"。中医认为，紫米具有补血益气、健肾润肝、收宫滋阴之功效，特别是作为康复病人保健食用，具有非常好的效果。用紫米做成的豆浆，质地晶莹、透亮，是一种滋补佳品，食用这款豆浆能起到补血益气的作用。

贴心提示 紫米质地较硬，最好和其他谷物混合食用。肠胃不好的人不宜多食。

葡萄豆浆

【材料】葡萄6～10粒，黄豆80克，清水、白糖或冰糖适量。

【做法】❶将黄豆清洗干净后，在清水中浸泡6～8小时，泡至发软备用；葡萄去皮、去子。❷将浸泡好的黄豆和葡萄一起放入豆浆机的杯体中，添加清水至上下水位线之间，启动机器，煮至豆浆机提示葡萄豆浆做好。❸将打出的葡萄豆浆过滤后，按个人口味趁热添加适量白糖或冰糖调味，不宜吃糖者，可用蜂蜜代替。

养生功效 葡萄是较为常见的水果，它的性味甘、酸，鲜食酸甜适口，生津止渴，开胃消食。秋天的时候天气干燥，饮食上应该"少辛增酸"，这时候喝点葡萄豆浆就能够在干燥的季节润肺、滋养身体。另外，葡萄中的糖主要是葡萄糖，能够很快地被人体吸收，尤其是当人出现低血糖的时候，及时饮用葡萄汁，可以很快地缓解症状。这款葡萄豆浆对气血虚弱、肺虚咳嗽的症状具有良好的调理作用。

贴心提示 葡萄不宜与水产品同时食用，间隔至少两小时以后再食为宜，以免葡萄中的鞣酸与水产品中的钙质形成难以吸收的物质，影响健康。

黄芪糯米豆浆

【材料】黄芪 25 克，糯米 50 克，黄豆 50 克，清水、白糖或冰糖适量。

【做法】❶将黄豆清洗干净后，在清水中浸泡 6 ~ 8 小时，泡至发软备用；黄芪煎汁备用；糯米淘洗干净备用。❷将浸泡好的黄豆和糯米一起放入豆浆机的杯体中，淋入黄芪汁，添加清水至上下水位线之间，启动机器，煮至豆浆机提示黄芪糯米豆浆做好。❸将打出的黄芪糯米豆浆过滤后，按个人口味趁热添加适量白糖或冰糖调味，不宜吃糖者，可用蜂蜜代替。不喜甜者也可不加糖。

> 养生功效 黄芪既能补气，又能生血，气血足，能够鼓舞人体正气，提高身体的抵抗力。糯米能缓解气虚所导致的盗汗及过度劳累后出现的气虚乏力等症状。用黄芪和糯米制作出的这款豆浆能够改善气虚造成的不适感，还能缓解气血不足的症状。

> 贴心提示 糯米能够御寒，这道豆浆适合在冬季食用。另外，有感冒发热、胸腹有满闷感的人不宜饮用黄芪糯米豆浆。

花生红枣豆浆

【材料】黄豆 60 克，红枣 15 克，花生 15 克，清水、白糖或冰糖适量。

【做法】❶将黄豆清洗干净后，在清水中浸泡 6 ~ 8 小时，泡至发软备用；红枣洗干净，去核；花生仁洗净。❷将浸泡好的黄豆和红枣、花生一起放入豆浆机的杯体中，添加清水至上下水位线之间，启动机器，煮至豆浆机提示花生红枣豆浆做好。❸将打出的花生红枣豆浆过滤后，按个人口味趁热添加适量白糖或冰糖调味，不宜吃糖者，可用蜂蜜代替。不喜甜者也可不加糖。

> 养生功效 红枣和花生都是药食同源的食物，能生血补血。现代女性大多因生活工作压力大而致情志不畅，使得气滞血瘀、月经不调，最终降低了受孕的概率，多吃花生和红枣比较合适。这款利用红枣、花生和豆浆制成的豆浆，既能养血、补血，又能止血，最宜用于身体虚弱的出血病人，那些体质比较消瘦、怕冷的人也很适用。

> 贴心提示 肠胃虚弱的人在饮用这款豆浆时，不宜同时吃黄瓜和螃蟹，否则会造成腹泻。

黑芝麻枸杞豆浆

【材料】枸杞子25克，黑芝麻25克，黄豆50克，清水、白糖或冰糖适量。

【做法】❶将黄豆清洗干净后，在清水中浸泡6～8小时，泡至发软备用；芝麻淘去沙粒；枸杞洗干净，用清水泡软。❷将浸泡好的黄豆、枸杞和黑芝麻一起放入豆浆机的杯体中，添加清水至上下水位线之间，启动机器，煮至豆浆机提示黑芝麻枸杞豆浆做好。❸将打出的黑芝麻枸杞豆浆过滤后，按个人口味趁热添加适量白糖或冰糖调味，不宜吃糖者，可用蜂蜜代替。不喜甜者也可不加糖。

养生功效 黑芝麻含铁量高。黑芝麻中富含的芝麻油有很好的凝血作用。芝麻还有补肾的作用，由于脾肾亏虚导致的贫血也可通过食用芝麻得到缓解。枸杞子和黄豆中的铁元素含量也很高，加上黑芝麻一起磨成的豆浆，因为富含铁元素，对改善缺铁性贫血有一定帮助。

贴心提示 如果黑芝麻保存不当，外表容易出现油腻潮湿的现象，这时最好不要再食用，以免对人体造成伤害。

山药莲子枸杞豆浆

【材料】山药30克，莲子10克，枸杞10克，黄豆50克，清水、白糖或冰糖适量。

【做法】❶将黄豆清洗干净后，在清水中浸泡6～8小时，泡至发软备用；山药去皮后切成小丁，下入开水中灼烫，捞出沥干；莲子洗净后略泡。❷将浸泡好的黄豆、莲子、枸杞和山药一起放入豆浆机的杯体中，添加清水至上下水位线之间，启动机器，煮至豆浆机提示山药莲子枸杞豆浆做好。❸将打出的山药莲子枸杞豆浆过滤后，按个人口味趁热添加适量白糖或冰糖调味，不宜吃糖者，可用蜂蜜代替。不喜甜者也可不加糖。

养生功效 山药是补气血的好东西，可润泽肌肤、美容养颜。莲子善补五脏不足，通利十二经脉气血，使气血畅而不腐。枸杞主要的功用是滋阴益肾，滋阴益肾可以间接益气，气又能生血，所以说长期服用枸杞也能达到益气养血的功用。这款豆浆能使人气血通畅、精力旺盛。

贴心提示 大便燥结者不宜食用这款豆浆。感冒发烧、身体有炎症、腹泻的人最好不要食用。性欲亢进者不宜食用。糖尿病患者要慎用。

红枣枸杞紫米豆浆

【材料】红枣 20 克，枸杞 10 克，紫米 20 克，黄豆 50 克，清水、白糖或蜂蜜适量。

【做法】❶ 将黄豆清洗干净后，在清水中浸泡 6 ~ 8 小时，泡至发软备用；红枣洗干净，去核；枸杞洗干净，用清水泡软；紫米淘洗干净，用清水浸泡 2 小时。❷ 将浸泡好的黄豆同紫米、红枣、枸杞一起放入豆浆机的杯体中，添加清水至上下水位线之间，启动机器，煮至豆浆机提示红枣枸杞紫米豆浆做好。❸ 将打出的红枣枸杞紫米豆浆过滤后，按个人口味趁热添加适量白糖或冰糖即可饮用。

养生功效 红枣是补血最常用的食物，用豆浆机磨过后的红枣，里面的营养成分会慢慢地渗出来，补血作用更强。红枣和枸杞的搭配不但能补血，令女性朋友的皮肤白皙，还能明目。《本草纲目》记载，紫米也有滋阴补肾、明目活血等作用。因此这款豆浆有补气养血、补肾的功效，适合电脑族经常饮用。

贴心提示 枸杞以宁夏出产的质量最好，又红又大，当地人更喜欢买来当零食，犹如葡萄干一般随手拿来食用，其实枸杞生吃的味道也很不错，但不能吃太多，否则容易上火。

二花大米豆浆

【材料】凤仙花 10 克，月季花 10 克，大米 30 克，黄豆 50 克，清水、红糖适量。

【做法】❶ 将黄豆清洗干净后，在清水中浸泡 6 ~ 8 小时，泡至发软备用；凤仙花瓣仔细清洗干净后备用；月季花瓣清洗干净后备用；大米淘洗干净，用清水浸泡 2 小时。❷ 将浸泡好的黄豆、大米和凤仙花、月季花一起放入豆浆机的杯体中，添加清水至上下水位线之间，启动机器，煮至豆浆机提示二花大米豆浆做好。❸ 将打出的二花大米豆浆过滤后，按个人口味趁热添加适量红糖调味即可。

养生功效 凤仙花活血通经，可以针对闭经的实证；它入肝肾经，可以起到补肝益肾的作用，又可以针对闭经的虚证。月季味甘、性温，入肝经，有活血调经和消肿解毒的功效。由于月季花的祛瘀、行气、止痛作用明显。这款豆浆，对缓解女性痛经有很好的功效。

贴心提示 凤仙花与急性子，同属凤仙花科植物凤仙花，一为花、一为种子，但其功效有别。且凤仙花无毒、而急性子有毒。

桂圆红豆浆

【材料】桂圆30克，红豆50克，清水、白糖或冰糖适量。

【做法】❶将红豆清洗干净后，在清水中浸泡6～8小时，泡至发软备用；桂圆肉切碎。❷将浸泡好的红豆和桂圆一起放入豆浆机的杯体中，添加清水至上下水位线之间，启动机器，煮至豆浆机提示桂圆红豆浆做好。❸将打出的桂圆红豆浆过滤后，按个人口味趁热添加适量白糖或冰糖调味。不宜吃糖者，可用蜂蜜代替。

养生功效 桂圆有益脾胃、补气血、宁心神的功用，《本草纲目》说它有"开胃益脾、补灵长智"之功。红豆既能清心火，也能补心血，其粗纤维物质丰富，临床上有降血脂、降血压、改善心脏活动功能等功效；同时又富含铁质，能行气补血，非常适合心血不足的人食用。这款豆浆能补脾、养血，改善心血不足及贫血头晕等症状，非常适合心血不足者饮用。

贴心提示 购买桂圆时应挑选干爽的成品，购买回来之后，放入密封性能好的保鲜盒、保险袋里，存放在阴凉通风的地方，必要时可放入冰箱冷藏保存。

黑豆玫瑰花油菜豆浆

【材料】黑豆、油菜各20克，黄豆50克，玫瑰花10克，清水、白糖或冰糖适量。

【做法】❶将黄豆、黑豆清洗干净后，在清水中浸泡6～8小时，泡至发软备用；油菜择洗干净，切碎；玫瑰花洗净，用水泡开。❷将浸泡好的黄豆、黑豆、玫瑰花和油菜一起放入豆浆机的杯体中，添加清水至上下水位线之间，启动机器，煮至豆浆机提示黑豆玫瑰花油菜豆浆做好。❸将打出的黑豆玫瑰花油菜豆浆过滤后，按个人口味趁热添加适量白糖或冰糖调味。不宜吃糖者，可用蜂蜜代替。

养生功效 玫瑰花药性非常温和，能够温养人的心肝血脉，抒发体内郁气，起到镇静、安抚、抗抑郁的功效。油菜有促进血液循环、散血消肿的作用。黑豆具有滋阴补肾的作用。玫瑰花、油菜搭配黑豆和黄豆制成的这款豆浆，具有活血化瘀、疏肝解郁的养生功效。

贴心提示 孕早期妇女，痤疮、目疾患者，小儿麻疹后期，不宜饮用此豆浆。

大米山楂豆浆

【材料】山楂 30 克，大米 20 克，黄豆 50 克，清水、白糖或冰糖适量。

【做法】❶ 将黄豆清洗干净后，在清水中浸泡 6 ～ 8 小时，泡至发软备用；山楂清洗后去核，并切成小碎丁；大米淘洗干净，用清水浸泡 2 小时。❷ 将浸泡好的黄豆、大米和山楂一起放入豆浆机的杯体中，添加清水至上下水位线之间，启动机器，煮至豆浆机提示大米山楂豆浆做好。❸ 将打出的大米山楂豆浆过滤后，按个人口味趁热添加适量白糖或冰糖调味，不宜吃糖者，可用蜂蜜代替。

养生功效 山楂是常用的消食药，人们发现山楂还有活血化瘀的作用，它能够扩张血管、增加冠状动脉流量，降低血压，降低血清胆固醇。山楂能够"化瘀血而不伤新血"，性平和，既能消食也能活血；大米也是补气血的，因为米都能补脾，而脾胃为气血生化之源，所以当人因为气血不足疲乏无力时，食用大米效果最好。中医书上说"稀饭为世间第一补人之物"。这款由山楂、大米、黄豆搭配的豆浆具有消食活血的作用，若是因为血瘀引起痛经可以饮用，同时这款豆浆也适合月经不调者。

贴心提示 经前 3 ～ 5 天开始服用，每日早晚各饮用 150 毫升，直至经后 3 天停止服用。

人参红豆糯米豆浆

【材料】人参 10 克，红小豆 20 克，糯米 15 克，黄豆 80 克，清水、白糖或冰糖适量。

【做法】❶ 将黄豆、红小豆清洗干净后，在清水中浸泡 6 ~ 8 小时，泡至发软备用；糯米淘洗干净，用清水浸泡 2 小时；人参煎汁备用。❷ 将浸泡好的黄豆、红小豆和糯米一起放入豆浆机的杯体中，淋入人参煎汁，添加清水至上下水位线之间，启动机器，煮至豆浆机提示人参红豆糯米豆浆做好。❸ 将打出的人参红豆糯米豆浆过滤后，按个人口味趁热添加适量白糖或冰糖调味，不宜吃糖者，可用蜂蜜代替。不喜甜者也可不加糖。

养生功效 人参自古以来就是补虚损的名贵补品，具有大补元气、安神增智的功效。中国人吃人参还是比较多的，比如说用人参来泡茶泡酒。利用人参泡酒或者制成豆浆，最大的作用就是补元气。《神农本草经》将人参排在上品，它能够补五脏之气，久服能轻身延年；红豆有补血的作用，糯米可以养护脾胃，还能缓解因为气虚导致的身体乏力等症。用人参、红豆、糯米和黄豆制成的豆浆，具有补气补血的作用，尤其适合年老体衰身体虚弱的人食用。

贴心提示 由于人参较贵重，故要加强保存，如要防霉、防虫蛀、防变质。平时宜放阴凉干燥处保存；或将其放入装有石灰的木箱或器具中，将口封严。

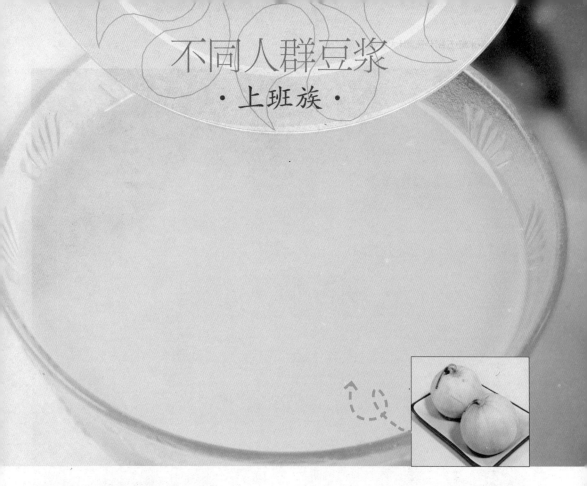

芦笋香瓜豆浆

【材料】芦笋 30 克，香瓜一个，黄豆 50 克，清水、白糖或冰糖适量。

【做法】❶ 将黄豆清洗干净后，在清水中浸泡 6～8 小时，泡至发软备用；芦笋洗净后切成小段，下入开水中焯烫，捞出沥干；香瓜去皮去瓤后洗干净，并切成小碎丁。❷ 将浸泡好的黄豆和芦笋、香瓜一起放入豆浆机的杯体中，添加清水至上下水位线之间，启动机器，煮至豆浆机提示芦笋香瓜豆浆做好。❸ 将打出的芦笋香瓜豆浆过滤后，按个人口味趁热添加适量白糖或冰糖调味，不宜吃糖者，可用蜂蜜代替。也可不加糖。

贴心提示 挑选白色的香瓜应该选瓜比较小，瓜大头的部分没有脐，但是有一点绿的。这种是一棵瓜的第一个叶子结的，比较好挑，因为长得小。还有就是挑有脐的，脐越大的越好，按一下脐的部分较软的。闻一闻香瓜的屁股，有香味的就是又好又甜的好瓜。

养生功效 芦笋有鲜美芳香的风味，膳食纤维柔软可口，能增进食欲，帮助消化。在西方，芦笋被誉为"十大名菜之一"，是一种高档而名贵的蔬菜。芦笋中氨基酸含量高而且比例适当。绿芦笋的氨基酸总量比其他蔬菜的平均值高 27%。芦笋中人体所需的 8 种氨基酸含量都很高，其中精氨酸与赖氨酸之比为 1.06，营养学家认为二者比例接近 1 的食物对降低血脂有作用。特别是在所有的氨基酸中，天门冬氨酸含量高达 1.83%，占氨基酸总含量的 1.23%，这对预防老年痴呆有很大作用。经常食用芦笋还能够开发大脑功能。香瓜含有苹果酸、葡萄糖、氨基酸、甜菜茄、维生素 C 等丰富营养。香瓜含有大量的碳水化合物及柠檬酸、胡萝卜素和维生素 B、维生素 C 等，且水分充沛，可消暑清热，生津解渴，除烦等。芦笋、香瓜搭配黄豆制成的这款豆浆，可以活化大脑功能，补充营养，适合上班族饮用。

绿茶绿豆豆浆

【材料】黄豆 50 克，绿豆 20 克，绿茶 10 克，清水、白糖或冰糖适量。

【做法】❶ 将黄豆、绿豆清洗干净后，在清水中浸泡 6～8 小时，泡至发软备用；绿茶倒入杯中，加入开水沏成茶水。❷ 将浸泡好的黄豆和绿豆一起放入豆浆机的杯体中，倒入茶水，再添加清水至上下水位线之间，启动机器，煮至豆浆机提示绿茶绿豆豆浆做好。❸ 将打出的绿茶绿豆豆浆过滤后，按个人口味趁热添加适量白糖或冰糖调味。

养生功效 茶叶具有提神清心、清热解暑、解毒醒酒、降火明目等作用，对防辐射也有一定的作用。绿茶中的茶多酚是水溶性物质，用它洗脸能清除油腻，具有减少日光中的紫外线辐射对皮肤的损伤等功效。经常饮用绿茶能够修复受损肝脏。黄豆和绿豆中所含的成分能够对抗辐射。这款豆浆可以消除辐射对脏器及造血功能的影响。

贴心提示 服药前后 1 小时不要饮用此豆浆。女性在月经期间不宜饮用。

咖啡豆浆

【材料】黄豆80克，咖啡豆、清水、白糖或冰糖适量。

【做法】❶将黄豆清洗干净后，在清水中浸泡6～8小时，泡至发软备用。❷将咖啡豆放入咖啡机中磨好，并冲好备用。❸将浸泡好的黄豆放入豆浆机的杯体中，添加清水至上下水位线之间，启动机器，煮至豆浆机提示豆浆做好。❹将打出的豆浆过滤后，将冲好的咖啡兑入豆浆中，按个人口味趁热添加适量白糖或冰糖调味，不宜吃糖者，可用蜂蜜代替。

养生功效 咖啡是提神的好饮料，也是缓解工作压力时不可缺少的饮品。因为咖啡中含有咖啡因，有刺激中枢神经、提神醒脑、促进肝糖原分解、升高血糖的功能，经常加班、熬夜的人常用它来提神，消除疲劳，恢复体力。对于上班族而言，喝咖啡还能减轻辐射对人体的伤害，在咖啡中加入豆浆代替牛奶，是更加健康的新时尚流行喝法。这款豆浆可缓解疲劳补充体力，给你一天的好精力。

贴心提示 孕妇不宜饮用咖啡豆浆，否则会出现恶心、呕吐、头痛、心跳加快等症状，咖啡因还会通过胎盘进入胎儿体内，影响胎儿发育。儿童不宜喝咖啡豆浆。咖啡因可以兴奋儿童中枢神经系统，干扰儿童的记忆，造成儿童多动症。

南瓜牛奶豆浆

【材料】南瓜 50 克，黄豆 50 克，牛奶 250 毫升，清水、白糖或冰糖适量。

【做法】❶将黄豆清洗干净后，在清水中浸泡 6 ~ 8 小时，泡至发软备用；南瓜去皮，洗净后切成小碎丁。❷将浸泡好的黄豆同南瓜丁一起放入豆浆机的杯体中，添加清水至上下水位线之间，启动机器，煮至豆浆机提示豆浆做好。❸将打出的豆浆过滤后，兑入牛奶，再按个人口味趁热添加适量白糖或冰糖调味即可。

> 养生功效　南瓜多糖是一种非特异性免疫增强剂，能提高机体免疫功能，促进细胞因子生成，对免疫系统发挥多方面的调节功能。南瓜中含有人体所需的多种氨基酸，其中赖氨酸、亮氨酸、异亮氨酸、苯丙氨酸等含量较高，能够迅速补充身体所需的营养物质。牛奶富含蛋白质、脂肪和多种维生素，能够迅速为人体提供营养和能量。这款豆浆能够迅速补充体能，帮助上班族提高工作效率。

贴心提示　如果要喝甜牛奶，一定要等牛奶煮开后再放糖，不要提前放。因为牛奶中的赖氨酸与果糖在高温下，会生成果糖基赖氨酸，这是一种有毒物质，会对人体产生危害。

海带绿豆豆浆

【材料】绿豆 30 克，黄豆 50 克，海带 10 克，清水、白糖或冰糖适量。

【做法】❶将黄豆、绿豆清洗干净后，在清水中浸泡 6 ~ 8 小时，泡至发软备用；海带用水泡发后洗净，切碎。❷将浸泡好的黄豆、绿豆和海带一起放入豆浆机的杯体中，添加清水至上下水位线之间，启动机器，煮至豆浆机提示海带绿豆豆浆做好。❸将打出的海带绿豆豆浆过滤后，按个人口味趁热添加适量白糖或冰糖调味，不宜吃糖者，可用蜂蜜代替。不喜甜者也可不加糖。

> 养生功效　海带可以说是碱性食物之王，多吃海带能很好地纠正酸性体质，缓解身体疲乏。茶叶中的茶碱能"中和"体内的酸性物质，起到缓解疲乏的作用。黄豆有增强肝脏解毒功能的作用。绿豆则具有一定的抗辐射作用。三者一起制作出的豆浆，能对抗磁辐射，修复免疫功能。

贴心提示　这款豆浆可连渣一起饮用，这样可以更好地吸收绿豆和海带的营养。

薏米木瓜花粉绿豆浆

【材料】木瓜 50 克，绿豆 40 克，薏米 20 克，油菜花粉 20 克，清水、白糖或冰糖适量。

【做法】❶将绿豆清洗干净后，在清水中浸泡 6 ~ 8 小时，泡至发软备用；木瓜去皮去籽，洗净，切成小丁；薏米淘洗干净，在清水中浸泡 2 小时。❷将浸泡好的绿豆、薏米和木瓜一起放入豆浆机的杯体中，添加清水至上下水位线之间，启动机器，煮至豆浆机提示豆浆做好。❸将打出的豆浆过滤后，加入油菜花粉，再按个人口味趁热添加适量白糖或冰糖调味，不宜吃糖者，可用蜂蜜代替。不喜甜者也可不加糖。

养生功效 木瓜富含维生素 C、维生素 B 及钙、磷、铁等矿物质，以及大量的胡萝卜素、蛋白质、木瓜酵素等。常吃木瓜，可以平肝和胃、抗菌消炎、抗辐射。油菜花粉有较好的抗辐射保健作用。薏米和绿豆均有消炎杀菌的功效。这款豆浆能够有效对抗电磁辐射对人体的不利影响。

贴心提示 在放入油菜花粉时，切记不要在豆浆还滚烫的时候加入，以免高温破坏掉花粉的营养。

核桃大米豆浆

【材料】黄豆 50 克，大米 50 克，核桃仁 2 个，清水、白糖或冰糖适量。

【做法】❶将黄豆清洗干净后，在清水中浸泡 6 ~ 8 小时，泡至发软备用；大米洗净后，在水中浸泡 2 小时。核桃仁备用，可碾碎。❷将浸泡好的黄豆和核桃、大米一起放入豆浆机的杯体中，添加清水至上下水位线之间，启动机器，煮至豆浆机提示核桃大米豆浆做好。❸将打出的核桃大米豆浆过滤后，按个人口味趁热添加适量白糖或冰糖调味，不宜吃糖者，可用蜂蜜代替。不喜甜者也可不加糖。

养生功效 核桃性温、味甘，有健胃、补血、润肺、养神等功效。核桃所含的蛋白质中含有对人体极为重要的赖氨酸，对大脑神经的营养极为有益。大米味甘性平，能够补中益气，健脾强胃。通常午餐食用大米能够保证下午精力充沛。对于都市白领而言，经常饮用核桃大米豆浆，能缓解疲劳，增强抗压能力。

香草黑米黑豆浆

【材料】黑豆 70 克，黑米 20 克，香草 20 克，清水、白糖或冰糖适量。

【做法】❶ 将黑豆清洗干净后，在清水中浸泡 6～8 小时，泡至发软备用；香草清洗干净。黑米淘洗干净，用清水浸泡 2 小时。❷ 将浸泡好的黑豆、黑米和香草一起放入豆浆机的杯体中，添加清水至上下水位线之间，启动机器，煮至豆浆机提示香草黑米黑豆浆做好。❸ 将打出的香草黑米黑豆浆过滤后，按个人口味趁热添加适量白糖或冰糖调味，不宜吃糖者，可用蜂蜜代替。不喜甜者也可不加糖。

养生功效 香草含黄酮甙、生物碱、酚类、甾体、氨基酸、有机酸、鞣质；其中有一种抗菌有效成分，暂称兰香草素钠，利用芳香植物的根茎叶进行泡浴，不但能洁净身体，滋润皮肤，而且可以消除肌肉酸痛，安定神经，促进血液循环，缓和原因不明的失眠，冷虚症，肩酸，腰痛，食欲不振，便秘等症状。香草所散发出的愉悦芳香更能让人心情舒畅，消除疲劳，提高人体的自身免疫力，对生活节奏紧张的都市人来说无疑是一种解除压力的好方法。黄豆补肝肾、健脾胃。黑豆和黑米均有健胃健脾的功效。香草、黑豆搭配黑米制成的豆浆，健脾利湿，提神醒脑。

无花果绿豆豆浆

【材料】绿豆 30 克，黄豆 50 克，无花果 20 克，清水、白糖或冰糖适量。

【做法】❶将黄豆、绿豆清洗干净后，在清水中浸泡 6～8 小时，泡至发软备用；无花果洗净，去蒂，切碎。❷将浸泡好的黄豆、绿豆和无花果一起放入豆浆机的杯体中，添加清水至上下水位线之间，启动机器，煮至豆浆机提示无花果绿豆豆浆做好。❸将打出的无花果绿豆豆浆过滤后，按个人口味趁热添加适量白糖或冰糖调味，不宜吃糖者，可用蜂蜜代替。不喜甜者也可不加糖。

养生功效 无花果含有丰富的氨基酸，在对抗白血病和恢复体力，消除疲劳上有很好的作用。无花果含有大量的果胶和维生素，果实吸水膨胀后，食用后能使肠道各种有害物质被吸附，净化肠道。无花果还有很好的抗辐射作用。黄豆、绿豆和无花果均有一定的抗辐射作用，三者一起制作出的豆浆，是理想的抗辐射食品。

贴心提示 脂肪肝患者、脑血管意外患者、腹泻者、正常血钾性周期性麻痹等患者不适宜食用无花果绿豆豆浆。

薄荷豆浆

【材料】薄荷 5 克，黄豆 80 克，蜂蜜 10 克，清水适量。

【做法】❶将黄豆清洗干净后，在清水中浸泡 6～8 小时，泡至发软备用；薄荷叶清洗干净后备用。❷将浸泡好的黄豆和薄荷叶一起放入豆浆机的杯体中，添加清水至上下水位线之间，启动机器，煮至豆浆机提示豆浆做好。❸将打出的豆浆过滤后，加入蜂蜜调味即可。

养生功效 薄荷具有双重功效：热的时候能清凉、冷时则可温暖身躯，对呼吸道产生的症状很好，对于干咳、气喘、支气管炎、肺炎、肺结核具有一定的改善。薄荷清凉的属性可安抚愤怒、歇斯底里与恐惧的状态，给予心灵自由的舒展空间。蜂蜜是一种滋补佳品，对于上班族来讲，经常饮用大有裨益。此豆浆有提神醒脑、疏风散热、抗疲劳的作用。

贴心提示 体虚多汗者不宜饮用。产后妇女不宜饮用薄荷豆浆，否则会使乳汁减少。

红腰豆南瓜豆浆

【材料】红腰豆 60 克，南瓜一块，黄豆 30 克，清水、白糖或冰糖适量。

【做法】❶ 将黄豆清洗干净后，在清水中浸泡 6 ~ 8 小时，泡至发软备用；红腰豆洗净，碾碎；南瓜洗净，去瓤，切成小块。❷ 将浸泡好的黄豆和红腰豆、南瓜一起放入豆浆机的杯体中，添加清水至上下水位线之间，启动机器，煮至豆浆机提示红腰豆南瓜豆浆做好。❸ 将打出的红腰豆南瓜豆浆过滤后，按个人口味趁热添加适量白糖或冰糖调味，不宜吃糖者，可用蜂蜜代替。不喜甜者也可不加糖。

养生功效：红腰豆原产于南美洲，是干豆中营养最丰富的一种，含丰富的维生素 A、维生素 B、维生素 C 及维生素 E，也含丰富的铁质和钾等矿物质。红腰豆有补血、增强免疫力、帮助细胞修补及防衰老等功效。在我国湖南邵阳地区一个苗族村，村民们世世代代有常年吃南瓜的饮食习惯，这个村居民患贫血病极少。原来南瓜不仅含有丰富的糖类、淀粉、脂肪和蛋白质，更重要的是含有人体造血必需的微量元素铁和锌。其中铁是构成血液中红细胞的重要成分之一，锌直接影响成熟红细胞的功能。这款豆浆具有补血，增强免疫力的功效。

贴心提示：红腰豆含有一种叫植物雪球凝集素的天然植物毒素，一定要彻底煮熟才可以食用。

银耳百合黑豆浆

【材料】黑豆 50 克，鲜百合 20 克，银耳 20 克，清水、白糖或冰糖适量。

【做法】❶ 将黑豆清洗干净后，在清水中浸泡 6 ~ 8 小时，泡至发软备用；百合洗干净，分成小瓣；银耳泡发洗干净，撕碎。❷ 将浸泡好的黑豆和百合、银耳一起放入豆浆机的杯体中，添加清水至上下水位线之间，启动机器，煮至豆浆机提示银耳百合黑豆浆做好。❸ 将打出的银耳百合黑豆浆过滤后，按个人口味趁热添加适量白糖或冰糖调味，不宜吃糖者，可用蜂蜜代替。

养生功效 百合除富含多种营养素外，还含有秋水仙碱等多种生物碱，具有良好的营养滋补之功，同时具有养心安神、开胃健脾的功效。银耳富含维生素 D，对于人体的生长发育很有帮助。黑豆能安神养心，缓解焦虑和不安情绪。这款豆浆对于缓解失眠有不错的效果。

贴心提示 外感风寒引起的感冒、咳嗽和因湿热生痰咳嗽，以及阳虚畏寒怕冷者均不宜饮用。

豌豆小米豆浆

【材料】黄豆 40 克，豌豆 30 克，小米 20 克，清水、白糖或冰糖适量。

【做法】❶ 将黄豆清洗干净后，在清水中浸泡 6 ~ 8 小时，泡至发软备用；小米清洗干净，在清水中浸泡 2 小时；豌豆洗净备用。❷ 将浸泡好的黄豆、豌豆和小米一起放入豆浆机的杯体中，添加清水至上下水位线之间，启动机器，煮至豆浆机提示豌豆小米豆浆做好。❸ 将打出的豌豆小米豆浆过滤后，按个人口味趁热添加适量白糖或冰糖调味，不宜吃糖者，可用蜂蜜代替。不喜甜者也可不加糖。

养生功效 虚寒体质，免疫力较差的女性可以多食小米粥，因为小米具有滋阴养血的功效。小米所含的氨基酸有消炎杀菌的功效。这款豆浆，另外有健脾补虚的功效，还能增强体质。

贴心提示 豌豆圆身的又称蜜糖豆或蜜豆，扁身的称为青豆或荷兰豆。豌豆的豆荚在许多地区中可以作为蔬菜烹制。

紫菜豆浆

【材料】黄豆50克，紫菜、大米、盐、清水适量。

【做法】❶将黄豆清洗干净后，在清水中浸泡6～8小时，泡至发软备用；紫菜、大米洗干净。❷将浸泡好的黄豆同紫菜、大米一起放入豆浆机的杯体中，添加清水至上下水位线之间，启动机器，煮至豆浆机提示紫菜豆浆做好。❸将打出的紫菜豆浆过滤后，加入盐调味即可饮用。

养生功效　紫菜的蛋白质含量是一般植物的好几倍，且富含易于被人体吸收的碘，易于消化，因而女性吃紫菜大有益处。另外，紫菜中还含有大量可以降低有害胆固醇的牛磺酸，有利于保护肝脏。紫菜豆浆能够治疗缺铁性贫血。

贴心提示　《本草拾遗》说紫菜"多食令人腹痛，发气，吐白沫，饮热醋少许即消"，所以紫菜豆浆不宜多食。消化功能不好、素体脾虚者可引起腹泻，宜少食。腹痛便溏者禁食。乳腺小叶增生以及各类肿瘤患者慎用。脾胃虚寒者切勿食用。

红薯香蕉杏仁豆浆

【材料】红薯 30 克，香蕉一根，杏仁 10 克，黄豆 50 克，清水适量。

【做法】❶ 将黄豆清洗干净后，在清水中浸泡 6 ~ 8 小时，泡至发软备用；红薯去皮、洗净，之后切成小碎丁；香蕉去皮后，切成碎丁；杏仁洗净后泡软。❷ 将浸泡好的黄豆、杏仁和切好的红薯丁、香蕉一起放入豆浆机的杯体中，添加清水至上下水位线之间，启动机器，煮至豆浆机提示红薯香蕉杏仁豆浆做好。❸ 将打出的红薯香蕉杏仁豆浆过滤后即可饮用。

养生功效 红薯含有丰富的淀粉、膳食纤维、维生素以及钾、铁等 10 余种微量元素和亚油酸等，营养价值很高。香蕉营养价值颇高，除了含有丰富的碳水化合物、蛋白质、脂肪外，还含多种微量元素和维生素。杏仁富含脂肪、糖类、蛋白质、胡萝卜素、维生素以及矿物质等营养成分。这款豆浆能补充人体所需营养物质，确保营养均衡。

贴心提示 红薯一定要蒸熟煮透再吃，因为红薯中的淀粉颗粒不经高温破坏，难以消化。

芦笋生姜豆浆

【材料】芦笋 30 克，生姜 20 克，黄豆 50 克，清水适量。

【做法】❶ 将黄豆清洗干净后，在清水中浸泡 6 ~ 8 小时，泡至发软备用；芦笋洗净后切成小段，下入开水中焯烫，捞出沥干；生姜切成小块，用压蒜器挤出姜汁待用。❷ 将浸泡好的黄豆和芦笋一起放入豆浆机的杯体中，倒入姜汁，添加清水至上下水位线之间，启动机器，煮至豆浆机提示芦笋生姜豆浆做好。❸ 将打出的芦笋生姜豆浆过滤后即可食用。

养生功效 芦笋含有丰富的叶酸，是准备怀孕女性补充叶酸的重要来源。叶酸是一种水溶性 B 族维生素。叶酸不足，孕妇易发生胎盘早剥等；胎儿易发生宫内发育迟缓，早产和出生低体重。生姜可刺激唾液、胃液和消化液的分泌，刺激胃肠蠕动，同时防恶心、止呕吐。这款豆浆可很好地为备孕女性补充所需的叶酸。

贴心提示 芦笋中的叶酸很容易被破坏，所以若用来补充叶酸应避免高温烹煮，最佳的食用方法用微波炉小功率加热。

西芹黑米豆浆

【材料】西芹 20 克，黑米 30 克，黄豆 50 克，清水、白糖或冰糖适量。

【做法】❶ 将黄豆清洗干净后，在清水中浸泡 6～8 小时，泡至发软备用；西芹择洗干净后，切成碎丁；黑米淘洗干净，用清水浸泡 2 小时。❷ 将浸泡好的黄豆、黑米和西芹一起放入豆浆机的杯体中，添加清水至上下水位线之间，启动机器，煮至豆浆机提示西芹黑米豆浆做好。❸ 将打出的西芹黑米豆浆过滤后，按个人口味趁热添加适量白糖或冰糖调味，不宜吃糖者，可用蜂蜜代替。不喜甜者也可不加糖。

养生功效　西芹中含有蛋白质、碳水化合物、脂肪、粗纤维、胡萝卜素、维生素、有机酸等，并且西芹含铁量较高。西芹对女孩子非常有益，可以减肥，还有美白的作用，多吃还能预防癌症。但是，在炎热的夏季，不宜过多食用西芹，因为西芹所含的成分能够和阳光产生作用，从而增多面部黑色素。西芹的钙含量较高，可以补"脚骨力"，同时含有丰富的钾，可减少身体的水分积聚。常吃西芹还能够补钙。黑米最适于产妇等补血之用，所以被称为"月米"、"补血米"等。总之，这款豆浆最大的功效就是补钙和补血。

贴心提示　黑米必须熬煮至烂熟方可食用，因为黑米外部是一层较坚韧的种皮，如不煮烂很难被胃酸和消化酶分解消化，容易引起消化不良与急性肠胃炎。

莲藕红豆豆浆

【材料】莲藕30克,红小豆20克,黄豆50克,清水适量。

【做法】① 将黄豆、红小豆清洗干净后,在清水中浸泡6～8小时,泡至发软备用;莲藕去皮后切成小丁,下入开水中略焯,捞出后沥干。
② 将浸泡好的黄豆、红小豆同莲藕丁一起放入豆浆机的杯体中,添加清水至上下水位线之间,启动机器,煮至豆浆机提示莲藕红豆豆浆做好。
③ 将打出的莲藕红豆豆浆过滤后即可饮用。

贴心提示 在挑选藕的时候,一定要注意,发黑、有异味的藕不宜食用。应该挑选外皮呈黄褐色,肉肥厚而又白的,不要选用那些伤、烂,有锈斑、断节或者是干缩变色的藕。

养生功效 莲藕含有多种营养及天冬碱、蛋白质氨基酸、葫芦巴碱、蔗糖、葡萄糖等,能够活血化瘀,帮助清除产妇体内瘀血。鲜藕含有20%的糖类物质和丰富的钙、磷、铁及多种维生素。鲜藕既可单独做菜,也可做其他菜的配料。如藕肉丸子、藕香肠、虾茸藕饺、炸脆藕丝、鲜藕炖排骨、凉拌藕片等,都是佐酒下饭、脍炙人口的家常菜肴。藕也可制成藕原汁、藕蜜汁、藕生姜汁、藕葡萄汁、藕梨子汁等清凉消暑的饮料。藕还可加工成藕粉、蜜饯和糖片,是老幼妇孺及病患者的良好补品。藕生食能凉血行瘀、安神健脑、清热润肺。红豆有补血功效,可促进血液循环、强化体力,增强抵抗力。莲藕、红豆和黄豆一起制成的豆浆,能够暖宫,消解腹内积存的瘀血。

南瓜芝麻豆浆

【材料】黄豆50克,南瓜30克,黑芝麻20克,清水、白糖或冰糖适量。

【做法】❶将黄豆清洗干净后,在清水中浸泡6~8小时,泡至发软备用;黑芝麻淘去沙粒;南瓜去皮,洗净后切成小碎丁。❷将浸泡好的黄豆、切好的南瓜和淘净的黑芝麻一起放入豆浆机的杯体中,添加清水至上下水位线之间,启动机器,煮至豆浆机提示南瓜芝麻豆浆做好。❸将打出的南瓜芝麻豆浆过滤后,按个人口味趁热添加适量白糖或冰糖调味,不宜吃糖者,可用蜂蜜代替。不喜甜者也可不加糖。

养生功效 南瓜多糖能促进细胞因子生成,增强免疫力。南瓜中的类胡萝卜素在机体内可转化成维生素A,对上皮组织的生长分化、促进骨骼的发育具有重要功能。黑芝麻含有的铁和维生素E是预防贫血、活化脑细胞的重要成分。这款豆浆,能迅速补充能量,护养产妇身体。

贴心提示 黑芝麻含有较多油脂,有润肠通便的作用,患有慢性肠炎、便溏腹泻者不宜饮用这款豆浆。

山药牛奶豆浆

【材料】山药 30 克，黄豆 50 克，牛奶 250 毫升，清水、糖或者冰糖适量。

【做法】❶ 将黄豆清洗干净后，在清水中浸泡 6 ~ 8 小时；山药去皮后切成小丁，下入开水中灼烫，捞出沥干。❷ 将浸泡好的黄豆同煮熟的山药丁一起放入豆浆机中，加水启动机器，煮至豆浆做好。❸ 过滤，待凉至温热后兑入牛奶，再按个人口味趁热添加适量白糖或冰糖调味。

> 养生功效 山药富含胡萝卜素、维生素 B_1、维生素 B_2 和维生素 C、淀粉酶以及粘多糖等营养物质。其中，胡萝卜素、维生素 C 等具有抗氧化功能，并可提高人体免疫力。而粘多糖与无机盐结合，可增强骨质，对心血管大有裨益。牛奶、黄豆则能够迅速为产妇补充营养，促进乳汁分泌。山药、黄豆、牛奶搭配制成的这款豆浆能帮助孕妇改善产后少乳现象。

> 贴心提示 山药皮中所含的皂角素或黏液里含的植物碱，容易导致皮肤过敏，所以削完山药皮的手不要乱碰，应马上多洗几遍手。

红豆腰果豆浆

【材料】红豆 20 克，腰果 30 克，黄豆 50 克，清水、白糖或冰糖适量。

【做法】❶ 将黄豆、红豆清洗干净后，在清水中浸泡 6 ~ 8 小时，泡至发软备用；腰果清洗干净后在温水中略泡，碾碎。❷ 将浸泡好的黄豆、红豆、腰果一起放入豆浆机的杯体中，添加清水至上下水位线之间，启动机器，煮至豆浆机提示红豆腰果豆浆做好。❸ 将打出的红豆腰果豆浆过滤后，按个人口味趁热添加适量白糖或冰糖调味，不宜吃糖者，可用蜂蜜代替。不喜甜者也可不加糖。

> 养生功效 腰果营养丰富，含有丰富的蛋白质、维生素 B_1，能够补充营养，消除疲劳。腰果所含的维生素 A 能够使产妇抗衰老，保养肌肤。乳汁不足的新妈妈就可以多食腰果，因为腰果有催乳的作用。红豆历来都是女性的滋补佳品，不仅有利湿的作用，还有催乳的作用。这款豆浆能够促进新妈妈的母乳分泌。

> 贴心提示 腰果中含有多种致敏源，所以过敏体质的人最好不要饮用这款豆浆。

山药红薯米豆浆

【材料】红薯 20 克，山药 15 克，黄豆 20 克，大米、小米、燕麦片各 10 克，清水、白糖或冰糖适量。

【做法】❶将黄豆清洗干净后，在清水中浸泡 6～8 小时，泡至发软备用；红薯去皮，洗净，切成小块；山药去皮后切成小丁，下入开水中灼烫，捞出沥干；将大米、小米、燕麦洗净浸泡两小时。❷将浸泡好的黄豆、大米、小米、燕麦和红薯、山药一起放入豆浆机的杯体中，添加清水至上下水位线之间，启动机器，煮至豆浆机提示山药红薯米豆浆做好。❸将打出的山药红薯米豆浆过滤后，按个人口味趁热添加适量白糖或冰糖调味，不宜吃糖者，可用蜂蜜代替。不喜甜者也可不加糖。

养生功效 红薯含有蛋白质、脂肪、膳食纤维、胡萝卜素、维生素 A、维生素 B、维生素 C、维生素 E 以及钾、铁、铜、硒、钙等 10 余种微量元素，有很高的营养价值。每 100 克鲜红薯仅含 0.2 克脂肪，产 99 千卡热能，是上好的低脂、低热食品。再者，红薯所含的大量膳食纤维等在肠道内无法被消化吸收，从而刺激肠道，增强蠕动，促进大便的排泄，对老年性便秘有较好的改善；还能有效地阻止糖类变为脂肪，有利于瘦身减肥。山药具有补益脾胃、生津益肺的作用，有利于产后的新妈妈滋补元气。大米、小米均有补中益气的功效。燕麦则能够为产妇增强免疫力，同时燕麦还有养颜美体的功效。红薯、山药、大米、小米、燕麦制成的这款豆浆有利于产后的新妈妈滋补身体、恢复体形，并使皮肤白嫩细腻。

贴心提示 红薯中的紫茉莉甙成分具有防止便秘的功效，这种物质靠近红薯表皮，因而，榨汁时不要去掉红薯皮。另外，红薯和柿子不宜在短时间内同时食用。

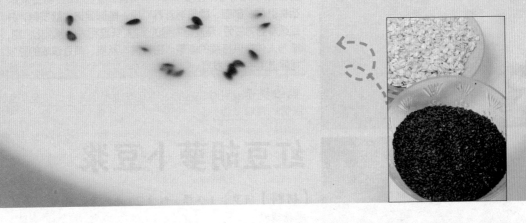

芝麻燕麦豆浆

【材料】黑芝麻 20 克，燕麦 20 克，黄豆 50 克，清水、白糖或冰糖适量。

【做法】❶ 将黄豆清洗干净后，在清水中浸泡 6～8 小时，泡至发软备用；燕麦淘洗干净，用清水浸泡 2 小时；黑芝麻淘去沙粒。❷ 将浸泡好的黄豆、燕麦和黑芝麻一起放入豆浆机的杯体中，添加清水至上下水位线之间，启动机器，煮至豆浆机提示芝麻燕麦豆浆做好。❸ 将打出的芝麻燕麦豆浆过滤后，按个人口味趁热添加适量白糖或冰糖调味，不喜甜者也可不加糖。

贴心提示 黑芝麻含有较多油脂，有润肠通便的作用，加上燕麦富含膳食纤维，便溏腹泻的宝宝不宜饮用这款豆浆。

养生功效 黑芝麻中的维生素 B_2 有助于头皮内的血液循环，促进头发的生长，并对头发起滋润作用，防止头发干燥和发脆。黑芝麻含有头发生长所需的必需脂肪酸、含硫氨基酸与多种微量矿物质，富含的优质蛋白质、不饱和脂肪酸、钙等营养物质均可养护头发，防止脱发和白发，使头发保持乌黑亮丽。此外，黑芝麻还含有大量的亚油酸、棕榈酸、花生酸等不饱和脂肪酸和卵磷酸，能溶解凝固在血管壁上的胆固醇。而芝麻中的卵磷脂不仅有润肤之效，还能预防脱发和生白发；它还含有维生素 B_1 和丰富的维生素 E，这些都是人体所必需的生发营养素。黑芝麻的含铁量丰富，生长发育的儿童食用后，能够预防缺铁性贫血。黄豆的含钙量较高，对预防小儿佝偻病较为有效。所以，这款由黑芝麻、燕麦和黄豆组成的豆浆，适合成长中的小宝宝食用，能够预防小儿佝偻病和缺铁性贫血。

燕麦核桃豆浆

【材料】黄豆80克，燕麦20克，核桃仁4颗，清水、白糖或冰糖适量。

【做法】❶将黄豆清洗干净后，在清水中浸泡6～8小时，泡至发软备用；燕麦淘洗干净，用清水浸泡2小时；核桃仁碾碎。❷将浸泡好的黄豆、燕麦和核桃仁一起放入豆浆机的杯体中，添加清水至上下水位线之间，启动机器，煮至豆浆机提示燕麦核桃豆浆做好。❸将打出的燕麦核桃豆浆过滤后，按个人口味趁热添加适量白糖或冰糖调味，不喜甜者也可不加糖。

养生功效 核桃中的脂肪和蛋白质是大脑最好的营养物质，还含有钙、磷、铁、胡萝卜素、核黄素、维生素 B₆、维生素 E、胡桃叶醌、磷脂、鞣质等营养物质，能够促进大脑发育，并且缓解脑力疲劳。燕麦有大量的蛋白、纤维和大量碳水化合物，能为人体提供持续的能量。由核桃、燕麦、黄豆做成的豆浆可促进宝宝大脑发育。

贴心提示 肠道敏感的人不宜吃太多的燕麦，以免引起胀气、胃痛或腹泻。

红豆胡萝卜豆浆

【材料】胡萝卜1/3根，红豆20克，黄豆50克，清水、冰糖适量。

【做法】❶将黄豆、红豆清洗干净后，在清水中浸泡6～8小时，泡至发软备用；胡萝卜去皮后切成小丁，下入开水中略焯，捞出后沥干。❷将浸泡好的黄豆、红豆同胡萝卜丁一起放入豆浆机的杯体中，添加清水至上下水位线之间，启动机器，煮至豆浆机提示红豆胡萝卜豆浆做好。❸将打出的红豆胡萝卜豆浆过滤后，趁热加入冰糖，待冰糖融化后即可饮用。

养生功效 胡萝卜中的芥子油和膳食纤维可促进胃肠蠕动，促进体内废弃物的排出。常吃胡萝卜可降低血脂、稳定血压、软化血管、预防动脉硬化等症。β-胡萝卜素在进入人体后可以转变为维生素 A，在促进宝宝的生长发育上有较好的功效。这款豆浆具有促进宝宝生长发育、抵抗传染病、增强孩子免疫力的功效。

贴心提示 这款豆浆在给宝宝饮用时最好别往里添加白糖，原因在于白糖需要在胃内经过消化酶转化为葡萄糖后才能被人体吸收，这对于消化功能比较弱的宝宝不利。

红枣香橙豆浆

【材料】红枣 10 克，橙子 1 个，黄豆 70 克，清水、白糖或冰糖适量。

【做法】❶ 将黄豆清洗干净后，在清水中浸泡 6～8 小时，泡至发软备用；红枣洗净，去核，切碎；橙子去皮、去子后撕碎。❷ 将浸泡好的黄豆和红枣、橙子一起放入豆浆机的杯体中，添加清水至上下水位线之间，启动机器，煮至豆浆机提示红枣香橙豆浆做好。❸ 将打出的红枣香橙豆浆过滤后，按个人口味趁热添加适量白糖或冰糖调味，不宜吃糖者，可用蜂蜜代替。

养生功效 枣中富含钙和铁，正在生长发育高峰的青少年容易发生贫血，大枣对他们会有十分理想的作用，其效果通常是药物不能比拟的。枣还可以抗过敏、除腥臭怪味、宁心安神、益智健脑、增强食欲、增强大脑活力。橙子含橙皮甙、柠檬酸、苹果酸、琥珀酸、糖类、果胶和维生素等，又含挥发油，挥发油中含萜、醛、酮、酚、醇、酯、酸及香豆精类等成分 70 余种，它们能够为身体补充营养。橙子酸酸甜甜的味道有利于增长食欲。用红枣、香橙、黄豆制成的豆浆对于增强大脑活力，提高免疫力很有帮助。

贴心提示 橙子在剥皮的时候，可以像削苹果一样削皮，这样就不会有橙子汁溢出来了。也可以将橙子置于桌上，用手掌旋转搓揉，将橙子的各部位都揉到后，即可剥皮。

黑豆红豆绿豆浆

【材料】黑豆50克，红豆30克，绿豆20克，清水、白糖或冰糖适量。

【做法】❶将黑豆、红豆、绿豆清洗干净后，在清水中浸泡6～8小时，泡至发软备用。❷将浸泡好的黑豆、红豆、绿豆一起放入豆浆机的杯体中，添加清水至上下水位线之间，启动机器，煮至豆浆机提示黑豆红豆绿豆浆做好。❸将打出的黑豆红豆绿豆浆过滤后，按个人口味趁热添加适量白糖或冰糖调味，不宜吃糖者，可用蜂蜜代替。不喜甜者也可不加糖。

养生功效 红豆有很好的养心功效，可以清热祛湿、清心除烦，补血安神；黑豆能够滋补肝肾，而肝肾的健康对改善学生视力有很大的帮助；绿豆是学生在夏令饮食中的上品，盛夏酷暑，喝点用绿豆做成的饮品，既甘凉可口，又防暑消热。这款豆浆能缓解学习压力大出现的体虚乏力状况，还能清心除烦。

贴心提示 红豆和绿豆都有利尿的作用，因此尿频的人不宜过多饮用这款豆浆。

荞麦红枣豆浆

【材料】荞麦30克，红枣20克，黄豆50克，清水、白糖或冰糖适量。

【做法】❶将黄豆清洗干净后，在清水中浸泡6～8小时，泡至发软备用；红枣洗净，去核，切碎；荞麦淘洗干净，用清水浸泡2小时。❷将浸泡好的黄豆、荞麦和红枣一起放入豆浆机的杯体中，添加清水至上下水位线之间，启动机器，煮至豆浆机提示荞麦红枣豆浆做好。❸将打出的荞麦红枣豆浆过滤后，按个人口味趁热添加适量白糖或冰糖调味，不宜吃糖者，可用蜂蜜代替。不喜甜者也可不加糖。

养生功效 荞麦营养价值很高，其所含蛋白质比大米和面粉都高，且饱含赖氨酸和精氨酸，有助于孩子的成长。红枣是很好的营养品，富含维生素，有"天然维生素丸"的美誉。利用荞麦和大枣做成的豆浆，能够给成长中的学生补充身体必备的营养，有助于他们的健康成长。

贴心提示 这款豆浆并不适合早餐和晚餐，它不容易消化，容易让胃部受损，每次也不应食用过多。

蜂蜜薄荷绿豆豆浆

【材料】薄荷 5 克，绿豆 20 克，黄豆 50 克，蜂蜜 10 克，清水适量。

【做法】❶ 将黄豆、绿豆清洗干净后，在清水中浸泡 6 ~ 8 小时，泡至发软备用；薄荷叶清洗干净后备用。❷ 将浸泡好的黄豆、绿豆和薄荷叶一起放入豆浆机的杯体中，添加清水至上下水位线之间，启动机器，煮至豆浆机提示蜂蜜薄荷绿豆豆浆做好。❸ 将打出的豆浆过滤，待豆浆凉至温热时加入蜂蜜调味即可。

贴心提示 绿豆皮中的类黄酮和金属离子作用之后，可能形成颜色较深的复合物。这种反应虽然没有毒性物质产生，却可能会干扰绿豆的抗氧化作用，也妨碍金属离子的吸收。因此，煮绿豆汤时，用铁锅最不合适，而用沙锅最为理想。

养生功效 薄荷性凉味辛，有宣散风热、清头目、透疹之功，它还具有兴奋大脑、促进血液循环、发汗、消炎镇痛、止痒解毒和疏散风热的作用。薄荷入茶饮，可以健胃祛风、祛痰、利胆、抗痉挛，改善感冒发烧、咽喉、肿痛，并消除头痛、牙痛、恶心感，及皮肤瘙痒、腹部胀气、腹泻、消化不良、便秘等症状，且可缓和头痛，促进新陈代谢，对于呼吸道的发炎症状有改善作用；还可降低血压、滋补心脏。其清凉香气，还可平缓紧张愤怒的情绪，能提振精神、使身心欢愉、帮助入眠。

绿豆有清热解毒之功，如遇有机磷农药中毒、铅中毒、酒精中毒（醉酒）或吃错药等情况，在医院抢救前都可以先灌下一碗绿豆汤进行紧急处理，经常在有毒环境下工作或接触有毒物质的人，应经常食用绿豆来解毒保健。经常食用绿豆可以补充营养，增强体力。

黄豆能够迅速补充机体能量，抵抗疲劳。用薄荷、蜂蜜、绿豆、黄豆制成的豆浆在健脑提神方面有显著效果。

蜂蜜黄豆绿豆浆

【材料】 黄豆 50 克，绿豆 50 克，蜂蜜、清水适量。

【做法】 ❶ 将黄豆、绿豆清洗干净后，在清水中浸泡 6～8 小时，泡至发软备用。❷ 将浸泡好的黄豆和绿豆一起放入豆浆机的杯体中，添加清水至上下水位线之间，启动机器，煮至豆浆机提示豆浆做好。❸ 将打出的豆浆过滤后，按个人口味趁热添加适量蜂蜜调味即可。

贴心提示 蜂蜜不要太早加入，要等豆浆温热时再加进去。太早加入会因为高温破坏蜂蜜中的维生素和酶类，并且影响原有的口感和风味。

养生功效 蜂蜜是一种营养丰富的天然滋养食品，也是最常用的滋补品之一。据分析，蜂蜜含多种无机盐和维生素、矿物质、果糖、葡萄糖、氧化酶、还原酶有机酸和有益人体健康的微量元素，具有滋养润燥、排毒解毒的功效。蜂蜜能改善血液的成分，促进心脑血管功能，因此经常服用对于心血管病人很有好处。食用蜂蜜能迅速补充体力，消除疲劳，增强对疾病的抵抗力。在所有的天然食品中，大脑神经元所需要的能量在蜂蜜中含量最高。蜂蜜中的果糖、葡萄糖可以很快被身体吸收利用，改善血液的营养状况。绿豆有清热解暑，止渴利尿，解一切食物中毒等功效。黄豆、绿豆、蜂蜜一起制成豆浆，能给正在上学的学生补充水分、蛋白质、淀粉、维生素、钾、镁膳食纤维等多种营养物质，还有开胃的功效。

榛子杏仁豆浆

【材料】黄豆60克，杏仁20克，榛子仁20克，清水、白糖或冰糖适量。

【做法】❶将黄豆清洗干净后，在清水中浸泡6~8小时，泡至发软备用；杏仁、榛子仁碾碎备用。❷将浸泡好的黄豆和杏仁、榛子仁一起放入豆浆机的杯体中，添加清水至上下水位线之间，启动机器，煮至豆浆机提示榛子杏仁豆浆做好。❸将打出的榛子杏仁豆浆过滤后，按个人口味趁热添加适量白糖或冰糖调味，不宜吃糖者，可用蜂蜜代替。不喜甜者也可不加糖。

> 养生功效 榛子本身富含油脂，使所含的脂溶性维生素更易为人体所吸收，对体弱的人都有很好的补养作用；杏仁含有丰富的蛋白质、钙、铁等多种营养物质，有利于提高学习能力和记忆力；黄豆富含蛋白质、钙、铁及多钟维生素，而胆固醇的含量较低，对恢复体能有益。这款豆浆适宜学习了一天的学生补充体能，能起到抗疲劳的功效。

> 贴心提示 剥榛子有一种不费力气的方法。可将易拉罐环上的铁片弯折几下，去掉不要，剩下的小圆圈插到榛子的开口里，就像是钥匙开门一样轻轻一转，榛子壳就齐齐地裂开了。

腰果小米豆浆

【材料】腰果20克，小米30克，黄豆50克，清水、白糖或冰糖适量。

【做法】❶将黄豆清洗干净后，在清水中浸泡6~8小时，泡至发软备用；腰果清洗干净后在温水中略泡，碾碎；小米淘洗干净，用清水浸泡2小时。❷将浸泡好的黄豆、腰果、小米一起放入豆浆机的杯体中，添加清水至上下水位线之间，启动机器，煮至豆浆机提示腰果小米豆浆做好。❸将打出的腰果小米豆浆过滤后，按个人口味趁热添加适量白糖或冰糖调味，不宜吃糖者，可用蜂蜜代替。不喜甜者也可不加糖。

> 养生功效 腰果具有抗衰老、抗氧化和防御心血管疾病的功能，如果免疫力下降，常吃腰果则有缓解和修复作用。小米除了丰富的铁质外，还含有蛋白质、复合维生素B、钙、钾、纤维等，营养丰富，能够利尿、补血、益气。这款豆浆能够提高人体免疫力。

桂圆糯米豆浆

【材料】黄豆50克，桂圆30克，糯米20克，清水、白糖或冰糖适量。

【做法】❶ 将黄豆清洗干净后，在清水中浸泡6～8小时，泡至发软备用；桂圆去皮去核；糯米淘洗干净，用清水浸泡2小时。❷ 将浸泡好的黄豆同桂圆、糯米一起放入豆浆机的杯体中，添加清水至上下水位线之间，启动机器，煮至豆浆机提示桂圆糯米豆浆做好。❸ 将打出的桂圆糯米豆浆过滤后，按个人口味趁热添加适量白糖或冰糖调味，不宜吃糖者，可用蜂蜜代替。不喜甜者也可不加糖。

贴心提示 糯米中所含淀粉为支链淀粉，在肠胃中难以消化水解，所以有肺热所致的发热、咳嗽，痰黄黏稠和湿热作祟所致的黄疸、淋证、胃部胀满、午后发热等症状者忌食桂圆糯米豆浆。脾胃虚弱所致的消化不良也应慎食。

养生功效 桂圆亦称龙眼，性温味甘，益心脾，补气血，具有良好的滋养补益作用。可用于心脾虚损、气血不足所致的失眠、健忘、惊悸、眩晕等症。古人很推崇桂圆的营养价值，有许多本草书都介绍了桂圆的滋养和保健作用。早在汉朝时期，桂圆就已作为药用。《名医别录》称之为"益智"，言其功能养心益智故也，有滋补强体、补心安神、养血壮阳、益脾开胃、润肤美容的功效。桂圆的糖分含量很高，且含有能被人体直接吸收的葡萄糖，体弱贫血、年老体衰、久病体虚者经常吃些桂圆很有补益。糯米性温，属于滋补品，含有蛋白质、脂肪、糖类、钙、磷、铁、维生素B及淀粉等营养成分，有滋补气血、健脾暖胃、止汗止渴等作用，适用于脾胃虚寒所致的反胃、泄泻和气虚引起的汗虚、气短无力等症。黄豆中含有一种特殊的植物雌激素"黄豆苷原"，可调节女性内分泌，改善心态和身体素质，延缓衰老，美容养颜。桂圆和糯米搭配黄豆制成的这款豆浆，补心安神，可改善失眠、烦躁、潮热等更年期症状。

茯苓豆浆

【材料】茯苓粉20克，黄豆80克，清水、白糖或冰糖适量。

【做法】❶将黄豆清洗干净后，在清水中浸泡6～8小时，泡至发软备用。❷将浸泡好的黄豆放入豆浆机的杯体中，加入茯苓粉，添加清水至上下水位线之间，启动机器，煮至豆浆机提示茯苓豆浆做好。❸将打出的茯苓豆浆过滤后，按个人口味趁热添加适量白糖或冰糖调味，不宜吃糖者，可用蜂蜜代替。不喜甜者也可不加糖。

养生功效 中医认为，茯苓淡而能渗，甘而能补，能泻能补，称得上是两全其美。茯苓利水湿，又可以化痰止咳，同时又健脾胃，有宁心安神之功。可见，茯苓既可以健脾、化湿，又可养心安神，而且它性平和，不伤正气，所以既能扶正，又能祛邪。用茯苓制成的豆浆非常美味，能够缓解小便不利、泄泻，还能镇静安神。

贴心提示 茯苓粉在中药店可以买到。熬煮的时候要不时搅拌一下，以免粘锅。

桂圆花生红豆浆

【材料】桂圆20克，花生仁20克，红豆80克，清水、白糖或冰糖适量。

【做法】❶将红豆清洗干净后，在清水中浸泡6～8小时，泡至发软备用；花生仁略泡；桂圆去核。❷将浸泡好的红豆、花生仁和桂圆一起放入豆浆机的杯体中，加水至上下水位线之间，启动机器，煮至豆浆机提示桂圆花生红豆浆做好。❸将打出的桂圆花生红豆浆过滤后，按个人口味趁热往豆浆中添加适量白糖或冰糖调味，不宜吃糖者，可用蜂蜜代替。不喜甜者也可不加糖。

养生功效 花生的外皮是红色的，有补血功用，而红豆也是红色的，根据中医的五行理论，红色的食物具有养心、补血的功用。桂圆补气功效显著，食用时既可泡茶，也可煲汤，也能当零食吃。在寒冬容易出现手脚冰冷的人，多半由于气血不足造成的，用花生、红豆和桂圆一起做成豆浆，不仅能够养血，而且还有补心的作用。

贴心提示 孕妇应慎食桂圆花生红豆浆。痰火郁结、咳嗽痰黏者，胆管病、胆囊切除者不宜食用桂圆花生红豆浆。

燕麦红枣豆浆

【材料】黄豆50克，红枣30克，燕麦20克，清水、白糖或冰糖适量。

【做法】❶ 将黄豆清洗干净后，在清水中浸泡6～8小时，泡至发软备用；红枣洗干净后，用温水泡开；燕麦淘洗干净，用清水浸泡2小时。❷ 将浸泡好的黄豆、燕麦、红枣一起放入豆浆机的杯体中，添加清水至上下水位线之间，启动机器，煮至豆浆机提示燕麦红枣豆浆做好。❸ 将打出的燕麦红枣豆浆过滤后，按个人口味趁热添加适量白糖或冰糖调味，不宜吃糖者，可用蜂蜜代替。不喜甜者也可不加糖。

养生功效 燕麦具有较高的营养价值，能益脾养心、敛汗，还可以改善血液循环。红枣中富含钙和铁，这两种元素对防治骨质疏松、产后贫血有重要作用，更年期女性容易发生贫血，多吃红枣对贫血有十分理想的作用。这款豆浆可养血安神，有效缓解烦躁郁闷、心神不宁等更年期障碍。

贴心提示 一些女性在月经期间会出现眼肿或脚肿的现象，这是湿重的表现，此时不宜食用燕麦红枣豆浆，因为红枣味甜，多吃容易生痰生湿，水湿积于体内，水肿的情况就会更严重。

红枣黑豆豆浆

【材料】黑豆80克，黄豆30克，红枣10个，清水、白糖或冰糖适量。

【做法】❶ 将黑豆、黄豆清洗干净后，在清水中浸泡6～8小时，泡至发软备用；红枣洗干净后，用温水泡开。❷ 将浸泡好的黑豆、黄豆和红枣一起放入豆浆机的杯体中，加水至上下水位线之间，启动机器，煮至豆浆机提示红枣黑豆豆浆做好。❸ 将打出的红枣黑豆豆浆过滤后，按个人口味趁热往豆浆中添加适量白糖或冰糖调味，患有不宜吃糖者，可用蜂蜜代替。

养生功效 红枣中丰富的营养物质能够促进体内的血液循环；其充足的维生素C能够促进身体发育、增强体力、减轻疲劳。红枣含维生素E，有抗氧化、抗衰老等作用。红枣对妇女的美容养颜以及更年期的潮热出汗也有调补和控制作用。黑豆是补肾佳品。黄豆能够安神养心。这款豆浆特别适合更年期的女性和骨质疏松的人饮用。

贴心提示 凡是痰湿偏盛、湿热内盛、腹部胀满者忌食红枣黑豆豆浆。慢性肾病患者在肾衰竭时不宜食用此款豆浆，因为黑豆会加重肾脏负担。

莲藕雪梨豆浆

【材料】莲藕 30 克，雪梨 1 个，黄豆 50 克，清水适量。

【做法】❶将黄豆清洗干净后，在清水中浸泡 6～8 小时，泡至发软备用；莲藕去皮后切成小丁，下入开水中略焯，捞出后沥干；雪梨清洗后，去皮去核，并切成小碎丁。❷将浸泡好的黄豆同莲藕丁、雪梨一起放入豆浆机的杯体中，添加清水至上下水位线之间，启动机器，煮至豆浆机提示莲藕雪梨豆浆做好。❸将打出的莲藕雪梨豆浆过滤后即可饮用。

贴心提示 雪梨性偏寒助湿，多吃会伤脾胃，故脾胃虚寒、畏冷食者应少食莲藕雪梨豆浆。

养生功效 中医称莲藕："主补中养神，益气力。"藕的营养价值很高，富含维生素、矿物质、植物蛋白质以及淀粉，能够补益气血，增强免疫力。莲藕还有调节心脏、血压、改善末梢血液循环的功用，可用于促进新陈代谢和防止皮肤粗糙。莲藕的清热凉血作用也很不错，对于热病口渴、衄血、咯血、下血者尤为有益。营养专家提示，更年期的女性吃莲藕可以静心。雪梨性凉味甘酸，具有生津、润燥、清热、化痰、解酒的作用。雪梨含有丰富的维生素 B，能够增强心肌活力，缓解周身疲劳，降低血压；雪梨含有多种糖类物质、维生素，容易被人体所吸收，从而起到保护肝脏的作用；雪梨能够清热镇静、防止动脉粥样硬化。黄豆有补虚润燥、清肺化痰的功效。莲藕、雪梨搭配黄豆制成的这款豆浆，清热安神，可帮助消除更年期的暴躁、焦虑不安和失眠症状。

三红豆浆

【材料】红豆50克，红枣20克，枸杞30克，清水、白糖或冰糖适量。

【做法】❶ 将红豆清洗干净后，在清水中浸泡6～8小时，泡至发软备用；红枣、枸杞洗干净后，用温水泡开。❷ 将浸泡好的红豆、红枣丁一起放入豆浆机的杯体中，添加清水至上下水位线之间，启动机器，煮至豆浆机提示三红豆浆做好。❸ 将打出的三红豆浆过滤后，按个人口味趁热添加适量白糖或冰糖调味，不宜吃糖者，可用蜂蜜代替。不喜甜者也可不加糖。

养生功效 红枣是补血最常用的食物，食疗药膳中常加入红枣补养身体，滋润气血。它可起到养血安神、疏肝解郁的功效；红豆自古就被认为是养生食品，丰富的铁质能使血气充盈，面色红润；枸杞也有滋阴补肾，益气安神的作用。这款豆浆具有补气安神、养血的功效。

贴心提示 女性平时不能多吃枸杞，否则容易造成月经提前到来或者推迟，以及食欲不振、白带异常、内分泌失调等。

紫米核桃红豆浆

【材料】紫米40克，红豆40克，核桃仁30克，清水、白糖或蜂蜜适量。

【做法】❶ 将红豆清洗干净后，在清水中浸泡6～8小时，泡至发软备用；紫米淘洗干净，用清水浸泡2小时；核桃仁备用。❷ 将浸泡好的红豆、核桃仁同紫米一起放入豆浆机的杯体中，添加清水至上下水位线之间，启动机器，煮至豆浆机提示紫米核桃红豆浆做好。❸ 将打出的紫米核桃红豆浆过滤后，按个人口味趁热添加适量白糖，或等豆浆稍凉后加入蜂蜜即可饮用。

养生功效 紫米含有丰富的赖氨酸、脂肪、蛋白质、叶酸等，有健脾开胃、滋阴补肾、活血化瘀、补中益气的功效。紫米中富含膳食纤维，能够降低体内胆固醇的含量，从而预防动脉硬化，保护心脑血管。核桃补肾益气、健脾暖肝、明目活血。红豆补血。这款豆浆质感更黏稠，口感更香醇，对于补肾、补血效果更明显。

贴心提示 与普通大米食用方法相同。紫米富含纯天然营养色素和色氨酸，下水清洗或浸泡会出现掉色现象（营养流失），因此不宜用力搓洗，浸泡后的水（红色）请随同紫米一起蒸煮食用，不要倒掉。

四豆花生豆浆

【材料】黄豆、黑豆、豌豆、青豆、花生各 20 克，清水、白糖或冰糖适量。

【做法】❶ 将黄豆、黑豆、豌豆、青豆清洗干净后，在清水中浸泡 6 ~ 8 小时，泡至发软备用；花生洗干净，略泡。❷ 将浸泡好的黄豆、黑豆、豌豆、青豆、花生一起放入豆浆机的杯体中，添加清水至上下水位线之间，启动机器，煮至豆浆机提示四豆花生豆浆做好。❸ 将打出的四豆花生豆浆过滤后，按个人口味趁热添加适量白糖或冰糖调味，不宜吃糖者，可用蜂蜜代替。不喜甜者也可不加糖。

养生功效 黄豆含有丰富的蛋白质、大豆脂肪以及异黄酮等多种保健因子，尤其适合老年人食用。黑豆含植物固醇，能够抑制人体胆固醇的吸收，常食黑豆能够滋润皮肤、延缓衰老、软化血管。青豆不含胆固醇，而且含有丰富的 B 族维生素、矿物质、纤维素等物质，不仅能够预防心血管疾病，还能降低癌症的发病概率。豌豆具有消炎抗菌、增强代谢功能的作用，也有抗癌的功效。花生、黄豆均有保护血管、增强机体免疫力的功效。此款四豆花生豆浆尤其适合老年人饮用。

贴心提示 花生外皮即红色的外衣有增加血小板的凝聚作用，所以高血压病人和有动脉硬化、血液黏稠度高的人吃花生，一定要去了红色的外皮，而对于那些因为慢性出血性疾病导致贫血的病人，则最好带着花生外皮食用。

五谷酸奶豆浆

【材料】黄豆50克，大米10克，小米10克，小麦仁10克，玉米渣10克，酸奶100毫升，清水、白糖或冰糖适量。

【做法】❶将黄豆清洗干净后，在清水中浸泡6～8小时，泡至发软备用；大米、小米、小麦仁淘洗干净，用清水浸泡2小时；玉米渣淘洗干净。❷将上述食材一起放入豆浆机的杯体中，添加清水至上下水位线之间，启动机器，煮至豆浆机提示豆浆做好。❸将打出的豆浆过滤晾凉后，兑入酸奶，按个人口味添加适量白糖或冰糖调味即可。

养生功效 黄豆蛋白质含量高，还富含维生素和矿物质。大米富含蛋白质和人体必需的氨基酸，还含有脂肪、钙等营养成分。小米蛋白质、维生素 B_1 和无机盐含量均高于大米。小麦仁富含蛋白质、脂肪、矿物质、钙、烟酸等。玉米中含有较多的粗纤维，还含有大量镁。以上食材加上酸奶制成的这款豆浆营养全面，可开胃、助消化。

贴心提示 酸奶并不是越稠越好，因为很多稠的酸奶只是因为加入了各种增稠剂，如羟丙基二淀粉磷酸酯、果胶、明胶，过多的增稠剂虽然满足了口感，但对身体并无益处。

五色滋补豆浆

【材料】黄豆30克，绿豆20克，黑豆20克，薏米20克，红小豆20克，清水、白糖或冰糖适量。

【做法】❶将黄豆、绿豆、黑豆、红小豆清洗干净后，在清水中浸泡6～8小时，泡至发软备用；薏米淘洗干净，用清水浸泡2小时备用。❷将浸泡好的黄豆、绿豆、黑豆、红小豆、薏米一起放入豆浆机的杯体中，添加清水至上下水位线之间，启动机器，煮至豆浆机提示豆浆做好。❸将打出的豆浆过滤后，按个人口味趁热添加适量白糖或冰糖调味，不宜吃糖者，可用蜂蜜代替。不喜甜者也可不加糖。

养生功效 黄豆含有丰富的蛋白质、维生素和矿物质。绿豆含有蛋白质、脂肪、维生素 B_1。黑豆中微量元素含量很高。红小豆所含的膳食纤维能润肠通便。薏米含有多种维生素和矿物质，是病患的补益食品。中医认为五色入五脏，这款豆浆能补充多种营养，适合老年人食用。

贴心提示 红小豆与相思子二者外形相似，均有红豆之别名。相思子产于广东，外形特征是半粒红半粒黑，过去曾有误把相思子当作红小豆服用而引起中毒的，食用时不可混淆。

蜜柚豆浆

【材料】柚子小半个，黄豆50克，清水、白糖或冰糖适量。

【做法】❶ 将黄豆清洗干净后，在清水中浸泡6～8小时，泡至发软备用；柚子去皮、去子后将果肉撕碎。❷ 将浸泡好的黄豆和柚子一起放入豆浆机的杯体中，添加清水至上下水位线之间，启动机器，煮至豆浆机提示蜜柚豆浆做好。❸ 将打出的蜜柚豆浆过滤后，按个人口味趁热添加适量白糖或冰糖调味，不宜吃糖者，可用蜂蜜代替。

养生功效 柚子有"天然水果罐头"之称。用蜜柚制成的豆浆，对缓解心脑血管疾病有作用。因为柚子含有生理活性物质皮甙、橙皮甙等，可降低血液循环的黏滞度，减少血栓的形成。患有脑血管疾病的朋友，常吃柚子还有助于预防脑中风的发生。这款加入了蜜柚的豆浆，有柚子的酸甜之味和豆浆的醇香，喝起来爽口美味，对心脑血管疾病也有预防作用。

贴心提示 在制作蜜柚豆浆时不宜选择太苦的柚子。另外，因柚子中含有一种破坏维生素A的醛类物质，故长期食用柚子的人不妨食用一些鱼肝油，以防体内维生素A缺失。

豌豆绿豆大米豆浆

【材料】豌豆 20 克，绿豆 25 克，大米 60 克，黄豆 30 克，清水、白糖或冰糖适量。

【做法】❶将豌豆、绿豆、黄豆清洗干净后，在清水中浸泡 6 ~ 8 小时，泡至发软备用；大米淘洗干净，用清水浸泡 2 小时。❷将浸泡好的豌豆、绿豆、黄豆、大米一起放入豆浆机的杯体中，添加清水至上下水位线之间，启动机器，煮至豆浆机提示豌豆绿豆大米豆浆做好。❸将打出的豌豆绿豆大米豆浆过滤后，按个人口味趁热添加适量白糖或冰糖调味，不宜吃糖者，可用蜂蜜代替。不喜甜者也可不加糖。

养生功效 豌豆所含的止权酸、赤霉素和植物凝素等物质能增强人体新陈代谢。绿豆粉有显著降脂作用。大米具有健脾胃、补中气、养阴生津、除烦止渴、固肠止泻等作用，可用于脾胃虚弱、烦渴、营养不良、病后体弱等病症。这款豆浆，能够有效减少胆固醇吸收，防止动脉硬化。

贴心提示 豌豆吃多了会发生腹胀，故不宜长期大量食用。豌豆适合与富含氨基酸的食物一起烹调，可以明显提高豌豆的营养价值。

燕麦枸杞山药豆浆

【材料】黄豆 50 克，枸杞子 10 克，燕麦片 10 克，山药 30 克，清水、白糖或冰糖适量。

【做法】❶将黄豆清洗干净后，在清水中浸泡 6 ~ 8 小时，泡至发软备用；枸杞洗干净后，用温水泡开；山药去皮后切成小丁，下入开水中灼烫，捞出沥干。❷将浸泡好的黄豆、枸杞子和山药、燕麦片一起放入豆浆机的杯体中，添加清水至上下水位线之间，启动机器，煮至豆浆机提示燕麦枸杞山药豆浆做好。❸将打出的燕麦枸杞山药豆浆过滤后，按个人口味趁热添加适量白糖或冰糖调味，不宜吃糖者，可用蜂蜜代替。不喜甜者也可不加糖。

养生功效 燕麦中含有燕麦蛋白、燕麦 β 葡聚糖等，具有延缓肌肤衰老、美白保湿等功效。枸杞子有延衰抗老的功效，它的维生素 C、β - 胡萝卜素、铁的含量都很高。山药含有多种营养素，有强健机体、益志安神、延年益寿的功效。这款豆浆能够强身健体，延缓衰老。

菊花枸杞红豆浆

【材料】干菊花 20 克,枸杞子 5 克,红小豆 50 克,清水、白糖或冰糖适量。

【做法】❶将红小豆清洗干净后,在清水中浸泡 6 ~ 8 小时,泡至发软备用;干菊花清洗干净后待用;枸杞洗净,用清水泡发。❷将浸泡好的红小豆、枸杞和菊花一起放入豆浆机的杯体中,添加清水至上下水位线之间,启动机器,煮至豆浆机提示菊花枸杞红豆浆做好。❸将打出的菊花枸杞红豆浆过滤后,按个人口味趁热添加适量白糖或冰糖调味,不宜吃糖者,可用蜂蜜代替。不喜甜者也可不加糖。

养生功效 菊花具有清热明目、疏风解毒的功效,还能够调节心肌功能、降低胆固醇,缓解眼睛干涩疲劳。枸杞具有安肾、益精明目、增强人体免疫力的作用。红小豆富含铁质,可以补血、促进血液循环。这款豆浆能够降低胆固醇,预防动脉硬化,适合中老年人饮用。

贴心提示 痰湿型、血瘀型高血压病患者不宜食用这款豆浆。

清甜玉米豆浆

【材料】黄豆 50 克,甜玉米 30 克,银耳 5 克,枸杞 5 克,清水、白糖或冰糖适量。

【做法】❶将黄豆清洗干净后,在清水中浸泡 6 ~ 8 小时,泡至发软备用;用刀切下鲜玉米粒,清洗干净;枸杞洗干净后,用温水泡开;银耳用清水泡发,洗净,切碎待用。❷将浸泡好的黄豆、枸杞和银耳、玉米粒一起放入豆浆机的杯体中,添加清水至上下水位线之间,启动机器,煮至豆浆机提示豆浆做好。❸将打出的豆浆过滤后,按个人口味趁热添加适量白糖或冰糖调味,不宜吃糖者,可用蜂蜜代替。不喜甜者也可不加糖。

养生功效 玉米中含有抗癌因子——谷胱甘肽,可以防止致癌物质在体内的形成。枸杞子含有丰富的生物活性物质,具有增强机体免疫功能,抑制肿瘤功能。黄豆含有可以降低、排出胆固醇的大豆蛋白质和大豆卵磷质。这道豆浆有降低胆固醇及预防高血压、冠心病的作用。

黑豆大米豆浆

【材料】黑豆70克，黄豆30克，大米30克，清水、白糖或冰糖适量。

【做法】❶将黑豆、黄豆清洗干净后，在清水中浸泡6～8小时，泡至发软备用；大米淘洗干净，用清水浸泡2小时。❷将浸泡好的黑豆、黄豆和大米一起放入豆浆机的杯体中，添加清水至上下水位线之间，启动机器，煮至豆浆机提示黑豆大米豆浆做好。❸将打出的黑豆大米豆浆过滤后，按个人口味趁热添加适量白糖或冰糖调味，不宜吃糖者，可用蜂蜜代替。不喜甜者也可不加糖。

养生功效 黑豆营养全面，含有丰富的蛋白质、维生素、矿物质，有活血、利水、祛风、解毒之功效。中医认为，黑豆味甘，性微寒，能补肾益阴、健脾利湿、除热解毒。大米含有人体必需的氨基酸、脂肪、矿物质、B族维生素以及蛋白质，食用大米不仅能够补充身体所需营养，大米中的纤维素还能够帮助肠胃蠕动，减少胃病、便秘发生概率。黑豆、黄豆搭配大米制成的这款豆浆，可以有效缓解耳聋、头晕目眩、腰膝酸软等老年症状。

贴心提示 黑豆以豆粒完整饱满、大小均匀、颜色乌黑光亮者为佳。黑豆一定要煮熟了吃，因为在生黑豆中有一种叫抗胰蛋白酶的成分，可影响蛋白质的消化吸收，易引起腹泻，经过煮、炒、蒸等程序后，抗胰蛋白酶被破坏，因而可消除黑豆的副作用。

红枣枸杞黑豆浆

【材料】红枣30克，枸杞10克，黑豆60克，清水、白糖或冰糖适量。

【做法】❶将黑豆清洗干净后，在清水中浸泡6～8小时，泡至发软备用；红枣洗干净，去核；枸杞洗干净，用清水泡软。❷将浸泡好的黑豆、枸杞和红枣一起放入豆浆机的杯体中，添加清水至上下水位线之间，启动机器，煮至豆浆机提示红枣枸杞黑豆浆做好。❸将打出的红枣枸杞黑豆浆过滤后，按个人口味趁热添加适量白糖或冰糖调味，不宜吃糖者，可用蜂蜜代替。不喜甜者也可不加糖。

> 养生功效 红枣中富含环磷酸腺苷，这一物质有扩张血管的作用，可以为心肌提供营养。枸杞是扶正固本的良药，在对抗肿瘤、保护肝脏、降低血压等疾病上都有不错的改善作用。黑豆有抑制人体吸收胆固醇、降低胆固醇在血液中含量的作用。因此，常食红枣枸杞黑豆浆，能软化血管，改善心肌营养，滋润皮肤，延缓衰老。

贴心提示 饮用这款豆浆时不宜同时吃桂圆、荔枝等性质温热的食物，否则容易上火。

燕麦山药豆浆

【材料】燕麦50克，山药30克，黄豆20克，清水、白糖或冰糖适量。

【做法】❶将黄豆清洗干净后，在清水中浸泡6～8小时，泡至发软备用；山药去皮后切成小丁，下入开水中灼烫，捞出沥干。❷将浸泡好的黄豆、山药、燕麦片一起放入豆浆机的杯体中，添加清水至上下水位线之间，启动机器，煮至豆浆机提示燕麦山药豆浆做好。❸将打出的燕麦山药豆浆过滤后，按个人口味趁热添加适量白糖或冰糖调味，不宜吃糖者，可用蜂蜜代替。不喜甜者也可不加糖。

> 养生功效 燕麦中含有大量能够抑制酪氨酸酶活性的生物活性成分，从而抑制黑色素的生成，所以燕麦具有美白皮肤的功效。燕麦中还含有大量的抗氧化成分，这些物质可以有效地抑制黑色素形成。山药具有延年益寿的功效。这款豆浆可有效抑制色素，防治老年斑。

贴心提示 用经过加工的燕麦片代替燕麦仁，就无需提前浸泡了。直接把燕麦片和山药放入豆浆机搅打，不加黄豆也可以。

核桃豆浆

【材料】核桃仁 1 ~ 2 个，黄豆 80 克，白糖或冰糖、清水适量。

【做法】❶将黄豆清洗干净后，在清水中浸泡 6 ~ 8 小时，泡至发软。❷将浸泡好的黄豆和核桃仁一起放入豆浆机的杯体中，并加水至上下水位线之间，启动机器，煮至豆浆机提示豆浆做好。❸将打出的豆浆过滤后，按个人口味趁热往豆浆中添加适量白糖或冰糖调味，患有糖尿病、高血压、高血脂等不宜吃糖者，可用蜂蜜代替。不喜甜者也可不加糖。

养生功效　核桃性温，味甘，具有补肾固精、补脑益智的功效。现代医学研究认为，核桃中的磷脂对脑神经有良好的保健作用。它所含丰富的维生素E及B族维生素等，能帮助清除氧自由基，且可补脑益智、增强记忆力、抗衰老。对于用脑过度，耗伤心血者，常吃核桃就能够起到补脑，改善脑循环，增强脑力的效果。不管男女老少，都可以饮用核桃豆浆，在补脑的同时还能增加人的抗压能力，并能缓解疲劳。

贴心提示　因核桃含有较多的脂肪，因此一次不宜吃太多，否则会影响消化，以 20 克为宜。有的人喜欢将核桃仁表面的褐色薄皮剥掉，这样会损失一部分营养，所以吃的时候不要剥掉这层皮。

八宝豆浆

【材料】黄豆 50 克，红豆 40 克，芝麻 5 克，核桃仁 1 个，莲子 3 粒，花生、薏仁、百合、清水、白糖或冰糖适量。

【做法】❶ 将黄豆、红豆、莲子、薏仁、百合清洗干净后，分别在清水中浸泡 6～8 小时，泡至发软备用。❷ 将浸泡好的黄豆、红豆、莲子、薏仁、百合连同核桃仁、芝麻、花生一起放入豆浆机的杯体中，加水至上下水位线之间，启动机器，煮至豆浆机提示八宝豆浆做好。❸ 将打出的八宝豆浆过滤后，按个人口味趁热往豆浆中添加适量白糖或冰糖调味，不宜吃糖者，可用蜂蜜代替。不喜甜者也可不加糖。

养生功效 八种食材的搭配，能够互补蛋白质中氨基酸数量和含量的不足，搭配出最佳的营养组合。八宝豆浆具有健脾养胃，消滞减肥，益气安神，提升内脏活力的作用，可以当作日常的饮食保健方。

贴心提示 八宝豆浆的材料不局限于以上列出的几种，可以自由搭配。例如还可选用绿豆、燕麦、玉米、红枣等，以调制出不同口味的八宝豆浆。

南瓜子豆浆

【材料】南瓜子 30 克，黄豆 70 克，清水、白糖或蜂蜜适量。

【做法】❶ 将黄豆清洗干净后，在清水中浸泡 6～8 小时，泡至发软备用。❷ 将浸泡好的黄豆同南瓜子一起放入豆浆机的杯体中，添加清水至上下水位线之间，启动机器，煮至豆浆机提示南瓜子豆浆做好。❸ 将打出的南瓜子豆浆过滤后，按个人口味趁热添加适量白糖，或等豆浆稍凉后加入蜂蜜即可饮用。

养生功效 这款豆浆特别适合男士饮用。南瓜子富含脂肪酸，可使前列腺保持良好功能，因为前列腺分泌激素功能能靠脂肪酸。每天坚持吃一把南瓜子有预防前列腺癌的作用。

贴心提示 胃热病人不宜多食南瓜子豆浆，否则会引起腹胀。

糯米山药豆浆

【材料】山药40克，糯米20克，黄豆40克，清水、白糖或冰糖适量。

【做法】❶ 将黄豆清洗干净后，在清水中浸泡6～8小时，泡至发软备用；山药去皮后切成小丁，下入开水中灼烫，捞出沥干；糯米清洗干净，在清水中浸泡2小时。❷ 将浸泡好的黄豆和山药、糯米一起放入豆浆机的杯体中，添加清水至上下水位线之间，启动机器，煮至豆浆机提示糯米山药豆浆做好。❸ 将打出的糯米山药豆浆过滤后，按个人口味趁热添加适量白糖或冰糖调味，不宜吃糖者，可用蜂蜜代替。不喜甜者也可不加糖。

养生功效 山药含有淀粉酶、多酚氧化酶等物质，有利于脾胃消化吸收功能，是一味平补脾胃的药食两用之品。不论脾阳亏或胃阴虚，皆可食用。糯米含有蛋白质、糖类、钙、铁、维生素 B₁、维生素 B₂、烟酸及淀粉等，营养丰富，为温补强壮食品，具有健脾养胃、补中益气、止虚汗之功效，对食欲不佳，腹胀腹泻有一定缓解作用。糯米山药豆浆对脾胃虚寒、食欲不振、腹胀腹泻有一定的缓解作用。

贴心提示 如果需长时间保存，应该把山药放入木锯屑中包埋，短时间保存则只需用纸包好放入冷暗处即可。如果购买的是切开的山药，则要避免接触空气，以用塑料袋包好放入冰箱里冷藏为宜。切碎的山药也可以放入冰箱冷冻起来。

竹叶米豆浆

【材料】大米 50 克，黄豆 50 克，竹叶 3 克，清水适量。

【做法】❶将黄豆清洗干净后，在清水中浸泡 6 ~ 8 小时，泡至发软备用；大米淘洗干净，用清水浸泡 2 小时；竹叶洗净。❷将浸泡好的黄豆同大米一起放入豆浆机的杯体中，添加清水至上下水位线之间，启动机器，煮至豆浆机提示豆浆做好。❸将打出的豆浆过滤后，冲泡竹叶即可。

养生功效 大米中各种营养素含量虽不是很高，但因人们食用量大，故其也具有很高的营养功效，是补充营养素的基础食物。把大米打成米糊，有益气、养阴、润燥的功能，很适合春季食用；服食黄豆有润燥消水的功效；竹叶能清心利尿，临床上常用于心火炽盛引起的口舌生疮、尿少而赤。大米、黄豆和竹叶的搭配，有利于清心、去春燥，并能提高身体免疫力。

贴心提示 孕妇及气虚体质的人，不宜服用这款豆浆。

黄米黑豆豆浆

【材料】黄米 50 克，黑豆 25 克，黄豆 25 克，清水、白糖或蜂蜜适量。

【做法】❶将黄豆、黑豆清洗干净后，在清水中浸泡 6 ~ 8 小时，泡至发软备用；黄米淘洗干净，用清水浸泡 2 小时。❷将浸泡好的黄豆、黑豆同黄米一起放入豆浆机的杯体中，添加清水至上下水位线之间，启动机器，煮至豆浆机提示黄米黑豆豆浆做好。❸将打出的黄米黑豆豆浆过滤后，按个人口味趁热添加适量白糖，或等豆浆稍凉后加入蜂蜜即可饮用。

养生功效 黄米性味甘咸凉，入脾、胃、肾三经，具有和中益肾、除热、解毒等功效，是产妇、婴幼儿、老年人、病弱者的首选补品。常食黑豆有很好的温补作用。黄米、黑豆和黄豆搭配制作出的豆浆，温补效果明显。

贴心提示 身体燥热者禁食黄米黑豆豆浆，有呼吸系统疾病的人也不宜饮用这款豆浆。

麦米豆浆

【材料】小麦仁 20 克，大米 30 克，黄豆 50 克，清水、白糖或冰糖适量。

【做法】❶ 将黄豆清洗干净后，在清水中浸泡 6 ~ 8 小时，泡至发软备用；小麦仁、大米洗净。❷ 将浸泡好的黄豆和小麦仁、大米一起放入豆浆机的杯体中，添加清水至上下水位线之间，启动机器，煮至豆浆机提示麦米豆浆做好。❸ 将打出的麦米豆浆过滤后，按个人口味趁热添加适量白糖或冰糖调味，不宜吃糖者，可用蜂蜜代替。不喜甜者也可不加糖。

养生功效 麦仁味甘，性寒，归心脾肾经，能利小便，补养肝气。不含胆固醇，富含纤维。含有少量矿物质，包括铁和锌，有养心、益肾、除热、止渴的功效，主治脏躁、烦热、消渴、泄泻、痈肿、外伤出血及烫伤等。大米能益精强志。黄豆能润燥行水。三者搭配，益气宽中，养血安神。

贴心提示 肺炎、感冒、哮喘、咽炎、口腔溃疡患者不宜食用麦米豆浆。婴儿、幼儿、母婴、老人、更年期妇女、久病体虚、气郁体质、湿热体质、痰湿体质者也不宜食用麦米豆浆。高血压患者忌食用。

芦笋山药豆浆

【材料】芦笋 40 克，山药 20 克，黄豆 80 克，清水、白糖或冰糖适量。

【做法】❶ 将黄豆清洗干净后，在清水中浸泡 6 ~ 8 小时，泡至发软备用；芦笋洗净后切成小段；山药去皮后切成小丁，下入开水中灼烫，捞出沥干。❷ 将浸泡好的黄豆、芦笋、山药一起放入豆浆机的杯体中，添加清水至上下水位线之间，启动机器，煮至豆浆机提示芦笋山药豆浆做好。❸ 将打出的芦笋山药豆浆过滤后，按个人口味趁热添加适量白糖或冰糖调味，不宜吃糖者，可用蜂蜜代替。不喜甜者也可不加糖。

养生功效 芦笋含有多种人体必需的矿物质元素和微量元素，对胆结石、肝功能障碍和肥胖均有益。山药有滋肾益精的作用；山药含有皂甙、黏液质，可益肺气；山药对于护肝养肝的作用同样不可忽视。这款豆浆能养肝护肝、调理虚损、强身健体。

葡萄干柠檬豆浆

【材料】黄豆 80 克，葡萄干 20 克，柠檬 1 块，清水、白糖或冰糖适量。

【做法】❶ 将黄豆清洗干净后，在清水中浸泡 6 ~ 8 小时，泡至发软备用；葡萄干用温水洗净。❷ 将浸泡好的黄豆和葡萄干一起放入豆浆机的杯体中，添加清水至上下水位线之间，启动机器，煮至豆浆机提示豆浆做好。❸ 将打出的豆浆过滤后，挤入柠檬汁，再按个人口味趁热添加适量白糖或冰糖调味。

养生功效 葡萄干中的铁和钙含量十分丰富，是儿童、妇女及体弱贫血者的滋补佳品，可补血气、暖肾。葡萄干内含大量葡萄糖，对心肌有营养作用，有助于冠心病患者的康复。柠檬有收缩、增固血管的功效，可辅助预防高血压和心肌梗死。黄豆中的卵磷脂可除掉附在血管壁上的胆固醇。三者搭配，能有效活血、预防心血管疾病。

贴心提示 患有糖尿病的人忌食，肥胖之人也不宜多食。

西芹红枣豆浆

【材料】西芹 20 克，红枣 30 克，黄豆 50 克，清水、白糖或冰糖适量。

【做法】❶ 将黄豆清洗干净后，在清水中浸泡 6 ~ 8 小时，泡至发软备用；西芹洗净、切成小段；红枣洗净，去核，切碎。❷ 将浸泡好的黄豆和西芹、红枣一起放入豆浆机的杯体中，添加清水至上下水位线之间，启动机器，煮至豆浆机提示西芹红枣豆浆做好。❸ 将打出的西芹红枣豆浆过滤后，按个人口味趁热添加适量白糖或冰糖调味，不宜吃糖者，可用蜂蜜代替。不喜甜者也可不加糖。

养生功效 西芹性味甘凉，具有清胃、涤热、祛风、降压之功效。西芹所含的成分有利尿的功效。大枣益气生津，补脾和胃。黄豆能润脾燥。此款豆浆对于脾胃虚弱，经常腹泻，常感到疲惫的人尤其适合。

贴心提示 患有严重肾病、痛风、消化性溃疡者、有宿疾者、脾胃虚寒者禁食西芹红枣豆浆。

青葱燕麦豆浆

【材料】黄豆50克，燕麦米20克，大葱叶30克，盐、清水适量。

【做法】❶ 将黄豆清洗干净后，在清水中浸泡6～8小时，泡至发软备用；燕麦米淘洗干净，用清水浸泡2小时；葱叶洗净切碎。❷ 将浸泡好的黄豆同燕麦米、葱叶一起放入豆浆机的杯体中，添加清水至上下水位线之间，启动机器，煮至豆浆机提示青葱燕麦豆浆做好。❸ 将打出的青葱燕麦豆浆过滤后，加入盐调味即可饮用。

养生功效 《本草经疏》：葱，辛能发散，能解肌，能通上下阳气，故外来怫郁诸证，悉皆主之。经常吃葱的人，即便脂多体胖，但胆固醇并不增高。燕麦是一种营养价值高、且富含可溶性纤维的谷类食物，它不仅可以抑制人体对胆固醇的吸收，而且燕麦带来的饱腹感还能让我们少吃很多不健康的食物。这款豆浆具有通便、降糖、降脂、降低胆固醇的功效。

贴心提示 眼睛容易疲劳、出血、失眠和神经衰弱不安定的人，只有正月可以吃葱，过了正月，葱因为刺激性强，会将体内的营养素消除。

糙米花生豆浆

【材料】糙米30克，花生20克，黄豆50克，清水、白糖或冰糖适量。

【做法】❶ 将黄豆清洗干净后，在清水中浸泡6～8小时，泡至发软备用；糙米淘洗干净，用清水浸泡2小时；花生去皮。❷ 将浸泡好的黄豆和糙米、花生一起放入豆浆机的杯体中，并加水至上下水位线之间，启动机器，煮至豆浆机提示糙米花生豆浆做好。❸ 将打出的糙米花生豆浆过滤后，按个人口味趁热往豆浆中添加适量白糖或冰糖调味，不宜吃糖者，可用蜂蜜代替。不喜甜者也可不加糖。

养生功效 糙米所含的蛋白质质量较好，人体容易消化吸收。花生的油脂含有大量的亚油酸，可避免胆固醇沉积。菠萝中含有大量能够软化、分解脂肪的酵素成分，其所含柠檬酸还有助消化。这款豆浆含有丰富的蛋白质、矿物质和膳食纤维，是人们的保健佳品。

贴心提示 也可以去掉黄豆，并加大糙米和花生的用量，这样打出来的米浆不用过滤，喝起来香浓滑爽也很美味。

薏米百合豆浆

【材料】薏米 30 克，百合 10 克，黄豆 60 克，清水、白糖或蜂蜜适量。

【做法】❶ 将黄豆清洗干净后，在清水中浸泡 6 ~ 8 小时，泡至发软备用；薏米淘洗干净，用水浸泡 2 小时；百合洗净，略泡，切碎。❷ 将浸泡好的黄豆、薏米、百合一起放入豆浆机的杯体中，添加清水至上下水位线之间，启动机器，煮至豆浆机提示薏米百合豆浆做好。❸ 将打出的薏米百合豆浆过滤，等豆浆稍凉后，按个人口味趁热添加适量蜂蜜即可饮用。

养生功效 春季适宜食用清淡养阳的东西，薏米营养全面，是个好的选择。薏米能抑制呼吸中枢，使肺血管扩张。薏米还能增强免疫力和抗炎作用，薏苡仁油对细胞免疫、体液免疫有促进作用。百合含有维生素、矿物质，具有良好的营养滋补之功。这款豆浆，有明显的清补功效，适合春季饮用。

贴心提示 由于百合和薏米都有水溶性较差的特点，且口感有微微发涩之嫌，所以要加入蜂蜜调味，若能加入牛奶也能让豆浆的味道变得更可口。

燕麦紫薯豆浆

【材料】燕麦米 20 克，紫薯 30 克，黄豆 50 克，清水、白糖或冰糖适量。

【做法】❶ 将黄豆清洗干净后，在清水中浸泡 6 ~ 8 小时，泡至发软备用；燕麦米淘洗干净，用清水浸泡 2 小时；紫薯去皮，洗净，切成小丁。❷ 将浸泡好的黄豆和燕麦米、紫薯一起放入豆浆机的杯体中，添加清水至上下水位线之间，启动机器，煮至豆浆机提示燕麦紫薯豆浆做好。❸ 将打出的燕麦紫薯豆浆过滤，按个人口味趁热添加适量白糖或冰糖调味，不宜吃糖者，可用蜂蜜代替。不喜甜者也可不加糖。

养生功效 燕麦粥是非常理想的早餐选择，有研究主张，选择燕麦当早餐，有助于一整天的食物选择。紫薯富含花青素，被誉为继水、蛋白质、脂肪、碳水化合物、维生素、矿物质之后的第七大必需营养素。此款豆浆能够补充多种营养，增强机体的免疫能力。

贴心提示 紫薯茎尖嫩叶中富含维生素、蛋白质、微量元素、可食性纤维和可溶性无氧化物质，经常食用则具有减肥、健美和健身防癌等作用。因此，紫薯从茎尖嫩叶到薯块，均具有良好的保健功能，是当前无公害、绿色、有机食品中的首推保健食品。

黑豆银耳豆浆

【材料】银耳30克，黑豆70克，黄豆30克，清水、白糖或冰糖适量。

【做法】❶将黑豆、黄豆清洗干净后，在清水中浸泡6～8小时，泡至发软备用；银耳用清水泡发，洗净，切碎。❷将浸泡好的黑豆、黄豆和银耳一起放入豆浆机的杯体中，添加清水至上下水位线之间，启动机器，煮至豆浆机提示黑豆银耳豆浆做好。❸将打出的黑豆银耳豆浆过滤后，按个人口味趁热添加适量白糖或冰糖调味，不宜吃糖者，可用蜂蜜代替。不喜甜者也可不加糖。

养生功效 银耳具有强精、补肾、润肠、益胃、补气、和血、强心、壮身、补脑、提神、美容、嫩肤、延年益寿之功效。黑豆具有镇定安神的功效。这款豆浆可滋阴润肺、益胃生津、清心安神。

贴心提示 银耳既是名贵的营养滋补佳品，又是扶正强壮的补药。历代皇家贵族都将银耳看作是"延年益寿之品"。

花生百合豆浆

【材料】花生30克，干百合10克，黄豆60克，清水、白糖或冰糖适量。

【做法】❶将黄豆清洗干净后，在清水中浸泡6～8小时，泡至发软备用；花生去皮；干百合洗净后略泡。❷将浸泡好的黄豆、百合和花生一起放入豆浆机的杯体中，添加清水至上下水位线之间，启动机器，煮至豆浆机提示花生百合豆浆做好。❸将打出的花生百合豆浆过滤后，按个人口味趁热添加适量白糖或冰糖调味，不宜吃糖者，可用蜂蜜代替。不喜甜者也可不加糖。

养生功效 百合甘凉清润，主入肺心，常用于清肺润燥止咳、清心安神定惊，为肺燥咳嗽、虚烦不安所常用。神气不足，语言低沉，呼吸微弱，经常处于萎靡状态的人多吃些百合，就能缓解以上症状。另外，肺和大肠相表里，所以吃百合可以间接通便润肠。花生所含的油脂有润肠通便的功效。因此，这款豆浆有助于润肠舒气。

贴心提示 消化不良、肠炎、痢疾等患者不宜过多饮用这款豆浆，以免加重病情。

黄瓜玫瑰豆浆

【材料】黄豆50克，燕麦30克，黄瓜20克，玫瑰3克，清水、白糖或冰糖适量。

【做法】❶将黄豆清洗干净后，在清水中浸泡6～8小时，泡至发软备用；黄瓜洗净后切成小丁；玫瑰花用清水洗净。❷将浸泡好的黄豆和黄瓜、玫瑰花一起放入豆浆机的杯体中，添加清水至上下水位线之间，启动机器，煮至豆浆机提示黄瓜玫瑰豆浆做好。❸将打出的黄瓜玫瑰豆浆过滤后，按个人口味趁热添加适量白糖或冰糖调味，不宜吃糖者，可用蜂蜜代替。不喜甜者也可不加糖。

贴心提示 黄瓜性凉，慢性支气管炎、结肠炎、胃溃疡病等属虚寒者宜少食黄瓜玫瑰豆浆。玫瑰花只用花瓣，不要花蒂。

养生功效 夏天是口腔溃疡高发的季节，因而如何预防口腔溃疡也就成为很多人所关心的问题之一，专家指出，黄瓜中含有大量的营养物质并且具有清热去火的功效。国外研究发现，夏季食用黄瓜除了能够清热降暑，预防口腔溃疡以外，还能有效防治头发脱落问题。

玫瑰花含丰富的维生素A、维生素C、维生素B、维生素E、维生素K，以及单宁酸，能改善内分泌失绸，对消除疲劳和伤口愈合也有帮助。玫瑰花可调气血，调理女性生理问题，促进血液循环，美容，调经，利尿，缓和肠胃神经，防皱纹，防冻伤，养颜美容。身体疲劳酸痛时，取些来按摩也相当合适。此外，玫瑰芳香怡人，还有理气和血、舒肝解郁、降脂减肥、润肤养颜等作用。

黄瓜、玫瑰花和黄豆制成的这款豆浆，口味清新，可消暑解渴、静心安神、预防苦夏。

哈密瓜豆浆

【材料】哈密瓜50克，黄豆50克，清水、白糖或冰糖适量。

【做法】❶将黄豆清洗干净后，在清水中浸泡6～8小时，泡至发软备用；哈密瓜去皮去籽后清洗干净，并切成小碎丁。❷将浸泡好的黄豆和哈密瓜一起放入豆浆机的杯体中，添加清水至上下水位线之间，启动机器，煮至豆浆机提示哈密瓜豆浆做好。❸将打出的哈密瓜豆浆过滤后，按个人口味趁热添加适量白糖或冰糖调味，不宜吃糖者，可用蜂蜜代替。不喜甜者也可不加糖。

养生功效 哈密瓜中含有丰富的抗氧化剂，而这种抗氧化剂能够有效增强人体细胞防晒的能力，从而减少皮肤黑色素的形成。炎炎夏日，紫外线能透过表皮袭击真皮层，让皮肤中的骨胶原和弹性蛋白受到重创，这样长期下去皮肤就会出现松弛、皱纹，导致黑色素沉积和新的黑色素形成，使皮肤缺乏光泽。但是哈密瓜中的抗氧化剂可以帮助你解除这些烦恼。每天喝一杯哈密瓜豆浆，可以补充水溶性维生素C和B族维生素，确保机体保持正常新陈代谢的需要，并且还能防晒。

贴心提示 搬动哈密瓜时应轻拿轻放，不要碰伤瓜皮，一旦瓜皮"受伤"，哈密瓜就很容易变质腐烂，不能储藏；哈密瓜性凉，所以不宜饮用过多，以免引起腹泻，而且患有脚气病、黄疸、腹胀、便溏、寒性咳喘以及产后体虚的人不宜食用。另外，因为哈密瓜含糖较多，糖尿病人也应慎食。

椰汁豆浆

【材料】黄豆100克，椰汁、清水适量。

【做法】❶将黄豆清洗干净后，在清水中浸泡6～8小时，泡至发软备用。❷将浸泡好的黄豆放入豆浆机的杯体中，添加清水至上下水位线之间，启动机器，煮至豆浆机提示豆浆做好。❸将打出的豆浆过滤后，兑入椰汁即可。

> **养生功效** 椰子的外形很像西瓜，在果实内有一个很大空间专门来储存椰浆，椰子成熟的时候，椰汁看起来清如水，喝起来甜如蜜，是夏季极好的清热解渴之品。夏季街头卖冷饮的地方通常也会有插着吸管的椰子。用椰汁制成的豆浆是老少皆宜的美味佳品，尤其是在夏天饮用时，能够清热利尿，解渴，对于水肿、排毒也有疗效。椰子还是含碱性非常高的食物，因为身体过酸而导致的疾病，也可以通过饮用椰汁来改善。

贴心提示 体内热盛的人不宜食用椰汁豆浆；易怒、口干舌燥者，也不宜多食椰汁豆浆。

西瓜豆浆

【材料】西瓜50克，黄豆50克，清水、白糖或冰糖适量。

【做法】❶将黄豆清洗干净后，在清水中浸泡6～8小时，泡至发软备用；西瓜去皮、去子后将瓜瓤切成碎丁。❷将浸泡好的黄豆和西瓜丁一起放入豆浆机的杯体中，添加清水至上下水位线之间，启动机器，煮至豆浆机提示西瓜豆浆做好。❸将打出的西瓜豆浆过滤后，按个人口味趁热添加适量白糖或冰糖调味，不宜吃糖者，可用蜂蜜代替。

> **养生功效** 西瓜又叫水瓜、寒瓜、夏瓜，因是在汉代时从西域引入的，故称"西瓜"。西瓜的味道甘甜、多汁、清爽解渴，是夏季必不可少的一种水果。中医认为，西瓜能够清热解暑，除烦止渴。西瓜中含有大量的水分，在急性热病发烧、口渴汗多、烦躁时，吃上一块又甜又沙、水分充足的西瓜，症状会马上改善。西瓜豆浆可以说是夏天解暑的清凉饮品，既能除热又能解渴。

贴心提示 做豆浆时，不要用刚从冰箱里拿出来的西瓜。因西瓜本身是寒凉食物，再加上刚从冰箱里拿出来温度很低，饮用这样的豆浆容易引起胃痉挛，从而影响胃的消化。

绿桑百合豆浆

【材料】黄豆60克，绿豆20克，桑叶2克，干百合20克，清水、白糖或冰糖适量。

【做法】❶ 将黄豆、绿豆清洗干净后，在清水中浸泡6~8小时，泡至发软备用；百合清洗干净后略泡；桑叶洗净，切碎待用。❷ 将浸泡好的黄豆、绿豆、百合和桑叶一起放入豆浆机的杯体中，添加清水至上下水位线之间，启动机器，煮至豆浆机提示绿桑百合豆浆做好。❸ 将打出的绿桑百合豆浆过滤后，按个人口味趁热添加适量白糖或冰糖调味，不宜吃糖者，可用蜂蜜代替。不喜甜者也可不加糖。

养生功效 盛夏酷暑，喝些绿豆粥，甘凉可口，防暑消热。小孩因天热起痱子，用绿豆和鲜百合服用，效果更好。百合具有润肺止咳，补中益气，清心安神的功效。桑叶有清热凉血的功效。这款豆浆能够祛暑、生津、润肺。

贴心提示 绿豆、桑叶、百合皆性凉，所以脾胃虚弱、体弱消瘦或夜多小便者不宜食用。

绿茶米豆浆

【材料】黄豆50克，大米40克，绿茶10克，清水、白糖或冰糖适量。

【做法】❶ 将黄豆清洗干净后，在清水中浸泡6~8小时，泡至发软备用；大米清洗干净后，用清水浸泡2小时；绿茶用开水泡好。❷ 将浸泡好的黄豆和大米一起放入豆浆机的杯体中，添加清水至上下水位线之间，启动机器，煮至豆浆机提示豆浆做好。❸ 将打出的豆浆过滤后，倒入绿茶即可。再按个人口味趁热添加适量白糖或冰糖调味，不宜吃糖者，可用蜂蜜代替。不喜甜者也可不加糖。

养生功效 绿茶中的芳香族化合物还能溶解脂肪，防止脂肪积滞体内，绿茶中的咖啡因还能促进胃液分泌，有助消化与消脂。绿茶还具有消炎杀菌、清火降火、生津除腻的功效。大米性味甘平，补中益气，健脾养胃。黄豆含有丰富的蛋白质。绿茶清香怡人。三者搭配，口感清新，清热生津，适合夏季饮用。

贴心提示 绿茶，又称不发酵茶，是以茶树新梢为原料，经杀青、揉捻、干燥等典型工艺过程制成的茶叶。其干茶色泽和冲泡后的茶汤、叶底以绿色为主调，故名。

清凉冰豆浆

【材料】黄豆100克,清水、白糖或冰糖适量。

【做法】❶将黄豆清洗干净后,在清水中浸泡6～8小时,泡至发软。❷将浸泡好的黄豆放入豆浆机的杯体中,添加清水至上下水位线之间,启动机器,煮至豆浆机提示豆浆做好。❸将打出的豆浆过滤后,按个人口味趁热添加适量白糖或冰糖调味,然后放入冰箱中冷藏即可。

养生功效 黄豆有利湿、清暑、通脉之功效,用于暑湿、湿温、发热、身重、胸闷、湿痹、水肿等症。梁代《名医别录》说黄豆可以"逐水胀,除胃中热痹、伤中淋露,下瘀血,散五脏结积内寒"等。明代李时珍指出黄豆"利水下气,制诸风热,活血,解诸毒。"黄豆浆制成的冰豆浆能增强降暑降温的功效,适合夏季饮用。

贴心提示 冰豆浆最好不要空腹饮用,而且即便是在夏天也不宜过多饮用,否则会刺激到肠胃,长此以往,肠胃损伤严重,可能会引起慢性腹泻等病。

荷叶绿茶豆浆

【材料】荷叶 20 克，绿茶 2 克，黄豆 50 克，清水、白糖或冰糖适量。

【做法】❶ 将黄豆清洗干净后，在清水中浸泡 6 ~ 8 小时，泡至发软备用；荷叶洗净，切碎；绿茶用开水泡好。❷ 将浸泡好的黄豆和荷叶一起放入豆浆机的杯体中，添加清水至上下水位线之间，启动机器，煮至豆浆机提示豆浆做好。❸ 将打出的豆浆过滤后，倒入绿茶即可。然后可按个人口味趁热添加适量白糖或冰糖调味，不宜吃糖者，可用蜂蜜代替。

养生功效 中医认为，荷叶性味甘、寒，入脾、胃经，有清热解暑、平肝降脂之功，适用于暑热烦渴，口干引饮，小便短黄，头目眩晕，面色红赤，高血压、高血脂等症。《本草再新》言其"清凉解暑，止渴生津"。《本草通玄》言其"开胃消食，止血固精"。荷叶含荷叶碱、莲碱、荷叶甙等，能降血压，降脂，减肥。荷叶入食味清香，可口宜人，可理脾活血，祛暑解热。

绿茶不仅能够提神醒脑，对心脑血管病、辐射病、癌症等有一定的功效。茶叶具有作用的主要成分是茶多酚、咖啡因、脂多糖、茶氨酸等。

荷叶和绿茶搭配制成的这款豆浆，是夏季清热解暑的佳品。

贴心提示 体质偏凉的人不宜饮用荷叶绿茶豆浆。

西瓜红豆豆浆

【材料】西瓜 50 克，红豆 50 克，黄豆 30 克，清水、白糖或冰糖适量。

【做法】❶ 将红豆、黄豆清洗干净后，在清水中浸泡 6 ~ 8 小时，泡至发软备用；西瓜去皮、去子后将瓜瓢切成碎丁。❷ 将浸泡好的红豆、黄豆和西瓜丁一起放入豆浆机的杯体中，添加清水至上下水位线之间，启动机器，煮至豆浆机提示西瓜红豆豆浆做好。❸ 将打出的西瓜红豆豆浆过滤后，按个人口味趁热添加适量白糖或冰糖调味，不宜吃糖者，可用蜂蜜代替。

养生功效 西瓜是夏季的解暑佳品，具有清热解暑、除烦止渴、利小便等功效。夏天高温，汗出很多，进食减少，食用西瓜，既可补充水分消暑解渴，又能供给营养维持生理功能。红豆也可缓解人们因气温升高所致的心烦易怒、口渴烦躁等症。西瓜、红豆搭配上黄豆制成的豆浆，在夏季饮用可清暑解渴，防止水肿。

贴心提示 饮用西瓜红豆豆浆时不宜同时吃咸味较重的食物，不然会削减红豆利尿的功效。

哈密瓜绿豆豆浆

【材料】哈密瓜 40 克，绿豆 30 克，黄豆 30 克，清水、白糖或冰糖适量。

【做法】❶ 将黄豆、绿豆清洗干净后，在清水中浸泡 6 ~ 8 小时，泡至发软备用；哈密瓜去皮、去子后，切成小碎丁。❷ 将浸泡好的黄豆、绿豆和哈密瓜一起放入豆浆机的杯体中，添加清水至上下水位线之间，启动机器，煮至豆浆机提示哈密瓜绿豆豆浆做好。❸ 将打出的哈密瓜绿豆豆浆过滤后，按个人口味趁热添加适量白糖或冰糖调味，不宜吃糖者，可用蜂蜜代替。

养生功效 哈密瓜性质偏寒，有清凉消暑、生津止渴的作用，是夏季解暑除热的佳品。哈密瓜含有丰富的蛋白质、葡萄糖、维生素及铁、磷、钙等微量元素，对女性来说也是很好的滋补水果。绿豆有清热解暑、止咳利尿的功能。这款豆浆，很适合夏季饮用，是炎热时解暑的佳品。

贴心提示 哈密瓜性凉，制作豆浆时不宜放得过多，以免引起腹泻；患有脚气病、黄疸、腹胀、便溏、寒性咳喘以及产后、病后的人不宜过多饮用这款豆浆。

菊花绿豆浆

【材料】菊花20克，绿豆80克，清水、白糖或冰糖适量。

【做法】❶将绿豆清洗干净后，在清水中浸泡6～8小时，泡至发软备用；菊花清洗干净后备用。❷将浸泡好的绿豆和菊花一起放入豆浆机的杯体中，添加清水至上下水位线之间，启动机器，煮至豆浆机提示菊花绿豆浆做好。❸将打出的菊花绿豆浆过滤后，按个人口味趁热添加适量白糖或冰糖调味，不宜吃糖者，可用蜂蜜代替。

> 养生功效 中医认为，菊花具有散风清热、平肝明目的功效。经常饮用菊花茶可消除疲劳，养阴生津，用于胃阴不足，口干口渴。绿豆具有清热解毒、消暑利尿的功效。菊花搭配绿豆制成的这款豆浆，能够清热解毒，尤其是对于夏季外感风热引起的一系列症状有一定改善。

> 贴心提示 菊花也是一种中药，不可滥用。菊花可以引起严重过敏性结膜炎，曾经有过枯草热性结膜炎病史的人不宜饮用这款豆浆，否则容易引起过敏反应。阳虚体质者、脾胃虚寒者也不宜过多饮用。

消暑二豆饮

【材料】黄豆60克，绿豆40克，清水、白糖或冰糖适量。

【做法】❶将黄豆、绿豆清洗干净后，在清水中浸泡6～8小时，泡至发软备用。❷将浸泡好的黄豆、绿豆一起放入豆浆机的杯体中，添加清水至上下水位线之间，启动机器，煮至豆浆机提示豆浆做好。❸将打出的豆浆过滤后，按个人口味趁热添加适量白糖或冰糖调味，之后放入冰箱中稍微冷藏后即可饮用。

> 养生功效 中医认为，黄豆味甘，性平，能健脾利湿，益血补虚，解毒。绿豆性味甘凉，有清热解毒之功。夏天喝绿豆煮汤能够清暑益气、止渴利尿，不仅能补充水分，而且还能及时补充无机盐，对维持水液电解质平衡有着重要意义。这款豆浆具有清热败火、消暑止渴的功效。

> 贴心提示 绿豆性凉，脾胃虚弱的人不宜多吃。服药特别是服温补药时不要吃绿豆，以免降低药效。未煮烂的绿豆腥味强烈，食后易恶心、呕吐。

椰汁绿豆浆

【材料】绿豆 100 克，椰汁、清水适量。

【做法】❶ 将绿豆清洗干净后，在清水中浸泡 6 ~ 8 小时，泡至发软备用。❷ 将浸泡好的绿豆放入豆浆机的杯体中，添加清水至上下水位线之间，启动机器，煮至豆浆机提示豆浆做好。❸ 将打出的豆浆过滤后，兑入椰汁即可。

养生功效 椰子性味甘、平，入胃、脾、大肠经；果肉具有补虚强壮，益气祛风，消疳杀虫的功效，久食能令人面部润泽，益人气力及耐受饥饿，治小儿涤虫、姜片虫病；椰水具有滋补、清暑解渴的功效。

"绿豆衣"能清热解毒，还有消肿、散翳明目等作用。用椰汁和绿豆调制出的这款豆浆，清凉解暑，是夏季养生佳品。

贴心提示 体内热盛的人不宜食用椰汁绿豆浆；易怒、口干舌燥者，也不宜多食。脾胃虚弱、体弱消瘦或夜多小便者不宜食用。

薄荷绿豆豆浆

【材料】绿豆30克，黄豆30克，大米10克，薄荷叶少许，清水、白糖或冰糖适量。

【做法】❶ 将黄豆、绿豆清洗干净后，在清水中浸泡6～8小时，泡至发软备用；薄荷叶清洗干净后备用；大米备用。❷ 将浸泡好的黄豆、绿豆和薄荷叶一起放入豆浆机的杯体中，添加清水至上下水位线之间，启动机器，煮至豆浆机提示薄荷绿豆豆浆做好。❸ 将打出的豆浆过滤后，按个人口味趁热添加适量白糖或冰糖调味，不宜吃糖者，可用蜂蜜代替。

养生功效 薄荷的嫩茎叶含有维生素B、维生素C、胡萝卜素、薄荷酮及多种游离氨基酸。薄荷有疏风散热、消暑开胃的作用，对于伤风感冒、哮喘、急性眼结膜炎、咽痛等病症有良好的作用。

绿豆特有的保湿成分及矿物质，可给皮肤提供充足水分，有效强化皮肤的水分保湿能力。绿豆中的天然多聚糖能在肌肤表层形成透明、有弹力的保湿膜，使皮肤润泽、有弹力。萃取自绿豆的提取物，依然保有绿豆良好的清热解毒功效，对汗疹、粉刺等各种皮肤问题效果极佳。此豆浆清凉消暑，有疏风散热、提神醒脑、抗疲劳的作用。

贴心提示 体虚多汗者不宜饮用薄荷绿豆豆浆。

三豆消暑豆浆

【材料】黑豆30克、红豆30克、绿豆30克，清水、白糖或冰糖适量。

【做法】❶将黑豆、红豆、绿豆清洗干净后，在清水中浸泡6～8小时，泡至发软备用。❷将浸泡好的黑豆、红豆、绿豆一起放入豆浆机的杯体中，添加清水至上下水位线之间，启动机器，煮至豆浆机提示豆浆做好。❸将打出的豆浆过滤后，按个人口味趁热添加适量白糖或冰糖调味，不宜吃糖者，可用蜂蜜代替。

> 养生功效 现代人工作压力大，易出现体虚乏力的状况。要想增强活力和精力，补肾很重要，黑豆就是一种有效的补肾品；红豆有化湿补脾之功效，对脾胃虚弱的人比较适合，在夏季常被用于消暑、解热毒；绿豆也是夏季防暑的常用食材，它与红豆和黑豆搭配制成的豆浆能够消暑、祛燥、补虚，还能帮助增加肠胃蠕动，有助于通便和排尿。

> 贴心提示 痛风患者不宜食用豆制品，豆制品不仅包括黄豆及其所有制品，还包括红豆、绿豆、黑豆、扁豆等豆类食物。所以，患有痛风的病人忌饮三豆消暑豆浆。

红枣绿豆豆浆

【材料】绿豆25克，红枣25克，黄豆50克，清水、白糖或冰糖适量。

【做法】❶将黄豆、绿豆清洗干净后，在清水中浸泡6～8小时，泡至发软备用；红枣洗干净，去核。❷将浸泡好的黄豆、绿豆和红枣一起放入豆浆机的杯体中，添加清水至上下水位线之间，启动机器，煮至豆浆机提示红枣绿豆豆浆做好。❸将打出的红枣绿豆豆浆过滤后，按个人口味趁热添加适量白糖或冰糖调味，不宜吃糖者，可用蜂蜜代替。不喜甜者也可不加糖。

> 养生功效 红枣具有补虚益气、养血安神、健脾和胃等作用，是脾胃虚弱、气血不足、倦怠无力、失眠多梦等患者良好的保健营养品。绿豆性凉，味甘。绿豆中含有大量的赖氨酸、苏氨酸以及矿物质等，可以补充机体代谢所消耗的营养。红枣与绿豆搭配制成豆浆，清热健脾、益气补血，适合夏天饮用。

> 贴心提示 红枣绿豆豆浆也可放入冰箱，做成冰豆浆，喝起来香甜可口，清热解暑作用更强。

麦仁豆浆

【材料】小麦仁 50 克，黄豆 50 克，清水、白糖或冰糖适量。

【做法】❶ 将黄豆清洗干净后，在清水中浸泡 6 ~ 8 小时，泡至发软备用；小麦仁淘洗干净，用清水浸泡 2 小时。❷ 将浸泡好的黄豆和小麦仁一起放入豆浆机的杯体中，加水至上下水位线之间，启动机器，煮至豆浆机提示麦仁豆浆做好。❸ 将打出的麦仁豆浆过滤后，按个人口味趁热往豆浆中添加适量白糖或冰糖调味，不宜吃糖者，可用蜂蜜代替。不喜甜者也可不加糖。

> 养生功效 小麦为"五谷之贵"。《名医别录》说小麦"主除热、止燥渴、咽干，利小便，养肝气"。麦仁搭配黄豆打成的豆浆，能够去燥热、止心烦。夏季人们通常饮食不佳，容易心胸烦闷，这时候就可以用麦仁制成的豆浆帮助缓解身体不适。

> 贴心提示 李时珍认为，各地产的小麦功效略有不同，北方者性温，食之不燥不渴；南方所产性热，食之生热；西北产之性凉。夏季食用最好选择北方产的小麦。

薏米荞麦豆浆

【材料】荞麦 30 克，薏米 20 克，黄豆 50 克，清水、白糖或蜂蜜适量。

【做法】❶ 将黄豆清洗干净后，在清水中浸泡 6 ~ 8 小时，泡至发软备用；荞麦淘洗干净；薏米淘洗干净，用清水浸泡 2 小时。❷ 将浸泡好的黄豆同荞麦、薏米一起放入豆浆机的杯体中，添加清水至上下水位线之间，启动机器，煮至豆浆机提示薏米荞麦豆浆做好。❸ 将打出的薏米荞麦豆浆过滤后，按个人口味趁热添加适量白糖，或等豆浆稍凉后加入蜂蜜即可饮用。

> 养生功效 荞麦性味甘凉，能够健脾消积、除积去秽，凡白带、虫浊、泄泻，气盛湿热等症，是其所宜。荞麦中的某些黄酮成分还具有抗菌、消炎、止咳、平喘、祛痰的作用。因此，荞麦还有"消炎粮食"的美称。薏米味甘淡，微寒，有健脾、补肺、清热等功效。这款豆浆，具有祛湿、健脾的功效，适合夏季阴雨天时饮用。

> 贴心提示 薏仁对子宫平滑肌有兴奋作用，可促使子宫收缩，有诱发流产的可能，还有使身体冷虚的作用，怀孕及月经期妇女应避免吃薏仁。薏仁所含的糖类黏性高，吃多了会妨碍消化。

绿茶绿豆百合豆浆

【材料】黄豆 50 克,绿豆 25 克,绿茶、干百合、清水、白糖或冰糖适量。

【做法】❶ 将黄豆、绿豆清洗干净后,在清水中浸泡 6 ~ 8 小时,泡至发软备用;干百合洗净泡软;绿茶泡开。❷ 将浸泡好的黄豆、绿豆、绿茶、干百合一起放入豆浆机的杯体中,添加清水至上下水位线之间,启动机器,煮至豆浆机提示绿茶绿豆百合豆浆做好。❸ 将打出的绿茶绿豆百合豆浆过滤后,按个人口味趁热添加适量白糖或冰糖调味,不宜吃糖者,可用蜂蜜代替。不喜甜者也可不加糖。

养生功效 脾属阴喜燥恶湿,胃属阳喜润恶燥,一旦我们饮食不注意,过荤过辣,胃就容易生热,这时性寒凉入胃经的绿豆能起到滋养脾胃的作用。绿豆的滋阴润燥同样也是源于此。中医认为百合具有清心安神、润肺止咳的作用,尤其是鲜百合更甘甜味美。百合特别适合养肺、养胃的人食用,比如慢性咳嗽、口舌生疮、口干的患者,一些心悸患者也可以适量食用。但由于百合偏凉性,胃寒的患者应少用。这款豆浆具有清暑解热、滋阴润燥的功效。

贴心提示 从事化工、建材的人可能会接触高浓粉尘、强辐射等,这类人可以常吃一些绿豆。假如出现了酒精中毒、煤气中毒、农药中毒和误服药物中毒等情况,可在到医院抢救前先灌一碗绿豆汤紧急处理。

菊花雪梨豆浆

【材料】菊花20克，雪梨一个，黄豆50克，清水、白糖或冰糖适量。

【做法】❶将黄豆清洗干净后，在清水中浸泡6～8小时，泡至发软备用；菊花清洗干净后备用；雪梨洗净，去子，切碎。❷将浸泡好的黄豆、切碎的雪梨和菊花一起放入豆浆机的杯体中，添加清水至上下水位线之间，启动机器，煮至豆浆机提示菊花雪梨豆浆做好。❸将打出的菊花雪梨豆浆过滤后，按个人口味趁热添加适量白糖或冰糖调味，不宜吃糖者，可用蜂蜜代替。

养生功效 菊花味微苦、甘香，明目、退肝火，降低血压，可增强活力、增强记忆力、降低胆固醇；可舒缓头痛、偏头痛或感冒引起的肌肉痛，对胃酸、神经有帮助；夏天饮用菊花茶还有解暑降温的作用。

　　雪梨有百果之宗的声誉，鲜甜可口、香脆多汁，夏天食用可解暑解渴。雪梨富含维生素A、维生素B、维生素C、维生素D和维生素E，钾的含量也不少。患有维生素缺乏的人应该多吃梨。因贫血而显得苍白的人，多吃雪梨可以让你脸色红润。菊花、雪梨搭配黄豆制成的这款豆浆，是夏季解暑降温的极佳饮品。

贴心提示 菊花和雪梨均性寒，所以脾胃虚寒、腹部冷痛和血虚者，不宜过多食用这款豆浆，否则易伤脾胃。

南瓜绿豆浆

【材料】南瓜 30 克，绿豆 70 克，清水、白糖或冰糖适量。

【做法】❶ 将绿豆清洗干净后，在清水中浸泡 6 ~ 8 小时，泡至发软备用；南瓜去皮，洗净后切成小碎丁。❷ 将浸泡好的绿豆和切好的南瓜一起放入豆浆机的杯体中，添加清水至上下水位线之间，启动机器，煮至豆浆机提示南瓜绿豆浆做好。❸ 将打出的南瓜绿豆浆过滤后，按个人口味趁热添加适量白糖或冰糖调味，不宜吃糖者，可用蜂蜜代替。不喜甜者也可不加糖。

> 养生功效 中医认为，南瓜性味甘、温，归脾、胃经，有补中益气、清热解毒的功效。南瓜所含果胶还可以保护胃肠道黏膜，促进溃疡面愈合。南瓜所含成分能促进胆汁分泌，加强胃肠蠕动，帮助食物消化。绿豆具有清热解暑，止渴利尿等功效。这款豆浆可消暑生津、利尿通淋，适用于夏日中暑烦渴、身热尿赤、心悸、胸闷等。

贴心提示 用蒸熟的南瓜制作这款豆浆，会使豆浆口感更为细腻。

西瓜皮绿豆豆浆

【材料】西瓜皮一块，绿豆 30 克，黄豆 50 克，清水、白糖或冰糖适量。

【做法】❶ 将黄豆、绿豆清洗干净后，在清水中浸泡 6 ~ 8 小时，泡至发软备用；西瓜皮洗净切成小丁。❷ 将浸泡好的黄豆、绿豆和西瓜皮丁一起放入豆浆机的杯体中，添加清水至上下水位线之间，启动机器，煮至豆浆机提示西瓜皮绿豆豆浆做好。❸ 将打出的西瓜皮绿豆豆浆过滤后，按个人口味趁热添加适量白糖或冰糖调味，不宜吃糖者，可用蜂蜜代替。不喜甜者也可不加糖。

> 养生功效 中医认为西瓜皮是清热解暑、生津止渴的良药，能够清暑解热，止渴，利小便，可用于暑热烦渴、小便短少、水肿、口舌生疮等症。绿豆的清热消暑功效已为众人所知。黄豆具有补虚、清热化痰等功效。西瓜皮搭配绿豆和黄豆制成的这款豆浆能够清暑除烦、解渴利尿。

贴心提示 脾胃虚寒者和腹泻者不宜多食这款豆浆。

西瓜草莓冰豆浆

【材料】西瓜一块，草莓 50 克，黄豆 50 克，柠檬汁、清水、冰块适量。

【做法】❶ 将黄豆清洗干净后，在清水中浸泡 6～8 小时，泡至发软备用；草莓去蒂洗净后，切成碎丁；西瓜去皮、去子后将瓜瓤切成碎丁。❷ 将浸泡好的黄豆和切好的草莓、西瓜一起放入豆浆机的杯体中，倒入柠檬汁，添加清水至上下水位线之间，启动机器，煮至豆浆机提示豆浆做好。❸ 将打出的豆浆过滤，晾凉后倒入杯中，加入适量冰块即可饮用。

养生功效 西瓜水分大，吃西瓜后排尿量会增加，因此，西瓜有利尿作用。西瓜能够减少体内胆色素的含量，并使大便畅通。草莓富含氨基酸、果糖、柠檬酸、苹果酸、果胶、胡萝卜素、维生素 B_1、维生素 B_2 及矿物质钙、磷、铁等，这些营养素对机体的生长发育有好处。饭后吃一些草莓，可分解食物脂肪，有利消化。这款豆浆，口感清凉甘甜，是夏季解暑的极佳饮品。

贴心提示 将打好的豆浆放入冰箱冷藏，和加冰块的效果一样。

薏米红豆绿豆浆

【材料】薏米 20 克，绿豆 20，红小豆 30 克，清水、白糖或冰糖适量。

【做法】❶ 将绿豆、红小豆清洗干净后，在清水中浸泡 6～8 小时，泡至发软备用；薏米淘洗干净，用清水浸泡 2 小时。❷ 将浸泡好的绿豆、红小豆和薏米一起放入豆浆机的杯体中，添加清水至上下水位线之间，启动机器，煮至豆浆机提示薏米红豆绿豆浆做好。❸ 将打出的薏米红豆绿豆浆过滤后，按个人口味趁热添加适量白糖或冰糖调味，不宜吃糖者，可用蜂蜜代替。不喜甜者也可不加糖。

养生功效 薏米是一种营养丰富的食物，具有健脾益胃、利水消肿等功效。薏米含有多种矿物质和维生素，能够促进新陈代谢、减少胃肠负担。薏米健脾利湿，红小豆补心利湿，绿豆清热解毒，这三种食材搭配制成的豆浆具有祛除脾湿的作用，同时也增强了清热解毒的功效。

贴心提示 孕妇、便秘者、尿频者以及肠胃较弱的人不宜多食此豆浆。饮用此豆浆时不宜同时吃咸味较重的食物，否则会减弱利尿的功效。

木瓜银耳豆浆

【材料】木瓜一个，银耳20克，黄豆50克，清水、白糖或冰糖适量。

【做法】❶将黄豆清洗干净后，在清水中浸泡6～8小时，泡至发软备用；木瓜去皮后洗干净，并切成小碎丁；银耳洗净，切碎。❷将浸泡好的黄豆和木瓜、银耳一起放入豆浆机的杯体中，添加清水至上下水位线之间，启动机器，煮至豆浆机提示木瓜银耳豆浆做好。❸将打出的木瓜银耳豆浆过滤后，按个人口味趁热添加适量白糖或冰糖调味，不宜吃糖者，可用蜂蜜代替。也可不加糖。

养生功效 李时珍《本草纲目》中就有"木瓜性温味酸，平肝和胃，舒筋络"的记载。现代研究也证明，木瓜中含有大量的木瓜蛋白酶，又称木瓜酵素，对动植物蛋白、多肽、酯、酰胺等有较强的水解能力，因此可以解除食物中的油腻。木瓜还含有维生素C、钙、磷、钾，易吸收，具有保健、美容、预防便秘等功效。木瓜含有大量的胡萝卜素、维生素C及纤维素等，能帮助分解并去除肌肤表面老化的角质层细胞，所以是润肤、美颜、通便的佳品。同时，木瓜具有润肺功能，肺部得到适当的滋润后，气血通畅而没有瘀滞，使身体更易吸收充足的营养，从而让皮肤变得光洁、柔嫩、细腻、皱纹减少、面色红润。

银耳的显著功效为润肺止咳。秋季食用此款豆浆，能够滋阴润燥。

贴心提示 孕妇、过敏体质人士不宜食用木瓜银耳豆浆。银耳能清肺热，故外感风寒者忌食。

枸杞小米豆浆

【材料】小米40克，黄豆50克，枸杞5粒，清水、白糖或冰糖各适量。

【做法】❶将黄豆清洗干净后，在清水中浸泡6～8小时，泡至发软备用；枸杞洗干净后，用温水泡开；小米淘洗干净。❷将浸泡好的黄豆、枸杞、小米一起放入豆浆机的杯体中，添加清水至上下水位线之间，启动机器，煮至豆浆机提示枸杞小米豆浆做好。❸过滤后，按个人口味趁热往豆浆中添加适量白糖或冰糖调味。

养生功效 枸杞自古就是滋补养人的上品，有润肺清肝明目、滋肾益气、生精助阳、强筋骨的功能。小米性平味甘咸，具有健胃除湿、补气养血的功效，其所含的营养成分能参与机体的造血功能。小米滋阴养血的功效也使其成为产妇的调养佳品。这款豆浆能益气养血、滋补身体，适合秋季食用。

贴心提示 气滞者、素体虚寒、小便清长者都不宜多食枸杞小米豆浆。

苹果柠檬豆浆

【材料】苹果1个，柠檬半个，黄豆70克，清水、白糖或冰糖适量。

【做法】❶将黄豆清洗干净后，在清水中浸泡6～8小时，泡至发软备用；苹果清洗后，去皮去核，并切成小碎丁。柠檬挤汁备用。❷将浸泡好的黄豆和苹果一起放入豆浆机中，加水启动机器，煮至豆浆做好。❸过滤后，挤入柠檬汁，再按个人口味趁热添加适量白糖或冰糖调味即可。

养生功效 苹果不但益心气壮脾，还能生津止渴，更具有"润肺悦心、生津开胃、醒酒"等功能。严重水肿患者多吃苹果有利于补钾，减少副作用。柠檬味极酸，有生津、止渴、祛暑、安胎的作用。《食物考》中记载："柠檬浆饮渴瘳，能避暑。"柠檬还有生津开胃，止渴化痰的功效。这款苹果柠檬豆浆清口、可生津止渴。

贴心提示 白细胞减少症的病人、前列腺肥大的病人均不宜食用苹果柠檬豆浆，以免使症状加重或影响治疗结果。

绿桑百合柠檬豆浆

【材料】黄豆80克，绿豆35克，桑叶2克，干百合20克，柠檬1块，清水适量。

【做法】❶将黄豆、绿豆清洗干净后，在清水中浸泡6～8小时，泡至发软备用；百合清洗干净后略泡；桑叶洗净，切碎待用；柠檬榨汁备用。❷将浸泡好的黄豆、绿豆、百合和桑叶一起放入豆浆机的杯体中，添加清水至上下水位线之间，启动机器，煮至豆浆机提示绿桑百合柠檬豆浆做好。❸将打出的绿桑百合柠檬豆浆过滤后，挤入柠檬汁即可饮用。

养生功效 绿豆有清热解毒、消暑生津、利水消肿的功效。百合含有钙、磷、铁、多种维生素及秋水仙碱等生物碱，滋补效果好。绿豆、桑叶、百合搭配黄豆这款豆浆滋阴润燥，清润安神，适合秋季饮用。

贴心提示 绿豆为豆科植物绿豆的荚壳内之圆形绿色种子。其种皮即绿豆衣，亦可作为药用。绿豆以颗粒均匀饱满、色绿，煮之易酥的为佳。

南瓜二豆浆

【材料】南瓜50克，绿豆20克，黄豆30克，清水适量。

【做法】❶将黄豆、绿豆清洗干净后，在清水中浸泡6～8小时，泡至发软备用；南瓜去皮，洗净后切成小碎丁。❷将浸泡好的黄豆、绿豆同南瓜丁一起放入豆浆机的杯体中，添加清水至上下水位线之间，启动机器，煮至豆浆机提示南瓜二豆浆做好。❸将打出的南瓜二豆浆过滤后即可饮用。

养生功效 瓜类为凉性食物，能除暑湿、利二便、解毒凉血、疏通人体的"排毒管道"包括消化道、泌尿道、汗腺等，使体内之"毒"随同粪便、尿液、汗液等排出体外，南瓜有利尿通便的功能。南瓜中所含的粗纤维能够增强饱腹感，从而减少脂肪和胆固醇的摄入。绿豆则能清热解暑，消除油腻。黄豆中的可溶性纤维既可通便，又能降低胆固醇含量。

贴心提示 南瓜含糖分较高，不宜久存，削皮后放置太久的话，瓜瓤便会自然无氧酵解，产生酒味，在制作豆浆时一定不要选用这样的南瓜，否则便有可能引起中毒。

糙米山楂豆浆

【材料】山楂 20 克，糙米 30 克，黄豆 50 克，清水、白糖或冰糖适量。

【做法】❶ 将黄豆清洗干净后，在清水中浸泡 6 ~ 8 小时，泡至发软备用；糙米淘洗干净，用清水浸泡 2 小时；山楂清洗后去核，并切成小碎丁。❷ 将浸泡好的黄豆和糙米、山楂一起放入豆浆机的杯体中，添加清水至上下水位线之间，启动机器，煮至豆浆机提示糙米山楂豆浆做好。❸ 将打出的糙米山楂豆浆过滤后，按个人口味趁热添加适量白糖或冰糖调味，不宜吃糖者，可用蜂蜜代替。

养生功效 山楂片含多种维生素、山楂酸、酒石酸、柠檬酸、苹果酸等，还含有黄酮类、内酯、糖类、蛋白质、脂肪和钙、磷、铁等矿物质，所含的解脂酶能促进脂肪类食物的消化，促进胃液分泌和增加胃内酶素。山楂具有收敛止痢、消积化滞、活血化瘀等功效。山楂中含有的黄酮类等成分，具有显著的扩张血管及降压作用，有增强心肌、抗心律不齐、调节血脂及胆固醇含量的功能。山楂所含的黄酮类和维生素 C、胡萝卜素等物质能阻断并减少自由基的生成，增强机体的免疫力，有防衰老、抗癌的作用。糙米所含的粗纤维有健胃消食的功效。这款豆浆有消食益胃的功效。

贴心提示 山楂可促进胃酸的分泌，因此不宜空腹食用。山楂中的酸性物质对牙齿具有一定的腐蚀性，食用后要注意及时漱口、刷牙，正处在牙齿更替期的儿童更应格外注意。

花生百合莲子豆浆

【材料】花生 30 克，干百合 10 克，莲子 10 克，黄豆 50 克，清水、白糖或冰糖适量。

【做法】❶将黄豆清洗干净后，在清水中浸泡 6 ～ 8 小时，泡至发软备用；干百合和莲子清洗干净后略泡；花生去皮后碾碎。❷将浸泡好的黄豆、百合、莲子、花生一起放入豆浆机的杯体中，添加清水至上下水位线之间，启动机器，煮至豆浆机提示花生百合莲子豆浆做好。❸将打出的花生百合莲子豆浆过滤后，按个人口味趁热添加适量白糖或冰糖调味，不宜吃糖者，可用蜂蜜代替。不喜甜者也可不加糖。

养生功效 花生含有蛋白质、脂肪、维生素、钙和铁等营养成分，是一种高营养的食品。《本草述》：百合之功，在益气而兼之利气，在养正而更能去邪。莲子性平，可补心安神养血，对于心脾两虚、血虚都有改善的功效。这款豆浆清火滋阴，养心安神。

贴心提示 网罩中的渣可加白糖制成豆沙，爽脆可口。

红枣红豆浆

【材料】红豆 100 克，红枣 3 个，清水、白糖或冰糖适量。

【做法】❶将红豆清洗干净后，在清水中浸泡 6 ～ 8 小时，泡至发软备用；红枣洗干净后，用温水泡开。❷将浸泡好的红豆和红枣一起放入豆浆机的杯体中，加水至上下水位线之间，启动机器，煮至豆浆机提示红枣红豆浆做好。❸将打出的红枣红豆浆过滤后，按个人口味趁热往豆浆中添加适量白糖或冰糖调味，不宜吃糖者，可用蜂蜜代替。

养生功效 红枣中的维生素 P 含量为所有果蔬之冠，具有维持毛细血管通透性，改善微循环从而预防动脉硬化的作用，还可促进维生素 C 在人体内的积蓄。经常吃红枣能益气养血、安神。红豆富含维生素 B_1、维生素 B_2、蛋白质及多种矿物质，有补血、利尿、消肿、促进心脏活化等功效。这款红枣红豆浆具有益气养生、养血滋润、宁心安神的功效。

贴心提示 豆皮是较难消化的东西，其豆类纤维易在肠道发生产气现象。因此肠胃较弱的人，在食用红豆后，会有胀气等不适感，制作时需要将豆皮去掉。

龙井豆浆

【材料】龙井 10 克，黄豆 80 克，清水适量。

【做法】❶将黄豆清洗干净后，在清水中浸泡 6 ~ 8 小时，泡至发软备用；龙井用开水泡好。❷将浸泡好的黄豆放入豆浆机的杯体中，添加清水至上下水位线之间，启动机器，煮至豆浆机提示豆浆做好。❸将打出的豆浆过滤后，兑入龙井茶即可。

养生功效 秋季，天气由热转凉，很多人会有懒洋洋的疲劳感，出现"秋乏"的现象。此时，不妨喝点龙井茶帮助提神醒脑。龙井茶是绿茶中的精品，茶叶中的咖啡碱能兴奋中枢神经系统，帮助人们振奋精神、增加思维、消除疲劳感。上班族经常饮用，还能帮助提高工作效率。龙井茶搭配黄豆制成的豆浆，具有一股清香的茶味，还能让人口感清新，去除杂味。

贴心提示 龙井茶味道清香，假冒龙井茶则多是青草味，夹蒂较多，手感不光滑。

百合银耳绿豆浆

【材料】绿豆 70 克，干百合 20 克，银耳 10 克，清水、白糖或冰糖适量。

【做法】❶将绿豆清洗干净后，在清水中浸泡 6 ~ 8 小时，泡至发软备用；干百合清洗干净后略泡；银耳用清水泡发，洗净，切碎待用。❷将浸泡好的绿豆、百合与切碎的银耳一起放入豆浆机的杯体中，添加清水至上下水位线之间，启动机器，煮至豆浆机提示百合银耳绿豆浆做好。❸将打出的百合银耳绿豆浆过滤后，按个人口味趁热添加适量白糖或冰糖调味，不宜吃糖者，可用蜂蜜代替。不喜甜者也可不加糖。

养生功效 百合味甘性微寒，入肺，具有润肺止咳，清心安神的功效，也是心肺疾病患者的补养佳品。银耳有润肺、清热、补气、和血之功。作为营养滋补品，它适用于一切老弱妇孺和病后体虚者。绿豆具有清热解毒的功效。这款豆浆清热、润燥，适宜秋季滋润调理身体。

贴心提示 百合以野生者良，有甜、苦二种，甜者可用，取如荷花瓣，无蒂无根者佳。能利二便，气虚下陷者忌之。

二豆蜜浆

【材料】红小豆 20 克，绿豆 80 克，蜂蜜 50 克，清水适量。

【做法】❶将红小豆、绿豆清洗干净后，在清水中浸泡 6 ~ 8 小时，泡至发软备用。❷将浸泡好的红小豆和绿豆一起放入豆浆机的杯体中，添加清水至上下水位线之间，启动机器，煮至豆浆机提示豆浆做好。❸将打出的豆浆过滤后，兑入蜂蜜即可饮用。

养生功效 红小豆中含有多量对于改善便秘有效的纤维，及促进利尿作用的钾。此两种成分均可将胆固醇及盐分排泄出体外，具有解毒的效果。由此可见，红小豆具有很强的清热利水、排毒的功效。绿豆则有健脾润肺，生津益气的功效。红豆搭配绿豆制成的这款豆浆具有清热利水、健脾润肺、清热解毒的功效。

贴心提示 阴虚而无湿热者及小便清长者忌食这款豆浆。

莲子红枣糯米豆浆

【材料】红枣 15 克，莲子 15 克，糯米 20 克，黄豆 50 克、清水、白糖或冰糖适量。

【做法】❶ 将黄豆清洗干净后，在清水中浸泡 6~8 小时，泡至发软备用；红枣洗净，去核，切碎；莲子清洗干净后略泡；糯米淘洗干净，用清水浸泡 2 小时。❷ 将浸泡好的黄豆、糯米和红枣、莲子一起放入豆浆机的杯体中，添加清水至上下水位线之间，启动机器，煮至豆浆机提示莲子红枣糯米豆浆做好。❸ 将打出的莲子红枣糯米豆浆过滤后，按个人口味趁热添加适量白糖或冰糖调味，不宜吃糖者，可用蜂蜜代替。不喜甜者也可不加糖。

养生功效 红枣味甘性温，含有多种生物活性物质，如大枣多糖、黄酮类、皂苷类、三萜类、生物碱类等，对人体有多种保健功效。红枣中丰富的维生素 C 有很强的抗氧化活性及促进胶原蛋白合成的作用，可参与组织细胞的氧化还原反应，与体内多种物质的代谢有关，充足的维生素 C 能够促进生长发育、增强体力、减轻疲劳。大枣性温，能够帮助身体驱寒。莲子清热降火，能起到中和温补作用。红枣、莲子、糯米搭配黄豆制成的这款豆浆具有温补脾胃、祛除寒冷的功效。

贴心提示 新鲜的莲子可以用来生吃，清香可口，剥的时候可以将莲心留下来泡绿茶一起喝。莲蓬也不要随便丢弃，莲蓬有一股特别的荷香气，做饭时在快熟的时候把莲蓬放在饭面上，米饭吃起来会更香，别有一番风味。

糯米枸杞豆浆

【材料】黄豆 80 克，糯米 20 克，枸杞 5 ~ 7 粒，清水、白糖或冰糖各适量。

【做法】① 将黄豆清洗干净后，在清水中浸泡 6 ~ 8 小时，泡至发软备用；枸杞洗干净后，用温水泡开；糯米淘洗干净，用清水浸泡 2 小时。② 将浸泡好的黄豆、糯米和枸杞一起放入豆浆机的杯体中，添加清水至上下水位线之间，启动机器，煮至豆浆机提示糯米枸杞豆浆做好。③ 将打出的糯米枸杞豆浆过滤后，按个人口味趁热往豆浆中添加适量白糖或冰糖调味，患有不宜吃糖者，可用蜂蜜代替。

> 养生功效 糯米富含脂肪、淀粉、矿物质、蛋白质、B 族维生素等，是很好的温补品。枸杞子为扶正固本，生精补髓、滋阴补肾、益气安神之佳品；对肿瘤、高血压以及老年人器官衰退的老化疾病都有很强的改善作用。这款豆浆可以温暖身体，增强免疫力，适宜冬季饮用。

红糖薏米豆浆

【材料】黄豆 50 克，薏米 40 克，清水、红糖适量。

【做法】① 将黄豆清洗干净后，在清水中浸泡 6 ~ 8 小时，泡至发软备用；薏米淘洗干净，用清水浸泡 2 小时。② 将浸泡好的黄豆、薏米一起放入豆浆机的杯体中，添加清水至上下水位线之间，启动机器，煮至豆浆机提示豆浆做好。③ 将打出的豆浆过滤后，按个人口味趁热添加适量红糖调味即可饮用。

> 养生功效 薏米性微寒味甘，含有蛋白质、B 族维生素等物质，有利水消肿、清热活血、健脾去湿、温经散寒的功效。红糖性温味甘，有活血散瘀的功效。加入红糖的薏米豆浆具有温经散寒的功效。

> 贴心提示 糖尿病患者饮用时不宜加红糖或蜂蜜。

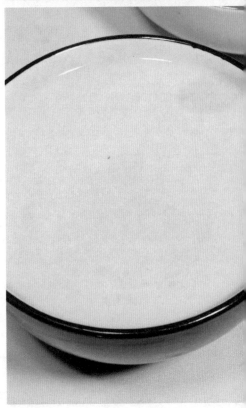

杏仁松子豆浆

【材料】黄豆70克，杏仁20克，松子10克，清水、白糖或冰糖适量。

【做法】❶将黄豆清洗干净后，在清水中浸泡6～8小时，泡至发软备用；杏仁洗净，泡软；松子洗净，泡软，碾碎。❷将浸泡好的黄豆、杏仁和松子一起放入豆浆机的杯体中，添加清水至上下水位线之间，启动机器，煮至豆浆机提示杏仁松子豆浆做好。❸将打出的杏仁松子豆浆过滤后，按个人口味趁热添加适量白糖或冰糖调味，不宜吃糖者，可用蜂蜜代替。不喜甜者也可不加糖。

> 养生功效 杏仁中含有大量的营养成分如维生素A、维生素E、亚油酸等，有清热解毒、祛湿散结、消斑抗皱的作用。松子中的脂肪成分主要为亚油酸、亚麻油酸等不饱和脂肪酸，有软化血管和防治动脉粥样硬化的作用。松子所含的油脂还有润肠通便的作用。这款豆浆，温经祛寒效果明显，适宜冬季饮用。

> 贴心提示 松子存放时间长了会产生"油哈喇"味，不宜食用。

黑芝麻蜂蜜豆浆

【材料】黑芝麻5克，黄豆100克，蜂蜜、清水适量。

【做法】❶将黄豆清洗干净后，在清水中浸泡6～8小时，泡至发软备用；芝麻淘去沙粒。❷将浸泡好的黄豆和洗净的芝麻一起放入豆浆机的杯体中，加水至上下水位线之间，启动机器，煮至豆浆机提示豆浆做好。❸将打出的芝麻豆浆过滤后，兑入适量蜂蜜即可饮用。

> 养生功效 黑芝麻具有补肝肾、润五脏、益气力、长肌肉、填脑髓的作用。蜂蜜对胃肠功能有调节作用，可使胃酸分泌正常。蜂蜜有增强肠蠕动的作用，可显著缩短排便时间。蜂蜜中含有的多种酶和矿物质，发生协同作用后，蜂蜜中的果糖和葡萄糖就会很快被身体吸收利用，从而改善血液的营养状况。这款豆浆是冬日益肝养肾的保健佳品。

> 贴心提示 糖尿病患者饮用时不宜加红糖或蜂蜜。

荸荠雪梨黑豆浆

【材料】荸荠30克，雪梨1个，黑豆50克，清水、白糖或冰糖适量。

【做法】❶将黑豆清洗干净后，在清水中浸泡6～8小时，泡至发软备用；荸荠去皮，洗净，切成小块；雪梨洗净，去皮，去核，切碎。❷将浸泡好的黑豆和荸荠、雪梨一起放入豆浆机的杯体中，添加清水至上下水位线之间，启动机器，煮至豆浆机提示荸荠雪梨黑豆浆做好。❸将打出的荸荠雪梨黑豆浆过滤后，按个人口味趁热添加适量白糖或冰糖调味，不宜吃糖者，可用蜂蜜代替，也可不加糖。

养生功效 荸荠性味甘、寒，具有清热化痰、开胃消食、生津润燥、明目醒酒的功效。雪梨性味甘寒，具有清心润肺、生津润燥、清热化痰的作用，对肺结核、气管炎和上呼吸道感染患者所出现的咽干、痒痛、音哑、痰稠等症皆有益。雪梨可清喉降火，播音、演唱人员经常食用煮好的熟梨，能增加口中的津液，起到保养嗓子的作用。在干燥的冬季，多吃雪梨很有好处。荸荠疏肝明目，利气通化，搭配黑豆制成的豆浆味道清甜，暖胃解腻，尤其适合搭配冬季口感较油腻的菜肴。

贴心提示 荸荠不宜生吃，因为荸荠生长在泥中，外皮和内部都有可能附着较多的细菌和寄生虫，所以一定要洗净煮透后方可食用。

燕麦薏米红豆浆

【材料】红小豆 50 克，燕麦 20 克，薏米 30 克，清水、白糖或冰糖适量。

【做法】❶将红小豆清洗干净后，在清水中浸泡 6 ~ 8 小时，泡至发软备用；薏米和燕麦淘洗干净，用清水浸泡 2 小时。❷将浸泡好的红小豆、薏米、燕麦一起放入豆浆机的杯体中，添加清水至上下水位线之间，启动机器，煮至豆浆机提示燕麦薏米红豆浆做好。❸将打出的燕麦薏米红豆浆过滤后，按个人口味趁热添加适量白糖或冰糖调味，不宜吃糖者，可用蜂蜜代替。不喜甜者也可不加糖。

贴心提示 挑选红豆主要看新鲜程度，新鲜的豆子含有充足的水分，容易煮熟，煮出来颗粒饱满且松软绵密。而旧豆子则因存放的时间长丧失水分，不但口感较差，有的甚至会无法煮烂。

养生功效 冬天气温降低，常常会出现脸部、手足部水肿，甚至出现关节麻木、酸痛的现象，人体免疫能力也会降低，体内气血容易不通畅，从而导致水肿甚至关节疼痛。有这些症状的人要注意这是风湿的前兆了。冬天常吃薏米有助于缓解和消除此类病症。薏米主要成分为蛋白质、维生素 B_1、维生素 B_2，有利水消肿、健脾去湿、舒筋除痹、清热排脓等功效。多吃薏米能使皮肤光滑，减少皱纹，消除色素斑点。似乎在春夏时节人们才会更偏爱红豆汤一些，因其有健脾利湿、消肿减肥之效，不过在冬天喝一碗热热的、绵软甜蜜的红豆汤也是一大享受，更可以补血养颜、调理体质，实为佳品。食用燕麦不仅能够增强大脑的记忆功能，还能够增强免疫力。这款燕麦薏米红豆浆有很好的滋补作用，是适合全家的冬日暖饮。

姜汁黑豆浆

【材料】黑豆 100 克,生姜 1 块,清水、白糖或冰糖适量。

【做法】❶将黑豆清洗干净后,在清水中浸泡 6 ~ 8 小时,泡至发软备用;生姜切成小块,用压蒜器挤出姜汁待用。❷将浸泡好的黑豆放入豆浆机的杯体中,倒入姜汁,再添加清水至上下水位线之间,启动机器,煮至豆浆机提示姜汁黑豆浆做好。❸将打出的姜汁黑豆浆过滤后,按个人口味趁热添加适量白糖或冰糖调味,不宜吃糖者,可用蜂蜜代替。不喜甜者也可不加糖。

养生功效 生姜中含有姜醇、姜烯、水芹烯、柠檬醛和芳香等油性的挥发油,可缓解疲厌食、腹胀、腹痛等症状。生姜还有健胃,增进食欲的作用。黑豆有补肾益精的作用,经常食用有利于抗衰延年。加了姜汁的黑豆浆口感非常温和,略带一些姜的辛辣,喝下去胃里暖暖的,特别适合在寒冷的冬季饮用。

贴心提示 提前挤出姜汁可以避免姜渣混在豆渣中,再加工豆渣时影响口感。如果觉得麻烦也可以把姜切块后直接放入豆浆机或者搅拌机中。

香榧十谷米豆浆

【材料】十谷米(包含糙米、黑糯米、小米、小麦、荞麦、芡实、燕麦、莲子、玉米片和红薏仁)60 克,香榧 10 克,黄豆 30 克,清水、白糖或冰糖适量。

【做法】❶将黄豆清洗干净后,在清水中浸泡 6 ~ 8 小时,泡至发软备用;十谷米淘洗干净,用清水浸泡 2 小时;香榧去壳取仁。❷将浸泡好的黄豆、十谷米和香榧仁一起放入豆浆机的杯体中,添加清水至上下水位线之间,启动机器,煮至豆浆机提示香榧十谷米豆浆做好。❸将打出的香榧十谷米豆浆过滤后,按个人口味趁热添加适量白糖或冰糖调味,不宜吃糖者,可用蜂蜜代替。

养生功效 榧子具有润肺滑肠、消除疳积、化痰止咳之功能,适用于多种便秘、消化不良、食积、咳痰症状。榧子可以用于多种肠道寄生虫病,如小儿蛔虫、蛲虫等。食用榧子对保护视力也有益。十谷米有 100 多种营养成分,与香榧和黄豆搭配制成的豆浆,能润肺滑肠、化痰止咳。

贴心提示 榧子不要与绿豆同食,否则容易发生腹泻。榧子性质偏温热,多食易上火,所以咳嗽咽痛并且痰黄的人不宜食用。腹泻或大便溏薄者不宜食用榧子。

桂花豆浆

【材料】桂花10克，黄豆90克，清水、白糖或冰糖适量。

【做法】❶将黄豆清洗干净后，在清水中浸泡6～8小时，泡至发软备用；桂花清洗干净后备用。❷将浸泡好的黄豆和桂花一起放入豆浆机的杯体中，添加清水至上下水位线之间，启动机器，煮至豆浆机提示桂花豆浆做好。❸将打出的桂花豆浆过滤后，按个人口味趁热添加适量白糖或冰糖调味，不宜吃糖者，可用蜂蜜代替。

养生功效 桂花又称为"九里香"，味辛，性温，因其含有芳香物质，具有芳香和胃，生津辟浊，化痰理气之功。用桂花泡茶可以解除口干舌燥，润肠通便，减轻胀气，缓解肠胃不适。还能够美白皮肤，清除体内毒素。桂花清新的香味还能令人精神舒畅，安心宁神，特别是能驱除体内湿气，养阴润肺，可净化身心，平衡神经系统。桂花和黄豆做成的豆浆，味道醇香，具有暖胃生津、化痰止咳的功效。

贴心提示 桂花的香味强烈，所以在制作豆浆时忌过量饮用。另外，体质偏热、火热内盛者也要谨慎饮用。

第二篇

米 糊

蛋黄米糊

功 效 ｜ 提高免疫力

|材　料|

鸡蛋1个，婴儿米粉50克

鸡
蛋

|做　法|

1.鸡蛋煮熟，取蛋黄压成泥状。

2.用开水将婴儿米粉调开，加入蛋黄泥调匀即可。

|贴心提示|

蛋黄一定要压碎。此米糊适合刚开始喂食辅食的宝宝。

|营养成分|

鸡蛋中的铁含量尤其丰富，利用率100%，是人体铁的良好来源。

功效详解

蛋黄
清热、解毒
＋
米粉
提高免疫力
＝
提高免疫力

红薯米糊

功　效 | 保持血管弹性

材　料

红薯40克，大米50克，燕麦30克，生姜适量

 红薯　 大米　 燕麦

做　法

1.红薯清洗干净，切成小粒；大米、燕麦分别淘洗干净，浸泡软；生姜去皮洗净，切片。

2.将上述材料放入豆浆机，加适量水，按豆浆机提示制作好米糊，装杯即可。

贴心提示

红薯同燕麦、大米、姜片组合，减肥效果更加明显。

营养成分

红薯中的黏液蛋白则能促进低密度胆固醇的排泄、降低心血管疾病的发生率。

花生米糊

功　效 | 补血益智、增强活力

材　料

大米80克，熟花生仁50克，白糖适量

 大米　 花生仁　 白糖

做　法

1.大米淘洗干净，用清水浸泡2小时；熟花生仁搓掉外皮。

2.将大米和熟花生仁倒入豆浆机中，搅打成浆，至豆浆机提示米糊做好，滤出装杯，加入白糖调味即可。

贴心提示

熟花生仁可预先以温油炸熟，外皮较容易搓掉，煮出来的米糊颜色更纯。

营养成分

花生含有卵磷脂和钙，对儿童、少年提高记忆力有益。

山药米糊

| 功 效 | 保持血管弹性 |

|材　料|

山药40克，大米60克，鲜百合、莲子各10克

 山药 百合 莲子

|做　法|

1.莲子泡软去心，洗净；大米淘洗干净，浸泡软；山药去皮，洗净切丁，泡在清水里；百合洗净，分成小块。

2.将所有材料放入豆浆机中，搅打成浆后煮至豆浆机提示米糊做好，盛出即可。

|贴心提示|

煮制米糊时,水量过少会糊锅，一定要保持在上下水位线之间。

|营养成分|

百合含生物素、秋水碱等营养物质，有良好的滋补之功。

玉米米糊

| 功 效 | 预防冠心病 |

|材　料|

鲜玉米粒60克，大米50克，玉米渣30克

 玉米 大米

|做　法|

1.鲜玉米粒洗净；大米加入清水浸泡2小时；玉米渣淘洗干净。

2.将所有食材倒入豆浆机中，加水，按操作提示煮好米糊。

|贴心提示|

皮肤病患者忌食玉米。

|营养成分|

玉米富含不饱和脂肪酸，对降低血浆胆固醇和预防冠心病有一定作用。

南瓜米糊

| 功 效 | 增强免疫力

|材 料|

大米、糯米各30克，南瓜20克，红枣10克

 糯米 南瓜 红枣

|做 法|

1.大米、糯米分别淘洗干净，用清水浸泡2小时；南瓜洗净，去皮去籽，切成小块；红枣用温水洗净，去核，切碎。

2.将全部材料倒入豆浆机中，搅打成浆并煮沸，滤出即可。

|贴心提示|

增加糯米可以为此米糊增加黏稠度。

|营养成分|

南瓜含有丰富的锌，锌是肾上腺皮质激素的固有成分，为人体生长发育的重要物质。

胡萝卜米糊

| 功 效 | 改善消化功能

|材 料|

胡萝卜、绿豆各20克，大米40克，去心莲子10克

 胡萝卜 绿豆 莲子

|做 法|

1.绿豆洗净，用清水浸泡4小时；大米淘洗干净，浸泡软；胡萝卜去皮洗净，切成粒；莲子泡软去心，洗净。

2.将所有材料倒入豆浆机中，加适量清水搅打成浆并煮沸，滤出即可。

|贴心提示|

胡萝卜不要过量食用，大量摄入胡萝卜素会令皮肤的色素产生变化，变成橙黄色。

|营养成分|

胡萝卜的芳香气味是挥发油造成的，这种挥发油能增进消化，并有杀菌作用。

枸杞芝麻糊

功 效 | 乌发美颜

|材 料|

熟黑芝麻300克，大米100克，枸杞10克，白糖适量

 黑芝麻　　大米　　 枸杞

|做 法|

1.将熟黑芝麻磨成细末；大米洗净，晾干后入锅炒香，然后磨成大米粉；枸杞洗净。

2.锅内加水烧沸，加入大米粉和黑芝麻粉搅匀，待再次烧开后加入白糖，搅匀盛出，撒上少许枸杞即可。

|贴心提示|

黑芝麻和大米的粉一定要细细研磨，有助于营养被身体吸收。

|营养成分|

枸杞富含甜菜碱、芦丁以及多种氨基酸和微量元素等。

花生芝麻糊

功 效 | 增强身体抵抗力

|材 料|

熟花生仁200克，熟黑芝麻100克，牛奶30毫升，淀粉、白糖各适量

 黑芝麻　　 花生仁　　 牛奶

|做 法|

1.熟黑芝麻用搅碎机打碎，放入锅中，加入开水、白糖、牛奶调匀，加盖，以大火煮8分钟。

2.加入淀粉调匀，加盖，以大火煮2分钟，撒上熟花生仁即可。

|贴心提示|

花生仁和黑芝麻都预先用炒锅炒香，磨出的粉糊又香又细。

|营养成分|

芝麻含有丰富的卵磷脂成分，可使皮肤滑嫩、永葆青春。

芝麻首乌糊

功 效 | 滋阴补肾、润肠通便

|材 料|
何首乌、黑芝麻各200克，红糖适量

 何首乌 黑芝麻

|做 法|
1.何首乌片烘干，研成末；黑芝麻炒酥碾碎。
2.净锅置中火上，添清水，将何首乌粉煎沸，加入黑芝麻粉、红糖熬成糊即可。

|贴心提示|
何首乌忌与猪肉、猪血、葱、蒜、白萝卜同食。

腰果花生米糊

功 效 | 强身健体

|材 料|
大米100克，腰果、花生仁各25克

 腰果 大米 花生仁

|做 法|
1.大米洗净，浸泡；花生仁、腰果洗净。
2.将所有材料放入豆浆机中，添水，按"粉糊"键，待糊成，煮熟装杯即可。

|贴心提示|
发霉的花生一定不能吃，因为含黄曲霉毒素，容易致癌。

乌金养生糊

功 效 | 滋阴补肾、润肠通便

|材 料|
黑米100克，大米、熟黑芝麻各50克

 黑米 大米 黑芝麻

|做 法|
1.黑米、大米洗净，浸泡1小时。
2.将所有食材放入豆浆机中，加水搅打成糊，烧沸盛出即可。

|贴心提示|
黑芝麻一定要炒熟再制成豆浆。

薏米芝麻双仁米糊

功 效 | 抗衰老、养肠胃

| 材 料 |

大米100克，薏米80克，黑芝麻、核桃仁、杏仁、蜂蜜各适量

 薏米   黑芝麻   核桃仁

| 做 法 |

1.大米、薏米分别淘洗干净，浸泡2小时；黑芝麻、核桃仁、杏仁分别用小火炒香。

2.将上述原材料一同放入豆浆机，加入适量白开水，使用豆浆机的"粉糊"功能，制成米糊并煮熟。加入蜂蜜调味即可。

| 贴心提示 |

大米和薏米预先浸泡，更容易打出细腻的粉糊。

| 营养成分 |

薏米含有大量的维生素B_1，可以改善粉刺、黑斑、雀斑与皮肤粗糙等现象。

红豆莲子糊

功 效 | 利水除湿

| 材 料 |

红豆100克，去心莲子50克，白糖、水淀粉各适量

 红豆   莲子   白糖

| 做 法 |

1.红豆洗净，用高压锅压熟；莲子洗净，泡软。

2.将红豆、莲子一同放入豆浆机，加适量煮红豆的汤、白糖一起打碎成泥。

3.将煮红豆的汤煮开，用水淀粉勾芡，加入红豆莲子泥搅匀煮熟即可。

| 贴心提示 |

调味时，可以将白糖换成蜂蜜。

| 营养成分 |

红豆中的皂角甙可刺激肠道，对水肿患者有益。

莲子奶糊

功 效 | 健脾益胃、补虚养神

| 材 料 |

莲子60克，牛奶200毫升，白糖适量

 莲子　 白糖　 牛奶

| 做 法 |

1.将莲子洗净去心，晾干后磨成粉，加入少量清水调成莲子糊。

2.锅中注入牛奶，放入白糖，煮沸。

3.将莲子糊慢慢倒入锅中，并不断搅拌，煮熟即可。

| 贴心提示 |

这里的莲子也可换为芡实，具有同样的功效。

| 营养成分 |

莲子中的钙、磷和钾含量非常丰富，有促进凝血的功效。

山药芝麻糊

功 效 | 补脾益肾、健脑增智

| 材 料 |

黑芝麻100克，糯米50克，山药15克，鲜牛奶200毫升，冰糖适量

 糯米　 黑芝麻　 山药

| 做 法 |

1.糯米洗净，浸泡；山药去皮洗净，切颗粒，泡清水中；黑芝麻洗净，入锅炒香。

2.将上述材料放入搅拌机，加入鲜牛奶和水，搅拌，过滤，加入冰糖煮熟即可。

| 贴心提示 |

每日一次，每日一小碗，补充每日所需营养。

| 营养成分 |

黑芝麻含丰富的不饱和脂肪酸，有补脑效果。

牛奶香蕉糊

功 效　｜　益智补脑

｜材　料｜
玉米碴50克，香蕉1根，牛奶150毫升，白糖适量

｜做　法｜
1.香蕉去皮，放入豆浆机打成糊。
2.将牛奶、玉米碴和白糖放入锅中调匀煮沸，再倒入香蕉泥调匀即可。

｜贴心提示｜
一定要把玉米碴和牛奶煮熟。

｜营养成分｜
牛奶中存在多种免疫球蛋白，能增加人体抗病能力。

小米芝麻糊

功 效　｜　润肺、乌发养颜

｜材　料｜
小米100克，黑芝麻50克，姜片5片

｜做　法｜
1.小米洗净，浸泡；黑芝麻洗净。
2.将所有材料放入豆浆机中，按"粉糊"键，待糊成，煮熟盛出即可。

｜贴心提示｜
黑芝麻外有一层稍硬的膜，只有把它碾碎，芝麻的营养素才能被人体吸收。

｜营养成分｜
黑芝麻含丰富的卵磷脂成分，可使皮肤滑嫩、永葆青春。

桑葚黑芝麻糊

功效 | 改善血液循环

| 材　料 |

桑葚60克，大米30克，黑芝麻、白糖各适量

 桑葚   大米   黑芝麻

| 做　法 |

1.将桑葚洗净，去掉茎部；黑芝麻、大米分别研磨成粉。

2.锅中注水烧开，倒入所有材料搅煮，煮成糊状后，加白糖调味即可。

| 贴心提示 |

煮制时，最好不断用勺子搅拌，以免粘锅。

黑豆芝麻米糊

功效 | 清热解毒、滋养健血

| 材　料 |

大米100克，黑豆、黑芝麻各50克，蜂蜜适量

 大米 黑豆   黑芝麻

| 做　法 |

1.黑豆洗净，泡软；大米洗净，浸泡；黑芝麻洗净，入锅炒香。

2.将上述材料放入豆浆机中，按"粉糊"键，待糊成，盛出加入蜂蜜搅拌均匀即可。

| 贴心提示 |

可在早饭1小时后食用，有利于营养素被人体充分吸收。

红枣核桃米糊

功 效 | 益气活血、养颜抗皱

|材 料|
大米75克，红枣、核桃仁各30克，白糖适量

 大米 ◂   红枣 ◂   核桃仁 ◂

|做 法|
1.大米淘洗干净，浸泡2小时；红枣用温水泡发，去核，切成小块；核桃仁洗净。
2.将上述材料放入豆浆机中，添水搅打成米糊煮熟。
3.装杯，调入白糖即可。

|贴心提示|
可根据个人口味减少或增加放入的水量，制作淡稠不一的粉糊。

核桃花生麦片米糊

功 效 | 保持精力旺盛

|材 料|
大米90克，花生仁、核桃仁、燕麦片各25克

 花生米 ◂   核桃仁 ◂   燕麦片 ◂

|做 法|
1.大米洗净，浸泡至软；花生仁、核桃仁洗净，泡软。
2.将所有材料放入豆浆机中，按"粉糊"键，待糊成，盛出即可。

|贴心提示|
可根据个人喜好，加适量蜂蜜或者白糖调味。

莲子百合红豆糊

功效 | 美容养颜、滋润肌肤

材料

红豆90克，百合15克，陈皮、莲子各10克，冰糖适量

 红豆 百合 莲子

做法

1. 红豆、莲子、陈皮、百合分别洗净，浸泡，莲子去心；冰糖研碎。
2. 将红豆、莲子、陈皮、百合放入豆浆机中，按"粉糊"键，待糊成，盛出加入冰糖搅拌均匀即可。

贴心提示

莲子最忌受潮受热，受潮易生蛀虫，受热莲心的苦味会渗入莲肉，因此莲子应存放于干爽通风处。

红豆山楂米糊

功效 | 清热解毒、滋养补血

材料

大米100克，红豆50克，山楂25克，红糖适量

 大米 红豆 山楂

做法

1. 红豆洗净，泡软；大米洗净，浸泡；山楂洗净，去蒂、核，切小块。
2. 将上述材料放入豆浆机中，按"粉糊"键，待糊成，盛出加入红糖搅拌均匀即可。

贴心提示

如果不喜欢吃酸山楂，可选择外表呈粉红色、个头较小、表面光滑的甜山楂。

营养成分

山楂含丰富的黄酮类化合物，具有保护心肌的作用。

枣杞生姜米糊

功效 | 改善血液循环、祛寒

|材 料|

大米65克，红枣、枸杞各20克，生姜5片

 大米　 红枣　 枸杞

|做 法|

1. 大米淘洗干净，泡软；红枣用温水泡发，去核，切成小块；枸杞洗净；生姜去皮洗净，切片。
2. 将所有原材料放入豆浆机中，添水搅打成粉糊，煮熟即可。

|贴心提示|

枸杞也可以不用打碎，最后撒入粉糊中可增加观赏效果。

|营养成分|

枸杞含维生素A、维生素C、维生素B$_1$、维生素B$_2$及钙、磷、铁等，对造血功能有促进作用。

核桃藕粉糊

功效 | 补肾固精、排石止血

|材 料|

核桃仁100克，藕粉30克，白糖、花生油各适量

 核桃仁　 藕粉　 白糖

|做 法|

1. 核桃仁洗净，用花生油炸酥，研磨成泥。
2. 藕粉用开水调成糊，放入核桃泥调匀。
3. 煮沸适量清水，放入调好的核桃藕粉糊，调匀，放入白糖，不断搅拌，煮熟即可。

|贴心提示|

核桃肉忌与野鸡肉同食。肺炎、支气管扩张等患者不宜饮用此豆浆。

|营养成分|

莲藕中含有丰富的丹宁酸，具有收缩血管和止血的作用。

芝麻栗子羹

| 功 效 | 补五脏、固肝肾 |

|材 料|

黑芝麻、新鲜栗子各100克

 栗子　 黑芝麻

|做 法|

1.黑芝麻洗净，用小火炒熟；栗子洗净，煮熟去壳，切成小块。

2.将黑芝麻、栗子一同放入豆浆机，加水，按提示制作成粉糊。盛出，搅拌均匀即可。

|贴心提示|

可加入何首乌，对头发干枯、脱发有一定的作用。

薏米红豆糊

| 功 效 | 美白养颜、滋润肌肤 |

|材 料|

薏米100克，红豆50克

 薏米　 红豆

|做 法|

1.薏米、红豆分别淘洗干净，用清水浸泡6小时。

2.将上述材料放入豆浆机中，添水，按豆浆机操作提示制作成粉糊。

3.盛出搅匀即可。

|贴心提示|

红豆浸泡时间可长一些，比较容易打碎。

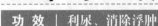

玉米绿豆糊

| 功 效 | 利尿、消除浮肿 |

|材 料|

大米70克，新鲜玉米30克，绿豆20克

 玉米　 大米　 绿豆

|做 法|

1.大米淘洗干净，浸泡2小时；绿豆淘洗干净，浸泡4小时；新鲜玉米粒洗干净。

2.将所有原材料放入豆浆机中，按照豆浆机提示制作成粉糊，煮熟即可。

|贴心提示|

材料中还可以适量加入一些豌豆。

南瓜黄豆大米糊

功 效 | 消除致癌物质

|材 料|

大米60克，南瓜、黄豆各20克，冰糖适量

 南瓜   大米   黄豆

|做 法|

1.大米、黄豆洗净，泡软；南瓜洗净，去皮，切小块。
2.将上述材料放入豆浆机中，添水搅打，煮沸后装杯，加入冰糖调味即可。

|贴心提示|

脚气、黄疸病患者忌饮。南瓜不要与羊肉同食。

大米糙米糊

功 效 | 健胃润肠、乌发养颜

|材 料|

大米、糙米各50克，熟花生仁25克，黑芝麻10克，冰糖适量

 糙米   花生仁  黑芝麻   冰糖

|做 法|

1.大米、糙米洗净，捞起晾干水后放入锅里炒香；熟花生仁去皮；黑芝麻洗净，捞起晾干水后入锅炒香。
2.将上述材料放入豆浆机中，添水，按"米糊"键，待糊成，装杯，加入冰糖调味即可。

|贴心提示|

大米、糙米炒香后再打成糊，米糊的香味会更浓郁。

十谷米糊

| 功 效 | 预防血管变化

| 材 料 |

糙米、黑糯米、小米、小麦、荞麦、芡实、燕麦、莲子、麦片、薏米共80克，熟花生仁10克，白糖适量

 糙米 ◀ 芡实 ◀ 莲子 ◀

| 做 法 |

1.将上述材料分别洗净，浸泡好。
2.将上述材料和熟花生仁放入豆浆机中，添水，按"米糊"键搅打成糊，装杯，加入白糖调味即可。

| 贴心提示 |

材料中的杂粮可自由根据需求搭配，质地较硬的可适量多浸泡一段时间。

| 营养成分 |

糙米含有丰富维生素，具有减肥、降低胆固醇、保护心脏、健脑等功能。

紫米糊

| 功 效 | 滋阴补肾、明目补血

| 材 料 |

紫米150克，冰糖适量

 紫米 ◀ 冰糖 ◀

| 做 法 |

1.将紫米洗净，泡软；冰糖研碎。
2.将柴米放入豆浆机中，添水，按"米糊"键，待糊成，装杯，加入冰糖调味即可。

| 贴心提示 |

紫米下水清洗会出现掉色现象，因此不宜用力搓洗。

| 营养成分 |

紫米中含有丰富的赖氨酸、核黄素、硫安素、叶酸等。

黑米核桃糊

功 效 | 开胃益中、暖脾暖肝

|材 料|
黑米70克，核桃仁20克，冰糖适量

 黑米　 核桃仁　 冰糖

|做 法|
1.黑米洗净，泡软；核桃仁洗净。
2.将黑米、核桃仁放入豆浆机中，添水，按"米糊"键，待糊成，装杯，加入冰糖调味即可。

|贴心提示|
黑米表层的硬壳不宜煮烂，消化功能较弱的老人和儿童不宜过多饮用此款米糊。

|营养成分|
黑米含有维生素C、叶绿素、花青素、胡萝卜素及强心甙等特殊成分。

枸杞核桃米糊

功 效 | 让皮肤更细腻光滑

|材 料|
大米60克，枸杞、核桃仁各20克，冰糖适量

 核桃仁　 枸杞　 大米

|做 法|
1.大米洗净，泡软；核桃仁、枸杞洗净。
2.将上述材料放入豆浆机中，添水，按"米糊"键，待糊成，装杯，加入冰糖调味即可。

|贴心提示|
核桃仁表面的褐色薄皮富含营养，在制作米糊时应保留。

|营养成分|
核桃含有亚油酸和大量的维生素E，是养颜益寿的上佳食品。

小米胡萝卜糊

功 效 | 健脾、化滞

材 料

小米、黄豆、胡萝卜各50克

 小米 黄豆 胡萝卜

做 法

1.黄豆、小米泡软，洗净；胡萝卜去皮，洗净，切成丁。

2.将所有原料放入豆浆机中，加水搅打成浆，烧沸后滤出米糊即可。

贴心提示

有瘦身计划的女性应多饮用此款豆浆。

黑米黄豆核桃糊

功 效 | 润肺、补肾、壮阳

材 料

黑米80克，黄豆、核桃各20克，冰糖适量

 黑米 黄豆 核桃 冰糖

做 法

1.黑米、黄豆洗净，泡软；核桃仁洗净。

2.将上述材料放入豆浆机中，添水，按"米糊"键，待糊成，装杯，加入冰糖调味即可。

贴心提示

核桃易生痰、动风助火，所以痰热咳嗽及阴虚有热者忌食。

黑糖薏米糊

功 效 | 活血化淤、消水肿

|材 料|

黄豆50克，薏米30克，黑糖10克

 黄豆 ◄　 薏米 ◄

|做　法|

1.黄豆、薏米用水泡软并洗净。

2.将黄豆、薏米放入豆浆机中，加水搅打成浆，烧沸后加入黑糖拌匀即可。

|贴心提示|

糖尿病患者喝这款米糊时不加糖，可调入适量食盐。

香榧谷米糊

功 效 | 开胃益中、明目活血

|材 料|

香榧、黑米、黄豆各50克，冰糖适量

 黑米　　黄豆　　冰糖 ◄

|做　法|

1.香榧、黑米、黄豆洗净，泡软。

2.将香榧、黑米、黄豆放入豆浆机中，加水搅打成米糊，烧沸后加入冰糖拌匀即可。

|贴心提示|

消化能力弱的人宜将黑米用水泡软后再打成糊，这样有助于消化。

桂圆米糊

功 效 | 补益心脾、养血宁神

| 材 料 |

大米50克，桂圆肉30克，白糖适量

 大米 ◄ 桂圆 ◄ 白糖 ◄

| 做 法 |

1.大米洗净，浸泡软；桂圆肉洗净切丁。

2.将大米、桂圆肉放入豆浆机中，添水，按"米糊"键，待糊成，装杯，加入白糖调味即可。

| 贴心提示 |

桂圆属温热食物，多食易滞气，上火的时候不宜食用。

| 营养成分 |

桂圆中的维生素P含量极高，有保护血管、防止血管硬化和脆性的作用。

莲子花生豆米糊

功 效 | 养心安神

| 材 料 |

大米70克，莲子、熟花生仁、黄豆各10克，冰糖适量

 花生仁 ◄   莲子 ◄   黄豆 ◄

| 做 法 |

1.大米、黄豆洗净，泡软；莲子泡软，去莲心，洗净；熟花生仁搓掉外皮。

2.将上述材料放入豆浆机中，添水搅打成糊，煮沸后装杯，加入冰糖调味即可。

| 贴心提示 |

变黄发霉的莲子不要食用。莲子是滋补之品，便秘和脘腹胀闷者忌用。

| 营养成分 |

莲心中所含的生物碱有强心作用，可抗心律不齐。

杏仁米糊

功 效 │ 润燥护肤、美容

│材 料│
大米60克，杏仁粉40克，冰糖适量

 大米 杏仁 冰糖

│做 法│
1.大米洗净，浸泡。
2.将大米放入豆浆机中，添水，按"米糊"键，待糊成，装杯，加入杏仁粉、冰糖调匀即可。

│贴心提示│
杏仁粉不可以大量食用。

│营养成分│
杏仁含不饱和脂肪酸，能清除胆固醇，预防动脉硬化、心脏病。

四神米糊

功 效 │ 补中益气

│材 料│
大米40克，薏米、莲子、山药、芡实、熟花生仁各10克，冰糖适量

 大米 莲子 芡实

│做 法│
1.大米、薏米、莲子、芡实分别洗净、剖开，莲子去莲心；山药去皮，洗净切小块，浸泡在清水里；熟花生会搓掉外皮。
2.将上述材料放入豆浆机中，添水，按"米糊"键，待糊成，装杯，加入冰糖调味即可。

│贴心提示│
生芡实补肾，炒芡实健脾开胃。

│营养成分│
芡实含有丰富的碳水化合物、脂肪，能健脾益胃。

核桃腰果米糊

功 效 | 健胃暖脾、益肾

|材 料|

大米、小米各50克，腰果、核桃各20颗，红枣、桂圆各15颗，冰糖适量

 腰果 核桃 红枣

|做 法|

1.大米、小米洗净，泡软；腰果、核桃取肉，切碎；桂圆去壳、核，取肉；红枣洗净，去核。

2.将上述材料放入豆浆机中，添水，按"米糊"键，待糊成，装杯，加入冰糖调味即可。

|贴心提示|

有黏手感或受潮的腰果不要买，不新鲜。

|营养成分|

腰果中的亚麻油酸可预防心脏病、脑中风，是难得的长寿之物。

红薯大米糊

功 效 | 补中和血、益气生津

|材 料|

红薯1个，大米100克，白糖适量

 大米 红薯 白糖

|做 法|

1.将红薯洗净，煮熟后去皮，切小块；大米洗净，泡软。

2.将红薯、大米放入豆浆机中，添水，按"米糊"键，待糊成，装杯，加入白糖调味即可。

|贴心提示|

红薯一定要预先煮熟煮透，让米糊更浓。

|营养成分|

大米含有优质蛋白质，可使血管保持柔软，达到降血压的效果。

薏米米糊

| 功 效 | 滋润肌肤、活血调经

|材 料|
大米50克，薏米30克，花生仁10克，冰糖适量

大米　薏米　花生仁

|做 法|
1.大米、薏米洗净，浸泡好；花生仁洗净。
2.将上述材料放入豆浆机中，添水，按"米糊"键，待糊成，装杯，加入冰糖调味即可。

|贴心提示|
冰糖用量可依据个人口味来决定。

|营养成分|
薏米含大量的维生素B1，可改善粉刺、黑斑、雀斑等现象。

糙米糊

| 功 效 | 补中活血、滋润肌肤

|材 料|
糙米100克，熟花生米25克，白糖适量

糙米　白糖

|做 法|
1.糙米洗净，用水浸泡。
2.将糙米、熟花生米放入豆浆机中，加水搅打成豆糊，烧沸，加入白糖拌匀即可。

|贴心提示|
糙米一次不宜食用太多。

|营养成分|
花生含大量碳水化合物、卵磷脂和钙、铁等，有滋养保健之功。

山药莲子米糊

功　效 | 增强记忆力

|材　料|

大米50克，山药30克，莲子10克，冰糖适量

 大米　　 山药　　 莲子

|做　法|

1.大米洗净，浸泡；山药去皮，洗净切块，泡清水里；莲子泡软，去心洗净。

2.将上述材料放入豆浆机中，添水，按"米糊"键，待糊成，装杯，加入冰糖调味即可。

|贴心提示|

一定要将莲子的莲心去除，以免有苦味。

|营养成分|

莲子中的钙、磷、钾含量非常丰富，可以健脑，增强记忆力。

花生芝麻米糊

功　效 | 补血养颜、乌发润发

|材　料|

大米50克，花生仁100克，黑芝麻25克，白糖适量

 大米　　 黑芝麻　 花生仁

|做　法|

1.大米洗净，浸泡；花生仁、黑芝麻分别洗净，晾干水，分别入锅炒香，然后搓掉花生仁的外皮。

2.将上述材料放入豆浆机中，添水，按"米糊"键，待糊成，装杯，加入白糖调味即可。

|贴心提示|

花生仁在炒制时要不断翻动，防止炒煳。

|营养成分|

花生含有钙、铁等20多种微量元素。

香米糊

功效 | 补血养颜、对抗衰老

|材料|

大米70克，黑芝麻、花生仁各35克，牛奶适量

 大米

 黑芝麻

 花生仁

|做法|

1.花生仁、黑芝麻、大米均洗净，大米加水浸泡。

2.将上述材料放入豆浆机中，添水，加入适量牛奶，按"米糊"键，待糊成，装杯即可。

|贴心提示|

可以加入适量白糖，口感甜香浓郁。

|营养成分|

大米含蛋白质、糖类、钙、磷、铁等营养元素，有补中益气、除烦渴、止泻痢的功效。

糙米花生糊

功效 | 健脑、抗衰老

|材料|

糙米70克，花生仁20克，核桃仁10克，冰糖适量

 糙米

 核桃仁

 花生仁

|做法|

1.糙米洗净，浸泡；花生仁、核桃仁洗净。

2.将上述材料放入豆浆机中，添水，按"米糊"键，待糊成，装杯，加入冰糖调味即可。

|贴心提示|

此款糊是老少皆宜的保健佳饮。

|营养成分|

糙米含有的维生素具有减肥、降低胆固醇、保护心脏、健脑的功能。

第三篇

五谷汁

芡实核桃汁

| 功 效 | 润肺、补肾

| 材 料 |

芡实30克，核桃肉15克，红枣7枚，白糖适量

 芡实 红枣 白糖

| 做 法 |

1.芡实洗净，浸泡；红枣洗净，去核。

2.将核桃肉、芡实、红枣放入豆浆机中，加水搅打成汁，烧沸后滤出汁，加入白糖拌匀即可。

| 贴心提示 |

食核桃易上火，因核桃含油脂较多。

| 营养成分 |

芡实含淀粉、蛋白质、脂肪，能缓和腹泻、神经痛、风湿骨痛、腰膝关节痛等症。

功效详解

芡实 促进血液循环 ＋ 红枣 补中益气 养血安神 ＝ 润肺、补肾

薏米汁

功 效 | 养颜驻容、轻身延年

|材 料|
薏米100克，牛奶适量

 薏
米

 牛
奶

|做 法|
1.薏米淘洗干净，泡软。
2.将薏米放入豆浆机中，添水搅打煮沸成汁。滤出，加入牛奶搅拌均匀即可。

|贴心提示|
妇女怀孕早期忌食；另外汗少、便秘者不宜食用。

|营养成分|
薏米含淀粉非常丰富，并易溶于水而被消化吸收。

薏米百合汁

功 效 | 润燥清热

|材 料|
薏米100克，鲜百合20克，冰糖适量

 薏
米

 百
合

 冰
糖

|做 法|
1.薏米淘洗干净，泡软；鲜百合洗净，撕成小块。
2.将薏米、百合放入豆浆机中，添水搅打煮沸成汁。滤出，加入冰糖搅拌均匀即可。

|贴心提示|
薏米一定要提前泡软。

|营养成分|
薏米含有维生素B$_1$，可以改善粉刺、黑斑、雀斑与皮肤粗糙等现象。

大米土豆汁

功 效 | 香滑顺口、润肠通便

|材 料|

大米90克，土豆50克，牛奶适量

 大米

 牛奶

|做 法|

1.大米洗净，泡软；土豆洗净，蒸熟，去皮后切块。

2.将大米、土豆放入豆浆机中，添水搅打成汁，烧沸后滤出，装杯，加入牛奶搅拌均匀即可。

|贴心提示|

青土豆、发芽土豆不宜食用。

|营养成分|

牛奶中含有多种免疫球蛋白，能增加人体免疫抗病能力。

大米黄豆汁

功 效 | 益颜色、填精髓

|材 料|

大米100克，黄豆50克，冰糖适量

 黄豆　大米　冰糖

|做 法|

1.大米洗净，泡软；黄豆洗净，浸泡至软；冰糖研碎。

2.将大米、黄豆放入豆浆机中，添水搅打煮沸成汁。滤出，装杯，加入冰糖搅拌均匀即可。

|贴心提示|

可以加入适量黑芝麻，味道更佳。

|营养成分|

黄豆富含铁、镁、锌、硒等，以及可溶性纤维等。

小米桂圆红糖汁

功 效 | 安神益智

|材 料|

小米100克，桂圆肉30克，红糖适量

 小米   桂圆肉

|做 法|

1.小米洗净，浸泡；桂圆肉洗净。

2.将小米、桂圆放入豆浆机中，添水搅打成汁，烧沸后滤出，加入红糖拌匀即可。

|贴心提示|

应该空腹饮用，每日两次。

|营养成分|

桂圆含有多种营养物质，有补血安神、健脑益智的功效。

板栗燕麦黄豆汁

功 效 | 健脾补肾、强身健体

|材 料|

黄豆100克，燕麦片50克，板栗6个

 黄豆   板栗   燕麦片

|做 法|

1.黄豆洗净，泡软；板栗去皮洗净，切小粒。

2.将所有原材料放入豆浆机中，添水搅打成汁。烧沸后滤出，装杯，搅拌均匀即可。

|贴心提示|

也可以将燕麦片换成燕麦，无需提前浸泡，与其他材料一起打汁即可。

|营养成分|

板栗中含有葡萄糖等营养素，能消除疲劳、恢复体力。

玉米燕麦片汁

功 效 | 降脂减肥、润肠通便

|材 料|
鲜嫩玉米粒100克，燕麦片50克

 玉米 燕麦片

|做 法|
1.鲜玉米粒洗净。
2.将所有原材料放入豆浆机中，添水搅打煮沸成汁。滤出，装杯即可。

|贴心提示|
过滤后，玉米燕麦片汁会更加香滑可口。

|营养成分|
燕麦丰富的可溶性纤维可降低血液中胆固醇的含量、减少高脂肪食物的摄取。

大米南瓜花生仁汁

功 效 | 增强记忆、抗老化

|材 料|
南瓜50克，大米100克，花生仁15克

 南瓜 大米 花生仁

|做 法|
1.大米洗净，泡软；南瓜去皮，洗净，切小块；花生仁洗净。
2.将所有原材料放入豆浆机中，添水搅打成汁。烧沸后滤出，装杯，搅拌均匀即可。

|贴心提示|
配上1个鸡蛋1个馒头做早餐，既满足了营养的需要，又能达到瘦身美容的效果。

|营养成分|
南瓜中含有丰富的锌，锌是人体生长发育的重要物质。

糯米红枣汁

功 效 | 缓解头昏眼花

| 材 料 |

糯米90克，红枣20克，白糖适量

 糯米

 红枣

 白糖

| 做 法 |

1.糯米洗净，浸泡；红枣温水泡发，去核。

2.将糯米、红枣放入豆浆机中，添水搅打成汁，烧沸后滤出，加入白糖拌匀即可。

| 贴心提示 |

糯米性黏，难于消化，消化功能弱的老人和小孩可减量，或避免饮用此汁。

| 营养成分 |

糯米中含蛋白质、脂肪、维生素B$_1$、维生素B$_2$、烟酸及淀粉等。

糯米莲子山药汁

功 效 | 养心安神、明目

| 材 料 |

糯米80克，莲子、山药、红枣各20克，白糖适量

 糯米

 莲子

 山药

| 做 法 |

1.糯米洗净，浸泡；莲子洗净，去莲心；山药洗净，去皮切块；红枣泡发，去核。

2.将糯米、莲子、山药、红枣放入豆浆机中，添水搅打煮沸成汁。滤出，加入白糖拌匀即可。

| 贴心提示 |

新鲜山药切开时的黏液中含有植物碱易伤手，若粘到可先用清水冲洗，再用醋清洗。

| 营养成分 |

糯米中含维生钙、铁、磷等营养素，能起到维持神经传导性、镇静神经的作用。

五谷黄豆汁

功效｜养颜美容

|材　料|

黄豆30克，黑豆、青豆、干豌豆、花生、冰糖各10克

 黄豆　 黑豆　 青豆　 花生

|做　法|

1.黄豆、黑豆、青豆、豌豆用水洗净，浸泡；花生仁洗净。

2.将上述食材放入豆浆机中，加水搅打成汁，烧沸，加入冰糖拌匀即可。

|贴心提示|

花生仁不宜去红衣，红衣营养价值高。

高粱米汁

功效｜健脾益中、补气清胃

|材　料|

黄豆50克，高粱米25克，冰糖10克

 黄豆　 冰糖　 高粱米

|做　法|

1.黄豆、高粱米洗净，用水浸泡。

2.将高粱米、黄豆放入豆浆机中，加水搅打，烧沸后滤出汁，加入冰糖拌匀即可。

|贴心提示|

高粱米性温，便秘者不宜饮用此汁。

黑米黄豆汁

功效｜滋补肝肾

|材　料|

黑米、黄豆各50克，黑芝麻、白糖各适量

 黄豆　 黑米　 黑芝麻　 白糖

|做　法|

1.黑米、黄豆分别洗净，泡软；黑芝麻炒香。

2.将黑米、黄豆、黑芝麻放入豆浆机中，添水搅打煮熟成汁。滤出，加入白糖搅拌均匀即可。

|贴心提示|

用炒熟的黑芝麻打出来的汁会更香。

红豆小米汁

功 效 | 缓解牙龈肿痛

|材 料|
红豆60克，小米50克，蜂蜜适量

 红豆　 小米　 蜂蜜

|做 法|
1.红豆、小米洗净，浸泡。
2.将红豆、小米放入豆浆机中，添水搅打煮沸成汁。滤出，加入蜂蜜拌匀即可。

|贴心提示|
如果想汁浓一点的话，可以多下些小米。

|营养成分|
红豆富含铁质，有补血、促进血液循环，增强体力和身体抵抗力的效果。

山药扁豆大米汁

功 效 | 健脾化湿

|材 料|
大米60克，扁豆、山药各50克，红糖适量

 大米　 扁豆　 山药

|做 法|
1.大米洗净，泡软；扁豆洗净，下锅煮熟；山药去皮，洗净，切小块。
2.将大米、扁豆、山药放入豆浆机中，添水搅打成汁。烧沸后滤出，装杯，加入红糖搅拌均匀即可。

|贴心提示|
早晚各饮用一次，补充日常所需营养。

|营养成分|
扁豆高钾低钠，经常食用有利于保护心脑血管，调节血压。

牛奶黑米汁

功 效 | 滑湿益精

|材 料|
黑米100克，牛奶、白糖适量

 黑米　 牛奶　 白糖

|做 法|
1.黑米淘洗干净，泡软。
2.将黑米放入豆浆机中，添水搅打煮熟成汁。滤出，加入牛奶和白糖搅拌均匀即可。

|贴心提示|
黑米米粒外部有一层坚韧的种皮，不易煮烂，故黑米应先浸泡一夜再煮。

|营养成分|
牛奶胆固醇含量少，对中老年人、女性尤为适宜。

玉米枸杞汁

功 效 | 保持眼睛健康

|材 料|
嫩玉米粒100克，枸杞25克，白糖适量

 玉米　 枸杞　 白糖

|做 法|
1.嫩玉米粒洗净，浸泡；枸杞用温水泡发。
2.将嫩玉米粒、枸杞放入豆浆机中，添水搅打煮沸成汁。滤出，加入白糖拌匀即可。

|贴心提示|
枸杞一般不宜和过多性温热的补品，如桂圆、红参、大枣等共食。

|营养成分|
玉米所含微量元素镁具有保肝明目的作用。

玉米汁

功 效 | 细嫩光滑皮肤

|材 料|

甜玉米150克

 甜玉米 ◄

|做 法|

1.甜玉米剥去叶、根须后清洗干净，再掰下玉米粒。

2.将甜玉米放入豆浆机中，添水搅打煮沸成汁，滤出装杯即可。

|贴心提示|

爱吃甜的话，可以加适量白糖调味。

糯米汁

功 效 | 缓解脾胃虚寒

|材 料|

糯米100克，大米50克，冰糖适量

 糯米 ◄ 大米 ◄ 冰糖 ◄

|做 法|

1.糯米、大米洗净，浸泡。

2.将糯米、大米放入豆浆机中，添水搅打煮沸成汁。滤出，加入冰糖拌匀即可。

|贴心提示|

糯米宜加热后食用，一次也不宜过多食用。

黑米黑豆汁

功 效 | 滋补肝肾

|材 料|

黑豆150克，黑米50克

 黑豆 ◄ 黑米 ◄

|做 法|

1.黑米、黑豆分别洗净，泡软。

2.将所有原材料放入豆浆机中，添水搅打煮沸成汁，滤出装杯即可。

|贴心提示|

黑米不宜放多，否则容易烧煳。

玉米扁豆木瓜汁

功 效 | 细嫩皮肤

|材料|

嫩玉米粒、白扁豆各100克，木瓜适量

玉米   扁豆   木瓜

|做 法|

1.嫩玉米粒洗净，浸泡；木瓜洗净，去皮、籽后切小块；白扁豆下锅煮熟。

2.将所有原材料放入豆浆机中，添水搅打煮沸成汁，滤出装杯即可。

|贴心提示|

如果没有嫩玉米而用干玉米粒的话，就一定要事先浸泡。

|营养成分|

木瓜所含的齐墩果素具有护肝降酶、抗炎抑菌、降低血脂等功效。

小米汁

功 效 | 滋阴补血

|材 料|

小米100克，红枣20克，白糖适量

小米   红枣   白糖

|做 法|

1.小米洗净，浸泡；红枣用温水泡发，去核

2.将小米、红枣放入豆浆机中，添水搅打煮沸成汁。滤出，加入白糖拌匀即可。

|贴心提示|

淘米时不要用手搓，也不要长时间浸泡，不要用热水淘米，防止营养流失。

|营养成分|

红枣含有多种氨基酸、糖类、有机酸、黏液质等。

第四篇

果汁·蔬菜汁·蔬果汁

果　汁

果汁是以水果为原料，经过物理方法如压榨、离心、萃取等得到的汁液。果汁中保留了水果中大部分营养成分，常喝果汁可以助消化、润肠道，补充膳食中营养成分的不足。

苹果

功效

①**提神健脑**：苹果是一种较好的减压补养水果，所含的多糖、钾、果胶、酒石酸、苹果酸、枸橼酸等，能有效减缓人体疲劳，在消除疲劳的同时，还能增强记忆力。

②**降低血糖**：苹果中的胶质和铬元素能保持血糖的稳定，所以苹果不但是糖尿病患者的健康小吃，而且是一切想要控制血糖的人必不可少的水果。但糖尿病患者食用应适量。

选购　选购苹果时，以色泽浓艳，果皮外有一层薄霜的为好。

保存　用塑料袋将苹果包好，常温下可储存10天左右。

食用禁忌

苹果 + 海味 = 腹痛、恶心
苹果与海味同时食用，会引腹痛，恶心、呕吐等。
苹果富含糖类和钾盐，冠心病、心肌梗死、肾病、糖尿病患者不宜多吃。

营养黄金组合

苹果 + 银耳 = 润肺止咳
苹果与银耳同食，具有润肺止咳的功效。

实用小贴士

吃苹果最好不削皮。苹果的果胶大部分聚集在皮中以及皮附近。果胶不仅会增加便量，在腹泻时还能吸收水分，使大便保持一定硬度。

苹果汁

制作时间	制作成本	专家点评	适合人群
12分钟	6元	开胃消食	儿童

|材　　料|

苹果（富士）2个，水100毫升

|做　　法|

1. 苹果洗净，切成小块。2. 在果汁机内放入苹果和水，搅打均匀。把果汁倒入杯中，用苹果和绿花椰装饰即可。

|贴心提示|

制作苹果汁时，要尽量在短时间内完成。

|另一做法|

加入冰块，味道会更好。

苹果菠萝柠檬汁

制作时间	制作成本	专家点评	适合人群
17 分钟	14 元	排毒瘦身	女性

|材　料|

苹果 1 个，菠萝 300 克，桃子 1 个，柠檬 1 个，冰块适量

|做　法|

1.将桃子洗净，去核，切块。2.柠檬洗净，切片；苹果洗净，去皮，切块；菠萝去皮，洗净，切成块。3.将所有的原材料放入搅拌机内榨成汁，加入冰块。

|贴心提示|

制作此果汁的苹果和桃子最好要先放入冰箱冷藏。

|另一做法|

加入少许牛奶，味道更好。

苹果猕猴桃汁

制作时间	制作成本	专家点评	适合人群
16 分钟	6 元	提神健脑	女性

|材　料|

苹果 1/2 个，猕猴桃 1 个，蜂蜜 1 小勺，冰水 200 毫升

|做　法|

1.将猕猴桃去皮，苹果去皮、去籽，洗净后均以适当大小切块。2.将所有材料放入榨汁机内一起搅打成汁，滤出果肉即可。

|贴心提示|

观察果皮颜色、果毛粗硬的程度等来判断猕猴桃的好坏。

|另一做法|

加入橘子，味道会更好。

苹果柠檬汁

制作时间	制作成本	专家点评	适合人群
14 分钟	5 元	提神健脑	男性

|材　料|

苹果 60 克，柠檬 1/2 个，凉开水 60 毫升，碎冰 60 克

|做　法|

1.苹果洗净，去皮、去核及子后切成小块；柠檬洗净，取 1/2 个压汁。2.将碎冰除外的材料放入搅拌机内，最后在杯中加碎冰即可。

|贴心提示|

此果汁颜色鲜艳，有少许泡沫，可以在榨汁的时候加入刨冰。

|另一做法|

加入香蕉，味道会更好。

苹果酸奶

制作时间	制作成本	专家点评	适合人群
12分钟	7元	开胃消食	儿童

|材　料|

苹果1个，原味酸奶60毫升，蜂蜜30克，凉开水80毫升，碎冰100克

|做　法|

1. 苹果洗净，去皮、去籽，切成小块备用。2. 碎冰、苹果及其他材料放入搅拌机内，以高速搅打30秒即可。

|贴心提示|

可根据个人口味增加酸奶的分量。

|另一做法|

加入香蕉，味道会更好。

苹果菠萝桃汁

制作时间	制作成本	专家点评	适合人群
14分钟	15元	消暑解渴	女性

|材　料|

苹果1个，菠萝300克，桃子1个，柠檬1/2个

|做　法|

1. 将桃子、苹果、菠萝去皮，洗净，均切小块，入盐水中浸泡；柠檬洗净，切片。2. 将所有的原材料放入榨汁机内，榨成汁即可。

|贴心提示|

如果此果汁不甜，可加入一小勺蜂蜜。

|另一做法|

加入牛奶，味道会更好。

苹果番荔枝汁

制作时间	制作成本	专家点评	适合人群
9分钟	10元	美白护肤	女性

|材　料|

苹果1个，番荔枝2个，蜂蜜20克

|做　法|

1. 将苹果洗净，去皮，去核，切成块。2. 番荔枝去壳，去籽。将苹果、番荔枝放入搅拌机中，再加入蜂蜜，搅拌30秒即可。

|贴心提示|

以果实大、果肉多、无虫害的番荔枝为好。

|另一做法|

加入冰水，味道会更好。

苹果香蕉柠檬汁

制作时间	制作成本	专家点评	适合人群
15 分钟	10 元	增强免疫	女性

|材　料|

香蕉 1 根，苹果 1 个，柠檬 1/2 个，优酪乳 200 毫升

|做　法|

1. 将香蕉去皮，切小块；将柠檬洗净，切碎。2. 将苹果洗净，去核，再切成小块。将所有的材料倒入榨汁机内，搅打均匀即可。

|贴心提示|

苹果一定要多洗几遍，以洗去苹果皮上残留的农药。

|另一做法|

加入银耳，味道会更好。

苹果葡萄干鲜奶汁

制作时间	制作成本	专家点评	适合人群
12 分钟	10 元	美白护肤	女性

|材　料|

苹果 1 个，葡萄干 30 克，鲜奶 200 毫升

|做　法|

1. 将苹果洗净，去皮与核，切小块，放入榨汁机中。2. 将葡萄干、鲜奶也放入榨汁机，搅打均匀即可。

|贴心提示|

葡萄干有很多杂质，一定要多洗几遍。

|另一做法|

加入蜂蜜，味道会更好。

苹果优酪乳

制作时间	制作成本	专家点评	适合人群
9 分钟	5 元	降低血压	老年人

|材　料|

苹果 1 个，原味优酪乳 60 毫升，蜂蜜 30 克，凉开水 80 毫升

|做　法|

1. 将苹果洗净，去皮、去籽，切成小块备用。2. 将苹果及其他材料放入榨汁机内，快速搅打 2 分钟即可。

|贴心提示|

可放入少许碎冰，更冰爽可口。

|另一做法|

加入红糖，味道会更好。

苹果蓝莓汁

制作时间	制作成本	专家点评	适合人群
10分钟	8元	排毒瘦身	女性

|材　料|

苹果 1/2 个，蓝莓 70 克，柠檬汁 30 毫升，水 100 毫升

|做　法|

1. 苹果用水洗净，带皮切成小块；蓝莓洗净。
2. 再把蓝莓、苹果、柠檬汁和水放入果汁机内，搅打均匀，把果汁倒入杯中即可。

|贴心提示|

为减少维生素的损失，制作果汁的动作要快。

|另一做法|

加入冰糖，味道会更好。

梨

功效

①**排毒瘦身**：梨水分充足，富含多种维生素、矿物质和微量元素，能够帮助器官排毒。

②**开胃消食**：梨能促进食欲，帮助消化，并有利尿通便和解热的作用，可用于高热时补充水分和营养。

③**消暑解渴**：梨鲜嫩多汁、酸甜适口，常食具有消暑解渴的功效。

选购 应选表皮光滑、无孔洞、无碰撞的果实，且能闻到果香。

保存 应以防腐、防褐变和防石细胞软化为主要目标。

食用禁忌

梨＋螃蟹＝伤肠胃

梨和螃蟹皆为寒性，两者同食会伤肠胃。

梨性寒，不宜多食，否则会引发腹泻。还因梨含糖量高，过食会引起血糖升高，加重胰腺负担，糖尿病人应少食。

营养黄金组合

梨＋橘子＝降低血脂

梨和橘子同食，可以降低胆固醇、防止人体老化。

梨＋柠檬＝预防便秘

梨和柠檬同食，可以预防便秘、身体老化，还可以预防黑斑、雀斑、老人斑及细纹。

梨汁

制作时间	制作成本	专家点评	适合人群
11 分钟	4 元	消暑解渴	儿童

|材　　料|

梨 1 个，橙子 1/2 个，冰水 100 毫升

|做　　法|

1. 将橙子去皮；梨去皮、去籽、洗净。2. 将以上材料以适当大小切块，与冰水一起放入榨汁机内搅打成汁，滤出果肉即可。

|贴心提示|

如没有冰水，可用凉白开水加少许蜂蜜代替，味道也不错。

|另一做法|

加入李子味道会更好。

贡梨双果汁

制作时间	制作成本	专家点评	适合人群
10 分钟	6 元	消暑解渴	儿童

|材　　料|

火龙果 50 克，青苹果 1 个，贡梨 1 个

|做　　法|

1. 将火龙果、青苹果及贡梨洗净，去皮与核，切小块。
2. 将火龙果、青苹果、贡梨放入榨汁机中，榨出汁即可。

|贴心提示|

火龙果在选购时要注意是否新鲜，果皮是否鲜亮。

|另一做法|

加入蜂蜜，味道会更好。

梨柚汁

制作时间	制作成本	专家点评	适合人群
12 分钟	7 元	降低血糖	老年人

|材　料|

梨 1 个，柚子 1/2 个，蜂蜜 1 大匙

|做　法|

1. 将梨洗净，去皮，切成块；柚子去皮，切成块。将梨和柚子放入榨汁机内，榨出汁液。2. 再向果汁中加 1 大匙蜂蜜，搅匀即可。

|贴心提示|

柚子要选体形圆润、表皮光滑、质地有些软的。

|另一做法|

加入草莓，味道会更好。

白梨苹果香蕉汁

制作时间	制作成本	专家点评	适合人群
14 分钟	6 元	美白护肤	女性

|材　料|

白梨 1 个，苹果 1 个，香蕉 1 根、冰块少许

|做　法|

1. 白梨、苹果均洗净，切块；香蕉剥皮后切块。2. 将白梨和苹果块榨汁，加入香蕉及适量的蜂蜜，一起搅拌，再加入适量冰块即可。

|贴心提示|

此果汁可加适量白开水。

|另一做法|

加入白糖水，味道会更好。

雪梨汁

制作时间	制作成本	专家点评	适合人群
10 分钟	4 元	消暑解渴	女性

|材　料|

雪梨 1 个，水 50 毫升

|做　法|

1. 雪梨用水洗净，切成小块。2. 然后把雪梨和水放入果汁机内，搅打均匀即可。

|贴心提示|

一般情况下，体型较大的雪梨糖分和水分含量都比较高。因此要挑选个大的雪梨。

|另一做法|

加入冰糖，味道会更好。

雪梨菠萝汁

制作时间	制作成本	专家点评	适合人群
11 分钟	4 元	增强免疫	男性

|材　料|

雪梨 1/2 个，菠萝汁 30 毫升，水 100 毫升

|做　法|

1. 雪梨洗净，去皮，切成小块。2. 将雪梨放入果汁机内榨汁，最后加入菠萝汁即可。

|贴心提示|

榨汁后，加入少许白糖摇匀后即可食用。

|另一做法|

加入牛奶，味道会更好。

白梨西瓜苹果汁

制作时间	制作成本	专家点评	适合人群
11 分钟	7 元	消暑解渴	男性

|材　料|

白梨 1 个，西瓜 150 克，苹果 1 个，柠檬 1/3 个

|做　法|

1. 将白梨和苹果洗净，去果核，切块；西瓜洗净，切开，去皮；柠檬洗净，切成块。2. 所有材料放入榨汁机榨汁。

|贴心提示|

西瓜要去西瓜子；苹果皮也有营养，不要削掉。

|另一做法|

加入草莓，味道会更好。

梨苹果香蕉汁

制作时间	制作成本	专家点评	适合人群
13 分钟	6 元	美白护肤	女性

|材　料|

白梨 1 个，苹果 1 个，香蕉 1 根，蜂蜜适量

|做　法|

1. 白梨和苹果洗净，去皮，去核后切块；香蕉剥皮后切成块状。2. 将白梨和苹果放进榨汁机中，榨出汁。3. 将果汁倒入杯中，加入香蕉及适量的蜂蜜，一起搅拌成汁即可。

|贴心提示|

榨汁时可加适量白开水。

|另一做法|

加入优酪乳，味道会更好。

贡梨柠檬优酪乳

制作时间	制作成本	专家点评	适合人群
11 分钟	9 元	美白护肤	女性

|材　料|

贡梨 1 个，柠檬 1 个，优酪乳 150 毫升

|做　法|

1. 将贡梨洗净，去皮，去籽，切成小块；将柠檬洗净、切片。2. 贡梨、柠檬先榨汁，最后加入优酪乳即可。

|贴心提示|

选择做果汁的贡梨要以果实全熟，果肉柔软且散发香味的为佳。

|另一做法|

加入冰水，味道会更好。

香蕉

选购 应选没有黑斑的香蕉食用。

保存 天热时将香蕉放在凉爽的地方，天冷时用报纸包好储存。

功效

①**降低血压**：香蕉含钾量丰富，可平衡体内的钠含量，并促进细胞及组织生长，有降低血压的作用。

②**增强免疫**：香蕉的糖分可迅速转化为葡萄糖，将被人体吸收，是一种快速的能量来源。

食用禁忌

香蕉 + 土豆 = 皮肤雀斑
香蕉不能与土豆同时食用，否则容易使皮肤长雀斑。

香蕉 + 芋头 = 胃酸胀痛
因香蕉含有多量的钾，与芋头同食会使胃酸过多、胃痛、消化不良、肾功能不全者应慎食。

营养黄金组合

香蕉 + 冰糖 = 改善便秘
香蕉与冰糖同食，可改善便秘。

香蕉牛奶汁

制作时间	制作成本	专家点评	适合人群
13 分钟	4 元	开胃消食	女性

|材　料|
香蕉 1 根，牛奶 50 毫升，火龙果少许

|做　法|
1. 将香蕉去皮，切成段；火龙果去皮，切成小块，与牛奶、香蕉一起放入榨汁器中，搅打成汁。2. 将香蕉牛奶汁倒入杯中即可。

|贴心提示|
香蕉很甜，此果汁不需要再加糖或蜂蜜。

|另一做法|
加入苹果，味道会更好。

香蕉火龙果汁

制作时间	制作成本	专家点评	适合人群
12 分钟	4 元	降低血压	老年人

|材　料|
火龙果 1/2 个，香蕉 1 根，优酪乳 200 毫升

|做　法|
1. 将火龙果和香蕉去皮，切块。2. 将准备好的材料放入榨汁机内，加优酪乳，搅打成汁即可。

|贴心提示|
火龙果最好切小一些。

|另一做法|
加入橙子，味道会更好。

香蕉哈密瓜鲜奶汁

制作时间	制作成本	专家点评	适合人群
12 分钟	15 元	降低血压	老年人

|材　　料|

香蕉 2 根，哈密瓜 150 克，脱脂鲜奶 200 毫升

|做　　法|

1. 香蕉去皮，切块。2. 将哈密瓜洗干净，去掉外皮，去掉瓤，切成小块，备用。将所有材料放入搅拌机内搅打 2 分钟即可。

|贴心提示|

选购香蕉时，手捏有软熟感的较甜。

|另一做法|

加入草莓，味道会更好。

香蕉蜜柑汁

制作时间	制作成本	专家点评	适合人群
12 分钟	7 元	排毒瘦身	女性

|材　　料|

香蕉 1 根，蜜柑 60 克，冷开水适量

|做　　法|

1. 蜜柑、香蕉去皮，切块。2. 将所有材料放入榨汁机内，加适量冷开水，搅打成汁即可。

|贴心提示|

可加入适量碎冰，味道更清爽可口。

|另一做法|

加入橙子，味道会更好。

香蕉茶汁

制作时间	制作成本	专家点评	适合人群
10分钟	5元	提神健脑	男性

|材　料|
香蕉100克，茶叶水、蜂蜜各少许

|做　法|
1. 将香蕉去皮，放入茶杯中捣碎。
2. 加入茶叶水、蜂蜜，调匀即成。

|贴心提示|
可加少许凉开水稀释一下果汁的浓度。

|另一做法|
加入苹果，味道会更好。

香蕉柳橙优酪乳

制作时间	制作成本	专家点评	适合人群
9分钟	8元	提神健脑	男性

|材　料|
香蕉1根，柳橙1个，优酪乳200毫升

|做　法|
1. 将香蕉去皮，切成大小适当的块。柳橙洗净，去皮，切成小块。2. 将所有材料放入榨汁机内，搅打均匀。

|贴心提示|
优酪乳可用脱脂牛奶代替。

|另一做法|
加入火龙果，味道会更好。

西瓜

功效

①**消暑解渴**：西瓜除不含脂肪和胆固醇外，含有大量葡萄糖、苹果酸、果糖、蛋白氨基酸、番茄素及丰富的维生素C等物质，是一种富有营养、纯净、食用安全的食品。

②**增强免疫**：西瓜中含有大量的水分，在急性热病发烧、口渴汗多、烦躁时，吃上一块，症状会马上改善。

选购 要挑选瓜皮表面光滑、纹路明显、底面发黄的西瓜。

保存 已切开的西瓜不要存放太久，建议现买现食。

食用禁忌

西瓜 + 羊肉 = 伤元气
西瓜与羊肉同食会伤元气。

西瓜 + 啤酒 = 胃痉挛
二者都是寒性的，一起吃可能会导致一些不适如胃痉挛，腹泻。
西瓜吃多了易伤脾胃，所以多食会引起腹胀、腹泻、食欲下降，还会积寒助湿，导致秋病并引起咽喉炎。

营养黄金组合

西瓜 + 蜜桃 = 清热解毒
西瓜与蜜桃同食，具有清热解毒，生津止渴的功效。

西瓜 + 冰糖 = 清热解暑
西瓜与冰糖同食，具有清热消暑，化湿利尿的功效。

实用小贴士

挑选西瓜时要注意：用手指弹瓜听到"嘭嘭"声的，是熟瓜；表面有茸毛、光泽暗淡、花斑和纹路不清的，听到"当当"声的，是不熟的瓜。

西瓜汁

制作时间	制作成本	专家点评	适合人群
14 分钟	8 元	消暑解渴	女性

|材　　料|
西瓜 300 克

|做　　法|
1. 切开西瓜，取出果肉。2. 用果汁机榨出西瓜汁。3. 把西瓜汁倒入杯中即可。

|贴心提示|
西瓜皮可以去油污。因为西瓜皮中含有一种粗脂肪，其成分可以和油污结合，达到去油污的效果。

|另一做法|
加入适量的蜂蜜拌匀，味道更好。

西瓜蜜桃汁

制作时间	制作成本	专家点评	适合人群
11分钟	7元	消暑解渴	男性

|材　　料|

西瓜100克，香瓜、蜜桃各1个，蜂蜜、柠檬汁、冷开水适量

|做　　法|

1. 将西瓜、香瓜去皮，去籽，切块；蜜桃去皮、去核；将各种水果与冷开水一起放入榨汁机中，榨成果汁。2. 再加入蜂蜜、柠檬汁调味即可。

|贴心提示|

在榨好的果汁里加入少量的盐，可以保持其鲜艳的颜色。

|另一做法|

加入葡萄，味道会更好。

艳阳之舞

制作时间	制作成本	专家点评	适合人群
11分钟	6元	消暑解渴	男性

|材　　料|

西瓜100克，料酒30毫升，七喜、柠檬汁、糖水各少许

|做　　法|

1. 将西瓜洗净，去皮，去籽，切块，用榨汁器榨成汁。2. 将西瓜汁、料酒、柠檬汁、糖水摇匀滤入杯中，再注入七喜即可。

|贴心提示|

西瓜切块后，一定要将西瓜子全部取出。

|另一做法|

加入冰水，味道会更好。

莲雾西瓜蜜汁

制作时间	制作成本	专家点评	适合人群
14分钟	7元	开胃消食	男性

|材　　料|

莲雾1个，西瓜300克，蜂蜜适量

|做　　法|

1. 将莲雾洗干净，切成小块。2. 西瓜洗净，去皮，去籽，切成块，取瓜肉。莲雾与西瓜放入榨汁机中榨出汁液，再加蜂蜜搅匀即可。

|贴心提示|

选购莲雾时，莲雾的底部张开越大表示越成熟。

|另一做法|

加入香蕉，味道会更好。

西瓜柳橙汁

制作时间	制作成本	专家点评	适合人群
12 分钟	9 元	排毒瘦身	女性

材　料

西瓜 200 克，柳橙 1 个

做　法

1.把西瓜去皮，去籽，切块状。2.柳橙用水洗净，去皮榨成汁。3.把西瓜与柳橙汁放入果汁机中，搅打均匀即可。

贴心提示

切开后的西瓜在保存时要用保鲜膜裹住，然后放在低温下储存，这种方法可保存 3 天左右。

另一做法

加入冰糖，味道会更好。

西瓜香蕉汁

制作时间	制作成本	专家点评	适合人群
12 分钟	6 元	消暑解渴	女性

|材　料|

红西瓜 70 克，香蕉 1 根，菠萝 70 克，苹果 1/2 个，蜂蜜 30 克，碎冰 60 克

|做　法|

1. 西瓜洗净，去皮、去籽，切块。
2. 香蕉去皮后切成小块；菠萝去皮后洗净，切成小块。碎冰、西瓜及其他材料放入搅拌机，高速搅打即可。

|贴心提示|

榨好汁之后再加少许白糖摇匀，果汁更酸甜可口。

|另一做法|

加入草莓，味道会更好。

西瓜橙子汁

制作时间	制作成本	专家点评	适合人群
10 分钟	6 元	美白护肤	女性

|材　料|

橙 100 克，西瓜 200 克，蜂蜜适量，红糖、冰块各少许

|做　法|

1. 将橙洗净，切片；西瓜洗净，去皮，去籽，取西瓜肉。2. 将橙榨汁，加蜂蜜搅匀。西瓜肉榨汁，加红糖水，按分层法注入杯中，加冰块即可。

|贴心提示|

西瓜在榨汁前，要先清洗再切开，避免农药及细菌残留在瓜皮上。

|另一做法|

加入柠檬，味道会更好。

橘子

功效

①**降低血脂：** 橘子中含有丰富的维生素 C 和尼克酸等，它们有降低人体中血脂和胆固醇的作用。

②**开胃消食：** 橘子含有丰富的糖类（葡萄糖、果糖、蔗糖）、维生素、苹果酸、柠檬酸、蛋白质、脂肪、食物纤维以及多种矿物质等，有健胃消食的功效。

选购 要选择果皮颜色金黄、平整、柔软的橘子。

保存 放入冰箱中可以保存很长时间，但建议不要存放太久。

食用禁忌

橘子 + 螃蟹 = 发软痫
橘子不宜与螃蟹同食，否则令人发软痫。

橘子 + 牛奶 = 易得结石
橘子与牛奶同时食用，容易使人得结石。

胃肠、肾、肺功能虚寒的老人不可多吃橘子，以免诱发腹痛、腰膝酸软等病状。

橘子汁

制作时间	制作成本	专家点评	适合人群
14 分钟	8 元	美白护肤	女性

|材　料|

橘子 4 个，苹果 1/4 个，陈皮少许

|做　法|

1. 将苹果洗净，去皮，去籽，橘子带皮洗净，分别进行切块。
2. 将所有材料放入榨汁机一起搅打成汁。3. 用滤网把汁滤出来即可。

|贴心提示|

榨汁之后，加入一小勺蜂蜜，口味更佳。

|另一做法|

加入橙子，味道会更好。

芒果橘子奶

制作时间	制作成本	专家点评	适合人群
12 分钟	12 元	提神健脑	儿童

|材　料|

芒果 150 克，橘子 1 个，鲜奶 250 毫升

|做　法|

1. 将芒果洗净，去皮，切成小块备用。2. 将橘子去皮，去籽，撕成瓣；将柠檬洗净，切片。3. 将所有材料放入榨汁机榨汁。

|贴心提示|

此果汁最好现做现饮，放置时间长了会破坏其维生素。

|另一做法|

加入糖水，味道会更好。

橘子菠萝汁

制作时间	制作成本	专家点评	适合人群
12 分钟	4 元	消暑解渴	男性

| 材　料 |

橘子1个，菠萝50克，薄荷叶1片，陈皮1克，冰水200毫升

| 做　法 |

1. 将橘子去皮，撕成瓣；菠萝去皮，洗净，切块；陈皮泡发；薄荷叶洗净。
2. 将所有材料放入榨汁机一起搅打成汁，滤出果肉即可。

| 贴心提示 |

冰水可用碎冰代替，这样的果汁更冰爽可口。

| 另一做法 |

加入苹果，味道会更好。

蜜柑汁

制作时间	制作成本	专家点评	适合人群
16 分钟	7 元	开胃消食	男性

| 材　料 |

蜜柑250克，蜂蜜适量，豆浆200毫升

| 做　法 |

1. 将蜜柑去除皮和子。2. 将豆浆、蜂蜜、蜜柑，置于榨汁机容杯中，充分混合搅拌2分钟即可。

| 贴心提示 |

要尽量减少果汁和空气的接触时间，避免果汁氧化变成褐色。

| 另一做法 |

加入柠檬汁，味道会更好。

金橘苹果汁

制作时间	制作成本	专家点评	适合人群
13 分钟	7 元	增强免疫	儿童

|材　料|

金橘 50 克，苹果 1 个，白萝卜 80 克，凉开水 200 毫升，蜂蜜少许

|做　法|

1. 将金橘、苹果洗净，去皮。白萝卜洗净，去皮，切成小块。
2. 将材料倒入榨汁机内榨成汁，加入蜂蜜搅拌均匀即可。

|贴心提示|

制作此果汁的动作要快。

|另一做法|

加入梨，味道会更好。

金橘柠檬汁

制作时间	制作成本	专家点评	适合人群
14 分钟	7 元	提神健脑	儿童

|材　料|

金橘 60 克，柳橙汁 15 克，柠檬汁 15 克，糖水、冰水、冰块各适量

|做　法|

1. 将金橘洗净，然后将所有材料放入雪克壶。2. 摇 10 ~ 20 下即成。

|贴心提示|

柠檬汁最好在最后放入。

|另一做法|

加入苹果汁，味道会更好。

橘柚汁

制作时间	制作成本	专家点评	适合人群
11 分钟	7 元	提神健脑	儿童

|材　料|

柚子、橘柚、橘子 1 个，柠檬汁少许，冰块、甘橙类水果切片各适量

|做　法|

1. 把这些水果洗净处理好后切小块，挤出果汁，可加一点柠檬汁，以营造出较酸的风味。2. 把果汁倒玻璃杯内，加冰块与一些甘橙类水果切片作装饰即可。

|贴心提示|

鲜榨果汁上的那层泡沫含有丰富的酵素，千万不要撇掉。

|另一做法|

加入蜂蜜，味道会更好。

橘子柠檬汁

制作时间	制作成本	专家点评	适合人群
13 分钟	5 元	降低血压	老年人

|材　料|

金橘 100 克，柠檬 1/2 个，蜂蜜少许

|做　法|

1. 将金橘去皮，对半掰开；柠檬洗净，切片。2. 金橘榨成汁后加入柠檬汁、蜂蜜，拌匀即可。

|贴心提示|

可根据个人口味增加柠檬汁，然后再轻轻搅拌均匀。

|另一做法|

加入冰水，味道会更好。

金橘番石榴鲜果汁

制作时间	制作成本	专家点评	适合人群
14 分钟	6 元	降低血糖	老年人

|材　料|

金橘 8 个，番石榴 1/2 个，苹果 50 克，蜂蜜少许，冷开水 400 毫升

|做　法|

1. 将番石榴洗净，切块；苹果洗净，切块；金橘洗净，切开，都放入榨汁机中。2. 将冷开水、蜂蜜加入杯中，与上述材料一起搅拌成果泥状，滤出果汁。

|贴心提示|

在榨汁前把水果用热水稍烫一下，可以减少营养损失。

|另一做法|

加入柠檬汁，味道会更好。

桃子橘子汁

制作时间	制作成本	专家点评	适合人群
13 分钟	9 元	排毒瘦身	女性

|材　料|

桃子 1/2 个（100 克），橘子 1 个，温牛奶 300 毫升，蜂蜜 1 小勺

|做　法|

1. 将橘子去皮，撕成瓣；桃子去皮，去核，以适当大小切块。
2. 将所有材料放入榨汁机一起搅打成汁，滤出果肉。

|贴心提示|

此果汁中加了牛奶,因此不能空腹喝。牛奶也可用优酪乳代替。

|另一做法|

加入菠萝，味道会更好。

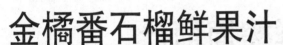

葡萄

功效

①**增强免疫**：葡萄营养丰富，味甜可口，主要含有葡萄糖，极易被人体吸收，同时还富含矿物质元素和维生素。

②**开胃消食**：葡萄中所含的酒石酸能助消化，适量食用能和胃健脾，对身体大有裨益。

选购 选购果粒饱满、果皮光滑、皮外有一层薄霜的葡萄为好。

保存 将葡萄放入冰箱中可保存 1 周，建议现买现食。

食用禁忌

葡萄 + 水产 = 消化不良
葡萄与水产类食物同食会导致消化不良。
吃葡萄后不能立刻喝水，否则很快就会腹泻，但是这种腹泻不是细菌引起的，泻完后会不治而愈。

营养黄金组合

葡萄 + 牛奶 = 预防贫血
葡萄与牛奶同食，具有利尿的作用。
葡萄 + 哈密瓜 = 健胃消食
葡萄与哈密瓜同食，能促进消化，和胃健脾。

鲜榨葡萄汁

制作时间	制作成本	专家点评	适合人群
13 分钟	9 元	增强免疫	儿童

材料
葡萄 1 串，葡萄柚 1/2 个

做法
1. 将葡萄柚去皮，葡萄去籽。2. 将材料以适当大小切块，放入榨汁机一起搅打成汁。3. 用滤网把汁滤出来即可。

贴心提示
榨果汁时加入少许碎冰可减少泡沫的产生。

另一做法
加入蜂蜜，味道会更好。

葡萄柠檬汁

制作时间	制作成本	专家点评	适合人群
13 分钟	6 元	开胃消食	儿童

材料
葡萄 150 克，柠檬 1/2 个，冷开水 200 毫升，蜂蜜少许

做法
1. 葡萄洗净，去皮、去籽；柠檬洗净，切片。2. 将所有材料搅打成汁即可。

贴心提示
榨汁前将水果用热水烫一下，可以减少营养损失。

另一做法
加入冰块，味道会更好。

葡萄汁

制作时间	制作成本	专家点评	适合人群
14分钟	7元	补血养颜	女性

|材　料|

葡萄 200 克，白糖 1 小匙，水 100 毫升

|做　法|

1. 将葡萄用水洗净。2. 把葡萄、白糖和水放入榨汁机内榨汁。3. 把葡萄汁倒入杯中即可。

|贴心提示|

葡萄在榨汁前可先去掉表皮，果香味会更香醇。

|另一做法|

加入少许苹果汁，味道会更好。

青红葡萄汁

制作时间	制作成本	专家点评	适合人群
12分钟	6元	增强免疫	男性

|材　料|

青葡萄 70 克，巨峰葡萄 70 克，红葡萄 70 克，七喜汽水 100 毫升

|做　法|

1. 将葡萄一一摘下，用水洗净。2. 把带皮的葡萄和七喜汽水放入果汁机内，搅打均匀。3. 把果汁倒入杯中，放入冰块即可。

|贴心提示|

葡萄用面粉水清洗，会洗得更干净。

|另一做法|

加入西瓜汁，味道更好。

桃子

选购 要选择颜色均匀、形状完好、表皮光滑的果实。

保存 桃子不宜储存，放入冰箱中会变味，建议现买现食。

功效

①**增强免疫**：桃子有人体所必需的多种矿物质，有维持细胞活力所必需的钾和钠，有骨骼必需的钙和磷，有保持血色素正常所必需的铁。

②**降低血压**：桃仁提取物有抗凝血作用，能抑制咳嗽中枢从而止咳，能使血压下降。

食用禁忌

桃子 + 白酒 = 导致上火
桃子与白酒同时食用，会导致上火。

桃子 + 萝卜 = 腹泻
桃子与萝卜同时食用，会导致腹泻。

胃肠功能不良者、老人、小孩不宜多吃桃子。

营养黄金组合

桃子 + 梨 = 活血化瘀
桃子与梨同食，可活血化淤。另外，还可增加人体对铁的吸收，对皮肤代谢也有促进作用。

桃汁

制作时间	制作成本	专家点评	适合人群
12 分钟	8 元	降低血压	老年人

|材　料|

桃子 1 个，胡萝卜 30 克，柠檬 1/4 个，牛奶 100 毫升

|做　法|

1. 胡萝卜洗净，去皮；桃子去皮，去核；柠檬洗净。2. 将以上材料切适当大小的块，与柠檬、牛奶一起放入榨汁机内搅打成汁，滤出果肉即可。

|贴心提示|

榨汁前要将桃子表面的绒毛刷洗干净。

|另一做法|

加入蜂蜜，味道会更好。

蜜桃汁

制作时间	制作成本	专家点评	适合人群
11 分钟	5 元	增强免疫	儿童

|材　料|

蜜桃 2 个，梨 1 个，蜂蜜适量

|做　法|

1. 将蜜桃洗净,切开,去核,切块。梨洗净,去皮、核,切成小块,放入榨汁机中,榨成梨汁。2. 再加入桃肉、蜂蜜,搅匀即可。

|贴心提示|

在榨好的果汁中加入少量的盐，可以保持其鲜艳的颜色。

|另一做法|

加入冰块，味道会更好。

桃子杏仁汁

制作时间	制作成本	专家点评	适合人群
11 分钟	8 元	降低血压	老年人

| 材　料 |

桃子 1/2 个，杏仁粉末 1/2 小勺，豆奶 200 毫升，蜂蜜 1 小勺

| 做　法 |

1. 将桃子洗净后去皮，去核，以适当大小切块。2. 将所有材料放入榨汁机内一起搅打成汁，滤出果肉即可。

| 贴心提示 |

此果汁沉淀物较多，一定要摇匀后再饮用。

| 另一做法 |

加入甜瓜，味道会更好。

桃子苹果汁

制作时间	制作成本	专家点评	适合人群
12 分钟	4 元	增强免疫	女性

| 材　料 |

桃子 1 个，苹果 1 个，柠檬 1/2 个

| 做　法 |

1. 将桃子洗净，对切为二，去核；苹果去掉果核，切块；柠檬洗净，切片。2. 将苹果、桃子、柠檬放进榨汁机中，榨出汁即可。

| 贴心提示 |

可加入适量盐进行调味。

| 另一做法 |

加入梨，味道会更好。

草莓

功效

①**消暑解渴：**草莓营养丰富，富含多种有效成分，果肉中含有大量的糖类、蛋白质、有机酸、果胶等营养物质，有解热祛暑之功效。

②**降低血压：**草莓中丰富的维生素C对动脉硬化、冠心病、心绞痛、脑溢血、高血压、高血脂等，都有积极的预防作用。

选购 宜选购硕大坚挺、果形完整、外表鲜红及无碰伤的果实。

保存 保存前不要清洗，带蒂轻轻包好勿压，放入冰箱中即可。

食用禁忌

草莓 + 柿子 = 腹泻
草莓与柿子同时食用，会引起腹痛腹泻。
草莓中含有的草酸钙较多，尿路结石病人不宜吃得过多。
对阿司匹林过敏和胃肠功能不佳的人，多食草莓会加重病情，建议少食。

营养黄金组合

草莓 + 香瓜 = 消暑解渴
草莓与香瓜同食，可以消暑解渴、增强肾脏功能。
草莓 + 梨 = 美容瘦身
草莓与梨同食，具有美容瘦身、改善肠胃的功能。

草莓汁

制作时间	制作成本	专家点评	适合人群
13 分钟	7 元	美白护肤	女性

|材　料|

草莓 180 克，蜂蜜适量，豆浆 180 毫升

|做　法|

1. 将草莓洗净，去蒂。2. 在榨汁机内放入豆浆、蜂蜜，搅拌 20 秒。3. 将草莓放入，搅打 1 分钟即可。

|贴心提示|

最好选用果肉坚硬、富有光泽、形状呈圆锥形的草莓。

|另一做法|

加适量酸奶，味道会更好。

草莓蛋乳汁

制作时间	制作成本	专家点评	适合人群
12 分钟	8 元	美白护肤	女性

|材　料|

草莓 80 克，鲜奶 150 毫升，蜂蜜少许，新鲜蛋黄 1 个

|做　法|

1. 将草莓洗净，去蒂，放入榨汁机中。2. 加入鲜奶、蛋黄、蜂蜜，搅匀即可。

|贴心提示|

新鲜且白色部分较少的草莓，具有较多的糖分。

|另一做法|

加入柠檬汁，味道会更好。

草莓香瓜汁

制作时间	制作成本	专家点评	适合人群
13 分钟	5 元	消暑解渴	儿童

|材 料|

草莓 5 颗，香瓜 1/2 个，冷开水 300 毫升，果糖 3 克

|做 法|

1. 草莓去蒂，洗净，切小块；香瓜洗净后去皮，去籽，切小块。2. 将所有材料与冷开水一起放入榨汁机中，榨成汁。再加入果糖调味即可。

|贴心提示|

要选择外形美观、口感脆甜、清爽可口的香瓜。

|另一做法|

加入柠檬汁，味道会更好。

草莓柳橙汁

制作时间	制作成本	专家点评	适合人群
12 分钟	7 元	降低血脂	老年人

|材 料|

草莓 10 颗，柳橙 1 个，鲜奶 90 毫升，蜂蜜 30 克，碎冰 60 克

|做 法|

1. 草莓洗净，去蒂，切成块。2. 柳橙洗净，对切压汁。将除碎冰外的材料放搅拌机内，快速搅 30 秒，最后加入碎冰。

|贴心提示|

用流动自来水将草莓连续冲洗几分钟，可以把草莓表面的病菌、农药及其他污染物除去大部分。

|另一做法|

加入橘子，味道会更好。

山楂草莓汁

制作时间	制作成本	专家点评	适合人群
10 分钟	6 元	美白护肤	女性

|材 料|

山楂 50 克，草莓 40 克，柠檬 1/3 个，冷开水适量

|做 法|

1. 山楂洗净，入锅，加清水 300 毫升，用大火煮开，再转小火煮 30 分钟，放凉备用。2. 把处理好的草莓、柠檬、山楂、冷开水放入榨汁机内搅打成汁。

|贴心提示|

榨汁时不要搅拌太久，否则会产生泡沫。孕妇不宜饮用。

|另一做法|

加入红糖，味道会更好。

草莓蜜桃苹果汁

制作时间	制作成本	专家点评	适合人群
10分钟	7元	排毒瘦身	女性

|材　料|

草莓3颗，水蜜桃1/2个，苹果1/2个，七喜汽水100毫升

|贴心提示|

七喜汽水可根据个人口味决定用量。

|做　法|

1. 草莓、苹果用水洗净，草莓去蒂，苹果切块。
2. 把水蜜桃切半，去核，切成小块。3. 把草莓、水蜜桃、苹果和七喜汽水放入果汁机内，搅打均匀即可。

|另一做法|

加入香瓜，味道会更好。

草莓优酪汁

制作时间	制作成本	专家点评	适合人群
10 分钟	7 元	消暑解渴	女性

|材　料|

草莓 10 颗，原味优酪乳 250 毫升

|做　法|

1. 将草莓洗净，去蒂，切成小块。2. 将草莓和优酪乳一起放入榨汁机内，搅打 2 分钟即可。

|贴心提示|

制作草莓优酪乳时，可根据个人口味多加入一些草莓。

|另一做法|

加入蜂蜜，味道会更好。

草莓水蜜桃菠萝汁

制作时间	制作成本	专家点评	适合人群
11 分钟	6 元	消暑解渴	男性

|材　料|

草莓 6 颗，水蜜桃 50 克，菠萝 80 克，冷开水 45 毫升

|做　法|

1. 将草莓洗净；水蜜桃洗净，去皮，去核后切成小块；菠萝去皮，洗净，切块。2. 将所有材料搅打均匀即可。

|贴心提示|

菠萝皮较难削掉，最好先用水果刀将其划成三角形，然后一个一个挑去。

|另一做法|

加入梨，味道会更好。

草莓贡梨汁

制作时间	制作成本	专家点评	适合人群
10 分钟	6 元	美白护肤	女性

|材　料|

草莓 6 个，贡梨 1 个，柠檬 1/2 个，冰块适量

|做　法|

1. 将草莓洗净，去掉蒂；贡梨去皮，去核，切成大小适量的块；柠檬洗净，切片。2. 将准备好的草莓、贡梨倒入榨汁机内。加入敲碎了的冰块和柠檬，搅拌均匀即可。

|贴心提示|

不要购买畸形草莓。

|另一做法|

加入少许盐，味道会更好。

橙子

选购 要选择果实饱满、着色均匀、散发出香气的橙子。

保存 将橙子放在阴凉通风处可保存半个月，但不要堆在一起。

功效

①开胃消食：橙子中含有丰富的果胶、蛋白质、钙、磷、铁及维生素 B_1、维生素 B_2、维生素 C 等多种营养成分，具有开胃消食的作用。

②降低血脂：橙子中维生素 C、胡萝卜素的含量高，能软化和保护血管、降低胆固醇和血脂。

食用禁忌

橙子 + 虾 = 引起中毒

橙子与虾同时食用会引起中毒。

饭前或空腹时不宜食用橙子，否则橙子所含的有机酸会刺激胃黏膜，对胃不利。

营养黄金组合

橙子 + 木瓜 = 丰胸美白

橙子与木瓜同食，具有丰胸美白、淡化斑点、健脾润肠的功效。

橙子 + 柠檬 = 降火解渴

橙子与柠檬同食，具有预防雀斑、降火解渴的功效。

实用小贴士

用苏打水把橙子表皮洗一遍，然后将橙子晾干，使苏打水在橙子外形成保护膜，把它们放到塑料袋里，将袋子封紧口。这样可以延长橙子的保存时间。

柳橙汁

制作时间	制作成本	专家点评	适合人群
13 分钟	4 元	增强免疫	男性

材 料

柳橙 2 个

做 法

1. 柳橙用水洗净，切成两半。2. 用榨汁机挤压出柳橙汁。3. 把柳橙汁倒入杯中即可。

贴心提示

要选用皮薄、呈红色或朱黄色，而且拿起来感觉重的柳橙。

另一做法

加入木瓜，味道会更好。

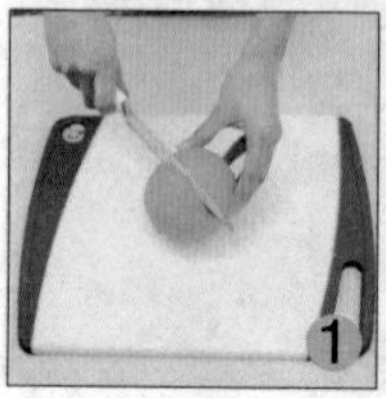
1

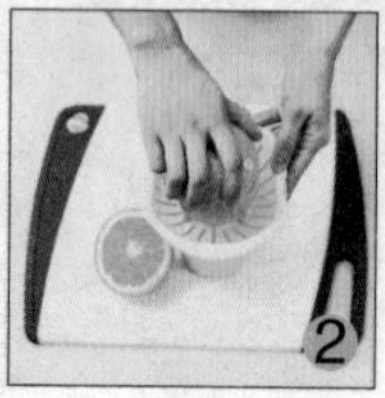
2

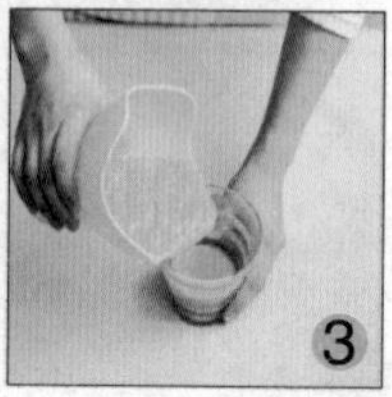
3

柳橙香蕉汁

制作时间	制作成本	专家点评	适合人群
12 分钟	4 元	提神健脑	男性

| 材　料 |

香蕉 1 根，柳橙 1 个，冷开水 100 毫升

| 做　法 |

1. 将柳橙洗净，去皮，切块，榨汁；将香蕉去皮，切段。
2. 把柳橙汁、香蕉、冷开水放入榨汁机，搅打均匀即可。

| 贴心提示 |

香蕉以外皮颜色呈金黄色的为佳。

| 另一做法 |

加入白糖水，味道会更好。

柳橙西瓜汁

制作时间	制作成本	专家点评	适合人群
12 分钟	6 元	消暑解渴	男性

| 材　料 |

柳橙 1/2 个，红西瓜 150 克，凉开水 50 克，糖水 30 毫升，碎冰 50 克

| 做　法 |

1. 橙洗净，压汁。 2. 西瓜洗净，去皮、子，切成块后放入搅拌机搅打 20 秒，滤渣取汁。倒入碎冰、糖水、柳橙汁，再倒入西瓜汁，搅匀即可。

| 贴心提示 |

西瓜汁过滤后果汁看起来较清澈，饮用时最好搅匀后再喝。

| 另一做法 |

加入香瓜，味道会更好。

柳橙葡萄菠萝奶

制作时间	制作成本	专家点评	适合人群
13 分钟	5 元	开胃消食	男性

| 材　料 |

白葡萄 50 克，柳橙 1/3 个，菠萝 150 克，鲜奶 30 毫升，蜂蜜 30 克

| 做　法 |

1. 将白葡萄洗净，去皮，去籽。2. 将柳橙洗净，切块；菠萝去皮，洗净，切块。3. 将所有材料放入榨汁机内，以高速搅打 90 秒，倒入杯中即可。

| 贴心提示 |

选用新鲜的柳橙更能保持其原汁原味，口感更好。

| 另一做法 |

加入草莓，味道会更好。

柳橙苹果梨汁

制作时间	制作成本	专家点评	适合人群
12 分钟	4 元	增强免疫	女性

|材　　料|

柳橙 2 个，苹果 1/2 个，雪梨 1/4 个，水 30 毫升

|贴心提示|

橙肉上那层白色的纤维素营养成分较高，最好不要扔掉。

|做　　法|

1. 柳橙去皮，切成小块。2. 苹果洗净、去核，雪梨洗净，去皮，均切成小块。3. 把备好的柳橙、苹果、雪梨和水放入果汁机内，搅打均匀即可。

|另一做法|

加入白糖水，味道会更好。

柳橙柠檬蜂蜜汁

制作时间	制作成本	专家点评	适合人群
13 分钟	4 元	消暑解渴	男性

|材　料|

柳橙 2 个，柠檬 1 个，蜂蜜适量

|做　法|

1. 将柳橙洗净，切半，用榨汁机榨出汁，倒出。2. 将柠檬洗净后切片，放入榨汁机中榨成汁。3. 将柳橙汁与柠檬汁及蜂蜜混合，拌匀即可。

|贴心提示|

榨汁时速度要快，可减少维生素的损失。

|另一做法|

加入冰块，味道会更好。

柳橙香瓜汁

制作时间	制作成本	专家点评	适合人群
12 分钟	5 元	美白护肤	女性

|材　料|

柠檬 1 个，柳橙 1 个，香瓜 1 个，冰块少许

|做　法|

1. 将柠檬洗净，切块；柳橙去皮、子，切块。2. 香瓜洗净，切块。将柠檬、柳橙、香瓜放入榨汁机挤压成汁。向果汁中加少许冰块，再依个人口味调味。

|贴心提示|

榨汁时可加入少许优酪乳。

|另一做法|

加入蜂蜜，味道会更好。

柳橙油桃饮

制作时间	制作成本	专家点评	适合人群
12 分钟	6 元	提神健脑	男性

|材　料|

细黄砂糖 1 汤匙，磨碎的姜 1/2 茶匙，油桃 4 个，柳橙、冰块各适量

|做　法|

1. 把糖、磨碎的姜和水入锅加热至糖溶化；油桃切开，去籽，加处理好的柳橙搅打。2. 杯子放入冰块，倒入果汁和糖浆即可。

|贴心提示|

最好把材料中的水果分开榨汁。

|另一做法|

加入木瓜，味道会更好。

猕猴桃

功效

①**降低血脂**：猕猴桃有降低胆固醇及甘油三酯的作用，亦可抑制致癌物质的产生。

②**清热解暑**：猕猴桃含丰富的蛋白质、碳水化合物、多种氨基酸和矿物质元素，水分含量多，具有解热、止渴的功效。

选购 宜选择果实饱满、绒毛尚未脱落的果实。

保存 还未成熟的猕猴桃可以和苹果放在一起，有催熟作用。

食用禁忌

猕猴桃 + 胡萝卜 = 破坏维生素 C

猕猴桃与胡萝卜同食会破坏维生素 C。
脾胃虚寒者应慎食。先兆性流产、月经过多和尿频者忌食。

营养黄金组合

猕猴桃 + 橙子 = 美白护肤

猕猴桃与橙子同食，具有修护和保养肌肤的功效，可使皮肤洁净白皙。

实用小贴士

充分成熟的猕猴桃质地较软，并有香气；若果实很软，或有胀气现象，并有异味，则已过熟或腐烂。

猕猴桃汁

制作时间	制作成本	专家点评	适合人群
13 分钟	5 元	提神健脑	儿童

|材　料|

猕猴桃 3 个，柠檬 1/2 个，冰块 1/3 杯

|做　法|

1. 猕猴桃用水洗净，去皮，每个切成 4 块。2. 在果汁机中放入柠檬汁、猕猴桃和冰块，搅打均匀。3. 把猕猴桃汁倒入杯中，装饰柠檬片即可。

|贴心提示|

用来榨汁的猕猴桃最好不要太硬，也不要选择软绵绵的。

|另一做法|

加入橙子，味道会更好。

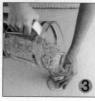

猕猴桃薄荷汁

制作时间	制作成本	专家点评	适合人群
10 分钟	5 元	开胃消食	儿童

|材　料|

猕猴桃 1 个，苹果 1/2 个，薄荷叶 2 片

|做　法|

1. 猕猴桃洗净，削皮，切成 4 块；苹果削皮，去核，切块。2. 将薄荷叶洗净，放入榨汁机中搅碎，再加入猕猴桃、苹果块，搅打成汁即可。

|贴心提示|

要选用接蒂处是嫩绿色的新鲜猕猴桃。

|另一做法|

加入冰块，味道会更好。

猕猴桃柳橙汁

制作时间	制作成本	专家点评	适合人群
13 分钟	5 元	提神健脑	儿童

|材　料|

猕猴桃 2 个，柳橙 1/2 个，糖水 30 毫升，蜂蜜 15 克

|做　法|

1. 将猕猴桃洗净，对切，挖出果肉。2. 将柳橙洗净，切成块。3. 将所有材料放入榨汁机内，榨汁即可。

|贴心提示|

榨出的猕猴桃柳橙汁应在半小时内饮尽。

|另一做法|

加入香瓜，味道会更好。

猕猴桃柳橙酸奶

制作时间	制作成本	专家点评	适合人群
12 分钟	9 元	美白护肤	女性

|材　料|

猕猴桃 1 个，柳橙 1 个，酸奶 130 毫升

|做　法|

1. 柳橙洗净，去皮。2. 将猕猴桃洗净，切开，取出果肉。3. 将柳橙、猕猴桃果肉及酸奶一起榨汁，搅匀即可。

|贴心提示|

可根据个人喜好来增加酸奶的分量。

|另一做法|

加入白砂糖，味道会更好。

猕猴桃苹果汁

制作时间	制作成本	专家点评	适合人群
12 分钟	6 元	增强免疫	女性

|材　料|

猕猴桃 2 个，苹果 1/2 个，柠檬 1/3 个，水 50 毫升

|贴心提示|

选购苹果时，应挑选个大适中、果皮光洁、软硬适中、气味芳香者。

|做　法|

1. 猕猴桃、苹果洗净，去皮，切块。2. 把猕猴桃、苹果、柠檬汁和水一起搅匀，冷藏即可。

|另一做法|

加入香蕉汁，味道会更好。

猕猴桃梨子汁

制作时间	制作成本	专家点评	适合人群
11 分钟	5 元	提神健脑	男性

|材　料|

猕猴桃 1 个，梨子 1 个，柠檬 1 个

|做　法|

1. 将猕猴桃洗净，去皮，切块；梨子去皮和果核，切块；柠檬洗净，切片。2. 将梨子、猕猴桃、柠檬榨出果汁。

|贴心提示|

猕猴桃放在 60℃以上的热水中浸泡 5 分钟，就能轻松地把皮剥掉。

|另一做法|

加入少许盐，味道会更好。

猕猴桃柳橙香蕉汁

制作时间	制作成本	专家点评	适合人群
12 分钟	5 元	美白护肤	女性

|材　料|

猕猴桃 1 个，柳橙 1 个，香蕉 1 根

|做　法|

1. 柳橙洗净，去皮；香蕉去皮。2. 猕猴桃洗净，切开取果肉。3. 将柳橙、猕猴桃肉及香蕉榨汁，搅匀。

|贴心提示|

要选择果皮呈黄褐色，富有光泽且果毛细而不易脱落的猕猴桃。

|另一做法|

加入梨，味道会更好。

猕猴桃梨香蕉汁

制作时间	制作成本	专家点评	适合人群
13 分钟	9 元	提神健脑	女性

|材　料|

猕猴桃 2 个，梨 1/2 个，香蕉 1/2 个，酸奶 1/2 杯，牛奶 100 毫升，蜂蜜 1 小勺

|做　法|

1. 猕猴桃与香蕉去皮，梨洗净后去皮，去核，均切块。2. 将所有材料放入榨汁机一起搅打成汁，滤出果肉。

|贴心提示|

挑选雪梨时，应选择圆润皮薄者。

|另一做法|

加入苹果，味道会更好。

哈密瓜

功效

①**美白护肤**：哈密瓜中含有丰富的抗氧化剂，而这种抗氧化剂能够有效增强细胞防晒的能力，减少皮肤黑色素的形成。

②**增强免疫**：哈密瓜能补充水溶性维生素C和B族维生素，能确保机体保持正常新陈代谢的需要。

③**清热解暑**：哈密瓜营养丰富，水分含量也多，具有清热解暑的功效。

选购 挑瓜时用手摸一摸，若瓜身坚实微软，说明成熟度较适中。

保存 哈密瓜属后熟果类，放在阴凉通风处储存，可放2周左右。

食用禁忌

哈密瓜 + 香蕉 = 引发肾亏
哈密瓜与香蕉同时食用易引发肾亏和糖尿病。
哈密瓜含糖较多，糖尿病人应慎食。
哈密瓜性凉，不宜吃得过多，以免引起腹泻。

营养黄金组合

哈密瓜 + 蜂蜜 = 开胃消食
哈密瓜与蜂蜜同食，具有开胃消食的功效。
哈密瓜 + 柠檬 = 清热解暑
哈密瓜和柠檬的水分含量都比较多，哈密瓜与柠檬同食，具有清热解暑的功效。

实用小贴士

最好看瓜皮上面有没有疤痕，因为疤痕越老的越甜，最好疤痕已经裂开，虽然看上去难看，但是这种哈密瓜的甜度高，口感好。

哈密瓜汁

制作时间	制作成本	专家点评	适合人群
11分钟	4元	消暑解渴	男性

材料

哈密瓜 1/2 个

做法

1.哈密瓜洗净，去籽，去皮，并切成小块。2.将哈密瓜放入果汁机内，搅打均匀。3.把哈密瓜汁倒入杯中，用哈密瓜皮装饰即可。

贴心提示

挑选哈密瓜时用手摸一摸，如果太硬则不太熟。

另一做法

加入柠檬，味道会更好。

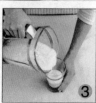

哈密瓜椰奶

制作时间	制作成本	专家点评	适合人群
12 分钟	12 元	开胃消食	男性

|材　料|

哈密瓜 200 克，椰奶 40 毫升，鲜奶 200 毫升，柠檬 1/2 个

|做　法|

1. 将哈密瓜削皮，去籽，切丁；柠檬洗净，切片。2. 将所有材料放入榨汁机内，搅打 2 分钟即可。

|贴心提示|

哈密瓜是季节性很强的水果，要注意选择食用时间和新鲜度。

|另一做法|

加入蜂蜜，味道会更好。

哈密瓜奶

制作时间	制作成本	专家点评	适合人群
12 分钟	8 元	提神健脑	男性

|材　料|

哈密瓜 100 克，鲜奶 100 毫升，蜂蜜 5 克，矿泉水少许

|做　法|

1. 将哈密瓜去皮、子，放入榨汁机榨汁。2. 将哈密瓜汁、牛奶放入榨汁机中，加入矿泉水、蜂蜜，搅打均匀。

|贴心提示|

最好选择从外表上看有密密麻麻的网状纹路且皮厚的哈密瓜。

|另一做法|

加入柠檬汁，味道会更好。

哈密瓜柳橙汁

制作时间	制作成本	专家点评	适合人群
13 分钟	5 元	增强免疫	男性

|材　料|

哈密瓜 40 克，柳橙 1 个，鲜奶 90 毫升，蜂蜜 8 毫升，白汽水 20 毫升

|做　法|

1. 将哈密瓜洗净，去皮、子，切块。2. 柳橙洗净，切开。3. 将哈密瓜、柳橙、鲜奶放入榨汁机内搅打 3 分钟，再倒入杯中，与白汽水、蜂蜜拌匀即可。

|贴心提示|

选哈密瓜时可用手轻轻按压瓜的表面，不易按下去的为佳。

|另一做法|

加入冰块，味道会更好。

木瓜

功效

①**降低血脂**：木瓜含番木瓜碱、木瓜蛋白酶、凝乳酶、胡萝卜素等，并富含17种以上氨基酸及多种营养元素，其中所含的齐墩果成分是一种具有护肝降酶、抗炎抑菌、降低血脂等功效的化合物。
②**排毒瘦身**：木瓜中所含的木瓜蛋白酶具有减肥的作用。

选购　要选择果皮完整、颜色亮丽、无损伤的果实。

保存　常温下能储存2～3天，建议购买后尽快食用。

食用禁忌

木瓜 + 海鲜 = 易引发呕吐
木瓜与海鲜同时食用会引发呕吐现象。
体质虚弱及脾胃虚寒的人，不要食用经过冰冻后的木瓜。
木瓜中的番木瓜碱有微毒，因此每次食量不宜过多，多吃会损筋骨、损腰部和膝盖力气。

营养黄金组合

木瓜 + 牛奶 = 有益消化
木瓜与牛奶同食，有助于肠胃消化，具有润肠的作用。
木瓜 + 柳橙 = 美白护肤
木瓜与柳橙同食，具有美白护肤的功效。

木瓜汁

制作时间	制作成本	专家点评	适合人群
12分钟	4元	排毒瘦身	女性

|材　料|

木瓜1/2个，菠萝60克，柠檬汁适量，冰水150毫升

|做　　法|

1. 将木瓜和菠萝去皮后洗净，均切适量大小。2. 将所有材料放入榨汁机一起搅打成汁。

|贴心提示|

不宜用冷藏后的木瓜榨汁。

|另一做法|

加入牛奶，味道会更好。

木瓜柳橙汁

制作时间	制作成本	专家点评	适合人群
11分钟	5元	美白护肤	女性

|材　　料|

木瓜100克，柳橙1个，柠檬1/2个，酸奶120毫升

|做　　法|

1. 将木瓜洗净，去皮、籽，切小块。2. 柳橙洗净，切开，榨出汁液；柠檬洗净，切片，榨出汁。将木瓜、柳橙汁、柠檬汁放入搅拌机内搅匀即可。

|贴心提示|

此果汁可加入少许碎冰块，喝起来更冰爽。

|另一做法|

加入青苹果，味道会更好。

芒果

功效

①**开胃消食**：芒果的果汁能增加胃肠蠕动，使粪便在结肠内停留时间变短，因此对预防结肠癌很有裨益。

②**美白护肤**：芒果的胡萝卜素含量特别高，能润泽皮肤，是女士们的美容佳果。

选购 应选表皮光滑、平整、颜色均匀的芒果。

保存 将芒果放在阴凉通风处可保存 10 天左右。

食用禁忌

芒果 + 大蒜 = 损肾脏

芒果不宜与辛辣食物同食，否则损肾脏。

芒果性质带湿毒，患有皮肤病或肿瘤的人群,应禁止食用。

芒果一次不宜食入过多，临床有过量食用芒果引致肾炎的报道。

营养黄金组合

芒果 + 橘子 = 补脾健胃

芒果与橘子同食可以补脾健胃、开胃消食。

芒果 + 柠檬 = 增强免疫

芒果与柠檬同食可以增强人体免疫力。

芒果豆奶汁

制作时间	制作成本	专家点评	适合人群
12 分钟	7 元	美白护肤	女性

材料

芒果1个,豆奶300毫升,莱姆汁适量,纯蜂蜜1~2汤匙,碎冰适量

做法

1.芒果洗净,削皮,去核,取果肉,加豆奶、莱姆汁、蜂蜜,搅打至起沫。2.加些蜂蜜、碎冰,倒入豆奶果汁。

贴心提示

将果汁放入冰箱冷藏半小时口感更佳。

另一做法

加入红糖,味道会更好。

圣女果芒果汁

制作时间	制作成本	专家点评	适合人群
10 分钟	6 元	降低血压	老年人

材料

圣女果 200 克,芒果 1 个,冰糖 5 克

做法

1.芒果洗净,去皮,去核,切块。2.圣女果洗净,去蒂,切块。将所有材料搅打成汁,加入冰糖即可。

贴心提示

要选用自然成熟、表皮颜色均匀、有香味的芒果。

另一做法

加入冰水,味道会更好。

菠萝

选购 要选择饱满、闻起来有清香的菠萝。

保存 菠萝放入冰箱中可保存1周,在阴凉通风处可保存3~5天。

食用禁忌

菠萝+黄瓜=降低营养价值

菠萝与黄瓜同时食用,会降低营养价值。
因菠萝蛋白酶能溶解纤维蛋白和酪蛋白,故消化道溃疡、严重肝或肾疾病、血液凝固功能不全等患者忌食,对菠萝过敏者慎食。

营养黄金组合

菠萝+西瓜=开胃消食

菠萝可促进消化、预防便秘;西瓜可退火利尿,帮助消化、促进食欲。

菠萝+香瓜=消暑解渴

菠萝与香瓜同食,具有生津止渴、除烦热、消炎利尿的作用。

实用小贴士

优质菠萝的果实呈圆柱形或两头稍尖的卵圆形,大小均匀适中,果形端正,芽眼数量少。成熟度好的菠萝表皮呈淡黄色或亮黄色,两端略带青绿色,上顶的冠芽呈青褐色;生菠萝的外皮色泽铁青或略带褐色。

功效

①**消暑解渴:** 菠萝具有解暑止渴、消食止泻之功效,为夏季医食兼优的时令佳果。

②**美白护肤:** 丰富的B族维生素能有效地滋养肌肤,防止皮肤干裂,同时也可以消除身体的紧张感和增强肌体的免疫力。

菠萝汁

制作时间	制作成本	专家点评	适合人群
10分钟	5元	开胃消食	儿童

材料

菠萝200克,柠檬汁50毫升

做法

1.菠萝去皮,洗净,切成小块。2.把菠萝和柠檬汁放入果汁机内,搅打均匀。3.把菠萝汁倒入杯中即可。

贴心提示

要选择饱满、着色均匀、闻起来有清香的果实。

另一做法

加入少许盐,味道会更好。

酸甜菠萝汁

制作时间	制作成本	专家点评	适合人群
12 分钟	5 元	开胃消食	女性

|材 料|

柠檬 1 个，菠萝 50 克

|做 法|

1. 将柠檬洗净，对切；将菠萝去皮，洗净，切块。2. 将原材料放入榨汁机内，以高速搅打 2 分钟即可。

|贴心提示|

要选用表皮呈淡黄色，上顶的冠芽呈青褐色的菠萝。

|另一做法|

加入苹果，味道会更好。

沙田柚菠萝汁

制作时间	制作成本	专家点评	适合人群
13 分钟	6 元	开胃消食	女性

|材 料|

菠萝 50 克，沙田柚 100 克，蜂蜜少许

|做 法|

1. 将菠萝去皮，洗净，切块。2. 将沙田柚去皮，去籽，切块。3. 将准备好的材料搅打成汁，加蜂蜜拌匀。

|贴心提示|

如果喜欢菠萝味浓一点，可以多加一些菠萝进行榨汁。

|另一做法|

加入橙子，味道会更好。

双桃菠萝汁

制作时间	制作成本	专家点评	适合人群
13 分钟	5 元	美白护肤	女性

|材 料|

猕猴桃 1 个，水蜜桃 1 个，菠萝 2 片，优酪乳 1 杯

|做 法|

1. 猕猴桃洗净，去皮，切块；水蜜桃洗净，去皮、去核，切块。2. 将所有材料放入榨汁机中，榨成汁即可。

|贴心提示|

用冷藏过的猕猴桃榨汁口感会更好。

|另一做法|

加少许盐，味道会更好。

柠檬

功效

①**美白护肤**：鲜柠檬的维生素含量极为丰富，能防止和消除皮肤色素沉着，使皮肤白皙。其独特的果酸成分可以软化角质层，令皮肤变得白皙而富有光泽。

②**增强免疫**：柠檬富含维生素C、糖类、钙、磷、铁等，可以预防感冒、增强免疫。

选购 要选果皮有光泽、新鲜而完整的柠檬。

保存 放入冰箱中可长期保存。

食用禁忌

柠檬 + 山楂 = 影响肠胃的消化功能
柠檬与山楂同食，会影响肠胃的消化功能。

柠檬 + 胡萝卜 = 破坏维生素 C
柠檬与胡萝卜同食，会破坏维生素 C。

营养黄金组合

柠檬 + 蜂蜜 = 美容养颜
柠檬与蜂蜜同食，具有美容养颜和缓解肩胛酸痛的作用。

柠檬 + 菠萝 = 生津止渴
柠檬与菠萝同食，具有生津止渴、健胃、止痛的功效。

柠檬汁

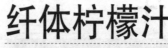

制作时间	制作成本	专家点评	适合人群
12 分钟	4 元	美白护肤	女性

材　料

柠檬 2 个，蜂蜜 30 毫升，凉开水 60 毫升

做　法

1. 将柠檬洗净，对半切开后榨成汁。2. 将柠檬汁及其他材料倒入有盖的大杯中。3. 盖紧盖子摇动 10 ~ 20 下，倒入小杯中即可。

贴心提示

要买软软的柠檬，不要买太硬的柠檬，太硬的柠檬会很酸。

另一做法

加入菠萝汁，味道会更好。

纤体柠檬汁

制作时间	制作成本	专家点评	适合人群
11 分钟	4 元	排毒瘦身	女性

材　料

柠檬、菠萝、蜂蜜各适量

做　法

1. 柠檬洗净，去皮，切片；菠萝去皮，切块。2. 将柠檬、菠萝块放入榨汁机中榨成汁。3. 加入蜂蜜一起搅拌均匀。

贴心提示

菠萝切块后最好用盐水浸泡，以去除涩味。

另一做法

加入冰块，味道会更好。

樱桃

功效

①**美白护肤**：樱桃营养丰富，含铁量尤其高，常用樱桃汁涂擦面部，能使面部皮肤红润嫩白。

②**增强免疫**：樱桃中富含的铁是合成人体血红蛋白、肌红蛋白的原料，在人体免疫等过程中，发挥着重要的作用。

选购 应选颜色鲜艳、果粒饱满、表面有光泽的樱桃。

保存 樱桃不宜久存，放入冰箱中可储存 3 天。

食用禁忌

樱桃 + 螃蟹 = 轻微中毒

樱桃与螃蟹同食会导致轻微中毒现象。

樱桃性温热，热性病及虚热咳嗽者要忌食。过食樱桃易引发热性病、肺结核，还会引起慢性支气管炎与支气管扩张等病。

营养黄金组合

樱桃 + 草莓 = 美容养颜

樱桃与草莓同食，具有美容养颜的功效。

樱桃 + 柚子 = 增强免疫

樱桃与柚子都有增强人体免疫力的作用，同时食用具有增强免疫的功效。

樱桃优酪乳

制作时间	制作成本	专家点评	适合人群
10 分钟	10 元	开胃消食	女性

材料

红樱桃 15 颗，优酪乳 30 克，糖水 15 克，冰水 100 毫升，碎冰 120 克

做法

1. 樱桃洗净，去籽，切小块备用。2. 将所有材料放入榨汁机中搅打 30 秒即成。

贴心提示

采用酸、甜樱桃组合榨出酸甜可口、风味优良的果汁。

另一做法

加入柚子，味道会更好。

樱桃草莓汁

制作时间	制作成本	专家点评	适合人群
12 分钟	12 元	排毒瘦身	女性

材料

草莓 200 克，红葡萄 250 克，红樱桃 150 克，冰块适量

做法

1. 将葡萄、樱桃、草莓洗净。将葡萄切半，把大颗草莓切块，然后与樱桃一起放入榨汁机中榨汁。2. 把成品倒入玻璃杯中，加冰块、樱桃装饰即可。

贴心提示

要选择连有果蒂、光鲜饱满的樱桃。

另一做法

加入红糖，味道会更好。

石榴

功效

①**美白护肤**：石榴中含有的钙、镁、锌等矿物质萃取精华，能迅速补充肌肤所失水分，令肤质更为明亮柔润。

②**增强免疫**：石榴的营养特别丰富，含有多种人体所需的营养成分，果实中含有维生素C及B族维生素、有机酸、糖类、蛋白质等，可以增强人体免疫力。

选购 选购时，以果实饱满、较重，果皮表面色泽较深的较好。

保存 石榴不宜保存，建议买回后1周之内吃完。

食用禁忌

石榴 + 胡萝卜 = 身体不适

石榴与胡萝卜同食易导致身体不适。

石榴酸涩有收敛作用，感冒、急性盆腔炎、尿道炎等患者慎食。石榴多食会损伤牙齿，还会助火生痰。

营养黄金组合

石榴 + 苹果 = 增强免疫

石榴与苹果同食，具有增强免疫的功效。

石榴梨泡泡饮

制作时间	制作成本	专家点评	适合人群
10 分钟	10 元	降低血脂	女性

材料

梨2个,磨碎的甜胡椒15克,石榴1个,蜂蜜、冰块、梨片各适量

做法

1.梨洗净，去皮，切块；以少许开水搅拌甜胡椒；石榴切开去皮，取石榴子；三者一起搅打成汁。2.倒入蜂蜜搅拌，装杯加冰块、梨片即可。

贴心提示

石榴以果实饱满、重量较重且果皮表面色泽较深的较好。

另一做法

加入橘子，味道会更好。

石榴苹果汁

制作时间	制作成本	专家点评	适合人群
12 分钟	12 元	增强免疫	儿童

材料

石榴、苹果、柠檬各1个

做法

1.剥开石榴的皮，取出果实；将苹果洗净，去核，切块。
2.将苹果、石榴、柠檬放进榨汁机，榨汁即可。

贴心提示

用刀子环形在石榴顶上切一圈，这样能很快剥开石榴的皮。

另一做法

加入冰块，味道会更好。

番石榴

选购 要选择颜色均匀、体形硕大的果实。

保存 建议现买现食，番石榴放在阴凉通风处可保存1周。

食用禁忌

患有流行感冒、急性炎症、上火便秘者应谨慎食用；再者番石榴不宜食用过多，每次食用一个即可。

营养黄金组合

番石榴＋葡萄柚＝降低血脂
番石榴与葡萄柚同时食用，可以降低血脂。
番石榴＋柚子＝增强免疫
番石榴与柚子同食，具有增强免疫的功效。

功效

①**开胃消食**：番石榴营养丰富，含有蛋白质、脂肪、糖类等，可增加食欲，促进儿童生长发育。
②**增强免疫**：番石榴含有维生素A、B族维生素、维生维C、钙、磷、铁等，可以增强人体免疫力。

番石榴葡萄柚汁

制作时间	制作成本	专家点评	适合人群
12分钟	8元	降低血脂	老年人

|材　料|

红葡萄100克，番石榴1/2个，柚子80克，冰块少许，柠檬1个

|做　法|

1. 红葡萄、番石榴洗净，切块。2. 柚子去皮。将冰块放入榨汁机容器中，以防止榨汁时产生泡沫。将番石榴、柚子、红葡萄、柠檬榨汁即可。

|贴心提示|

冰块以刨冰为佳，也可用碎冰代替。

|另一做法|

加入红糖，味道会更好。

番石榴综合果汁

制作时间	制作成本	专家点评	适合人群
13分钟	12元	增强免疫	男性

|材　料|

番石榴2个，菠萝30克；蓝姆汁少许，橙子、柠檬1个，冷开水少量

|做　法|

1. 番石榴洗净，切开，去籽；菠萝去皮，洗净后切块；橙去皮，切块；柠檬洗净，切片。2. 将切好的番石榴、菠萝、柠檬、橙子榨汁。3. 加入蓝姆汁、冷开水，搅匀。

|贴心提示|

将果汁放入冰箱冷藏半小时更好喝。

|另一做法|

加入牛奶，味道会更好。

李子

选购 要选择颜色均匀、果粒完整、无虫蛀的李子。

保存 可放入冰箱中冷藏1周。

功效

①**开胃消食**：李子能促进胃酸和消化酶的分泌，有增强肠胃蠕动的作用。

②**美白护肤**：李子的悦面养容之功十分奇特，能使颜面光洁如玉。

食用禁忌

李子 + 鸡肉 = 损五脏
李子与鸡肉同时食用会损五脏。
李子含高量的果酸，多食伤脾胃，过量食用易引起胃痛，溃疡病及急、慢性胃肠炎患者忌服。

营养黄金组合

李子 + 牛奶 = 开胃消食
李子与牛奶同食，具有开胃消食、健脾养胃的功效。

李子 + 柠檬 = 养颜护肤
李子能使颜面光洁如玉，柠檬能消毒去垢、清洁皮肤。

李子柠檬汁

制作时间	制作成本	专家点评	适合人群
11分钟	4元	排毒瘦身	女性

|材　　料|
新鲜李子2个，柠檬1/4个，冷开水400毫升

|做　　法|
1. 将李子洗净，削皮，去核；柠檬洗净，切开，去皮，和李子一起放入榨汁机。2. 再将冷开水倒入，盖上杯盖，充分搅匀，滤掉果渣，倒入杯中即可。

|贴心提示|
一定要把榨汁机按住再打开开关，直到水果搅碎为止。

|另一做法|
加入鲜奶，味道会更好。

李子牛奶饮

制作时间	制作成本	专家点评	适合人群
12分钟	8元	提神健脑	女性

|材　　料|
李子6个，蜂蜜适量，牛奶少许

|做　　法|
1. 将李子洗净，去核取肉。2. 将李子肉、牛奶放入榨汁机中。3. 再加入蜂蜜，搅拌均匀即可。

|贴心提示|
可加少量冰块，这样榨出来的果汁更美味爽口。

|另一做法|
加入红糖水，味道会更好。

火龙果

选购 要选购果皮鲜亮、果实较软的火龙果。

保存 放在阴凉通风处保存即可。

食用禁忌

火龙果 + 牛奶 = 腹痛腹泻
火龙果与牛奶同时食用，会导致腹痛、腹泻。
火龙果 + 胡萝卜 = 对身体不利
火龙果与胡萝卜同时食用，会对身体不利。

营养黄金组合

火龙果 + 柠檬 = 美白护肤
火龙果与柠檬同食，具有美白肌肤、保护容颜的功效。

功效

①**美白护肤**：火龙果富含维生素C，可以消除氧自由基，具有美白皮肤的作用。
②**开胃消食**：火龙果中芝麻状的种子有促进消化的功能。
③**排毒瘦身**：火龙果是一种低能量、高纤维的水果，具有排毒瘦身的功效。

火龙果汁

制作时间	制作成本	专家点评	适合人群
12 分钟	7 元	降低血糖	老年人

|材　料|

火龙果 150 克，菠萝 50 克，冷开水 60 毫升

|做　法|

1.将火龙果洗净，对半切开后挖出果肉，切成小块。2.将菠萝去皮，洗净后将果肉切成小块。3.把所有材料放入榨汁机内，以高速搅打 3 分钟即可。

|贴心提示|

果汁榨好之后要立马饮用，否则维生素将损失。

|另一做法|

加入碎冰，味道会更好。

火龙果降压果汁

制作时间	制作成本	专家点评	适合人群
13 分钟	10 元	降低血压	老年人

|材　料|

火龙果 200 克，柠檬 1/2 个，酸奶 200 毫升

|做　法|

1.将火龙果洗净，对半切开后挖出果肉备用。2.柠檬洗净，连皮切成小块。将所有材料倒入搅拌机打成果汁。

|贴心提示|

储存时间太久的火龙果不宜选用。

|另一做法|

加入冰糖，味道会更好。

荔枝

功效

①**增强免疫**：荔枝含有丰富的糖分、蛋白质、多种维生素、脂肪、柠檬酸、果胶等，具有增强人体免疫力的功效。

②**美白护肤**：荔枝拥有丰富的维生素，可促进微细血管的血液循环，防止雀斑，令皮肤更加光滑。

选购 要选择果肉透明但汁液不溢出、肉质结实的果实。

保存 荔枝不宜长期保存，建议现买现食。

食用禁忌

荔枝+黄瓜=破坏维生素C
两者同时会分解破坏维生素C，降低营养价值。
有上火或发炎症状的人群不宜食用荔枝。
荔枝虽好吃，但不宜多食，多吃易导致便秘。

营养黄金组合

荔枝 + 柠檬 = 排毒瘦身
荔枝与柠檬同食，具有排毒瘦身的功效。
荔枝 + 酸奶 = 开胃消食
荔枝与酸奶同食，具有开胃消食、健脾养胃的功效。

荔枝酸奶

制作时间	制作成本	专家点评	适合人群
10 分钟	9 元	消暑解渴	老年人

|材 料|
荔枝 8 个，酸奶 200 毫升

|做 法|
1. 将荔枝去壳与子，放入榨汁机中。2. 倒入酸奶，搅匀后饮用。

|贴心提示|
荔枝不能用太多，否则饮用后会引发低血糖。

|另一做法|
加入红枣，味道会更好。

荔枝柠檬汁

制作时间	制作成本	专家点评	适合人群
11 分钟	12 元	提神健脑	男性

|材 料|
荔枝 400 克，柠檬 1/4 个，冷开水适量

|做 法|
1. 将荔枝去皮及核。2. 将全部材料放入榨汁机中，榨成汁即可。

|贴心提示|
荔枝的外壳龟裂片平坦、缝合线明显，那么味道一定会很甘甜。

|另一做法|
加入酸奶，味道会更好。

葡萄柚

功效

①**增强免疫**：葡萄柚含有丰富的果胶，果胶是一种可溶性纤维，可以溶解胆固醇。

②**美白护肤**：葡萄柚中含有宝贵的天然维生素P。维生素P可以增强皮肤及毛孔的功能，有利于皮肤保健。

选购 表皮光滑有弹性，结实及有厚重感的葡萄柚较好。

保存 葡萄柚要装进保鲜袋后放入冰箱里保存。

食用禁忌

葡萄柚 + 西瓜 = 腹胀

葡萄柚与西瓜同食易导致腹胀腹泻。

葡萄柚因性寒，体质虚寒或胃寒患者不宜食用。

营养黄金组合

葡萄柚 + 苹果 = 促进新陈代谢

葡萄柚中的维生素 C 和苹果中的有机酸可以促进人体新陈代谢。

葡萄柚 + 油菜 = 预防骨质疏松

葡萄柚中的维生素 C 与油菜中的钙结合对预防骨质疏松有效。

葡萄柚梨子汁

制作时间	制作成本	专家点评	适合人群
13 分钟	9 元	美白护肤	女性

材　料

红葡萄柚 1 个，白葡萄柚 1/2 个，梨子 2 个，碎冰适量

做　法

1. 葡萄柚去皮，榨汁备用；梨子切块，放入榨汁机中榨汁。

2. 然后把全部果汁混合，倒在玻璃杯中碎冰上即可饮用。

贴心提示

果汁最好现做现饮，放置时间过久会因光线及温度破坏维生素。

另一做法

加入葡萄汁，味道会更好。

降脂葡萄柚菠萝汁

制作时间	制作成本	专家点评	适合人群
12 分钟	8 元	降低血脂	老年人

材　料

葡萄柚 1 个，菠萝 100 克

做　法

1. 将菠萝去皮，洗净，葡萄柚去皮，将二者均切成适当大小的块。2. 所有材料放入榨汁机内搅打成汁，滤出果肉即可。

贴心提示

皮触摸起来柔软而富有弹性的葡萄柚肉多皮薄。

另一做法

加入苹果，味道会更好。

葡萄柚汁

制作时间	制作成本	专家点评	适合人群
10分钟	8元	开胃消食	男性

| 材　　料 |

葡萄柚2个

| 贴心提示 |

鲜榨果汁最好现榨现饮，不宜放置时间过久，否则味道变酸，影响口感。

| 做　　法 |

1.将葡萄柚用水洗净，再对半切开。2.用榨汁机榨出葡萄柚汁。3.把葡萄柚汁倒入杯中即可。

| 另一做法 |

加入少许碎冰和牛奶，味道更好。

葡萄柚菠萝汁

制作时间	制作成本	专家点评	适合人群
11 分钟	6 元	排毒瘦身	女性

|材　料|

葡萄柚 1/2 个，菠萝 100 克，水 100 毫升，蜂蜜 1 大匙

|贴心提示|

最好选购颜色较浅的蜂蜜，营养更丰富，口感也更好，因为颜色较深的蜂蜜的质量不是很好。

|做　法|

1. 把葡萄柚切成两半，用榨汁机挤压出葡萄柚汁。2. 菠萝去皮，切成小块。3. 把菠萝、蜂蜜、水和葡萄柚汁倒入果汁机内，搅打均匀即可。

|另一做法|

加入适量的酸奶搅匀，口感更佳。

榴莲

功效

①**增强免疫**：榴莲含有丰富的蛋白质和脂类，对机体有很好的补养作用。

②**降低血压**：榴莲果中钾和钙的含量特别高，钾参与蛋白质、碳水化合物和能量的代谢及物质转运。

选购 当榴莲有一股酒精味时，一定是变质了，不要购买。

保存 成熟后自然裂口的榴莲存放时间不能太久，应尽快食用。

食用禁忌

榴莲＋酒＝对身体不利
吃过榴莲之后不能马上饮酒，否则对身体不利。
糖尿病患者不宜食用榴莲。

营养黄金组合

榴莲＋蜂蜜＝提神健脑
榴莲与蜂蜜同食，能起到提神健脑的功效。

榴莲＋牛奶＝开胃消食
榴莲与牛奶同食，具有健脾养胃、开胃消食的功效。

蜜汁榴莲

制作时间	制作成本	专家点评	适合人群
10 分钟	5 元	增强免疫力	女性

│材　料│
榴莲肉 60 克，蜂蜜少许

│做　法│
1. 先将榴莲肉放入榨汁机中。2. 再倒入蜂蜜。3. 加入适量清水后，搅打均匀即可。

│贴心提示│
榴莲以外形多丘状的为上选，榴莲的壳变黄，刺有一点软，外壳散发出榴莲香的最好。

│另一做法│
加入冰块，味道会更好。

榴莲牛奶果汁

制作时间	制作成本	专家点评	适合人群
10 分钟	7 元	美白护肤	女性

│材　料│
榴莲肉 100 克，水蜜桃 50 克，蜂蜜少许，鲜牛奶 200 毫升，冷开水 200 毫升

│做　法│
1. 将水蜜桃洗净。将榴莲、水蜜桃、蜂蜜倒入榨汁机。2. 将冷开水倒入，充分搅拌成果泥状，加入牛奶，调成果汁即可。

│贴心提示│
个头大的榴莲通常有较多的养分，所以通常比较香甜。

│另一做法│
加入青苹果，味道会更好。

杨桃

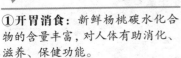

功效

①**开胃消食**：新鲜杨桃碳水化合物的含量丰富，对人体有助消化、滋养、保健功能。

②**美白养颜**：杨桃里面含有较多的果酸，能够抑制黑色素的沉淀，并且有保湿的作用，可以让肌肤变得滋润有光泽。

选购 应选择个大、颜色金黄、闻起来有香味的果实。

保存 杨桃不能放入冰箱中冷藏，要放在通风阴凉处储存。

食用禁忌

杨桃 + 乳酪 = 引起腹泻
杨桃与乳酪不能同时食用，否则容易导致腹泻。

实用小贴士

杨桃以 7 月开花，秋分果熟的为最佳。皮薄如膜、纤维少、果脆汁多、甜酸可口、芳香清甜。

蜂蜜杨桃汁

制作时间	制作成本	专家点评	适合人群
12 分钟	5 元	降低血脂	老年人

|材　料|

杨桃 1 个，蜂蜜少许，冷开水 200 毫升

|做　法|

1. 将杨桃洗净，切小块，放入榨汁机中。2. 倒入冷开水和蜂蜜，搅打成果汁饮用。

|贴心提示|

将果汁放入冰箱冷藏半小时后口感更佳。

|另一做法|

加入葡萄柚，味道会更好。

杨桃柳橙汁

制作时间	制作成本	专家点评	适合人群
10 分钟	7 元	开胃消食	儿童

|材　料|

杨桃 2 个，柳橙 1 个，柠檬汁、蜂蜜各少许

|做　法|

1. 将杨桃洗净，切块，放入半锅水中，煮开后转小火熬煮 4 分钟，放凉；柳橙洗净，切块，备用。2. 将杨桃倒入杯中，加入柳橙和辅料一起调匀，搅打成果汁即可。

|贴心提示|

杨桃不宜煮太长时间，否则营养会流失。

|另一做法|

加入橘子，味道会更好。

柚子

功效

①**增强免疫**：柚子有增强体质的功效，它帮助身体更容易吸收钙及铁质，内含天然叶酸。
②**降低血糖**：新鲜的柚子肉中含有作用类似于胰岛素的铬元素，能降低血糖。

选购 柚子要选体形圆润、表皮光滑、质地有些软的。

保存 柚皮很厚，能储存较长时间。

食用禁忌

柚子 + 降压药 = 中毒
服用降压药之后不能马上吃柚子，否则容易中毒。
柚子 + 黄瓜 = 破坏维生素 C
柚子不能与黄瓜同食，否则会破坏维生素 C。

营养黄金组合

柚子 + 草莓 = 增强免疫
柚子与草莓同食，具有增强免疫的功效。
柚子 + 蜂蜜 = 改善咳嗽
柚子与蜂蜜同食，具有改善咳嗽的功效。

沙田柚汁

制作时间	制作成本	专家点评	适合人群
12 分钟	9 元	降低血糖	老年人

|材　　料|

沙田柚 500 克，凉开水 200 毫升

|做　　法|

1. 将沙田柚的厚皮去掉，切成可放入榨汁机大小适当的块。2. 将柚子肉放入榨汁机内榨成汁即可。

|贴心提示|

榨果汁的速度要快，时间要短。

|另一做法|

加入草莓，味道会更好。

沙田柚草莓汁

制作时间	制作成本	专家点评	适合人群
12 分钟	6 元	降低血脂	老年人

|材　　料|

沙田柚 100 克，草莓 20 克，酸奶 200 毫升

|做　　法|

1. 将沙田柚去皮，切成小块。2. 草莓洗干净，去掉蒂，切成大小适当的小块。将所有材料放入搅拌机内搅打成汁即可。

|贴心提示|

如果在榨汁机中加几滴醋，榨出的汁更香甜可口。

|另一做法|

加入冰糖，味道会更好。

甜瓜

功效

①**消暑解渴**：甜瓜含有大量的碳水化合物及柠檬酸、胡萝卜素和B族维生素、维生素C等，且水分充沛，可消暑清热、生津解渴、除烦等。

②**增强免疫**：甜瓜含有苹果酸、葡萄糖、氨基酸等营养成分，常食可以增强机体的免疫能力。

选购 选购时要闻一闻瓜的头部，有香味的瓜一般比较甜。

保存 将甜瓜放置于阴凉通风处可保存1周左右。

食用禁忌

甜瓜 + 田螺 = 腹泻
甜瓜不能与田螺同食，否则导致腹泻。

甜瓜 + 螃蟹 = 导致中毒
甜瓜与螃蟹同时食用会导致中毒。

营养黄金组合

甜瓜 + 酸奶 = 消暑解渴
甜瓜与酸奶同食，具有消暑解渴的功效。

甜瓜 + 苹果 = 开胃消食
甜瓜与苹果同食，具有健肠整胃、开胃消食、补血益气的功效，对慢性病有改善作用。

甜瓜酸奶汁

制作时间	制作成本	专家点评	适合人群
13分钟	5元	开胃消食	儿童

|材　料|

甜瓜100克，酸奶1瓶，蜂蜜适量

|做　法|

1.将甜瓜洗净，去掉皮，切块，放入榨汁机中榨成汁。2.将果汁倒入搅拌机中，加入酸奶、蜂蜜，搅打均匀即可。

|贴心提示|

选择甜瓜时要注意闻瓜的头部，有香味的瓜一般比较甜。

|另一做法|

加入青苹果，味道会更好。

甜瓜苹果汁

制作时间	制作成本	专家点评	适合人群
12分钟	6元	排毒瘦身	女性

|材　料|

甜瓜60克，苹果1个，柠檬1个，冰块适量

|做　法|

1.甜瓜洗净，对切开，去籽，削皮，切成小块。2.将苹果洗净，去皮，去核，切成块。3.将准备好的材料倒入榨汁机内榨成汁，加入柠檬汁和冰块即可。

|贴心提示|

甜瓜的瓜蒂有毒，要将瓜蒂切除。

|另一做法|

加入蜂蜜，味道会更好。

蔬菜汁

蔬菜是日常饮食的重要组成部分，它富含多种营养元素，在膳食结构中具有不可替代的地位。将蔬菜加工制作成蔬菜汁，更易食用和消化，还能补充身体所需的各种能量和营养。

西红柿

选购 选择外观圆滑，透亮而无斑点的西红柿为宜。

保存 放在阴凉通风处，可保存 10 天左右。

食用禁忌

西红柿 + 黄瓜 = 降低营养
西红柿与黄瓜同食会降低营养价值。
西红柿 + 土豆 = 消化不良
西红柿与土豆同食易导致腹泻、腹痛和消化不良。

营养黄金组合

西红柿 + 花菜 = 预防心血管疾病
西红柿和花菜都含有丰富的维生素，能清除血液中的杂物，同食能有效预防心血管疾病。
西红柿 + 牛腩 = 健脾开胃
西红柿与牛腩同食，有健脾开胃的功效，并能补气血。

功效

①**增强免疫**：西红柿中的 B 族维生素参与人体广泛的生化反应，能调节人体代谢功能，增强机体免疫力。
②**降低血压**：西红柿中的维生素 C 有生津止渴、健胃消食、凉血平肝、清热解毒、降低血压的功效。
③**美白护肤**：西红柿还有美容效果，常吃具有使皮肤细滑白皙的作用，可延缓衰老。

西红柿柠檬汁

制作时间	制作成本	专家点评	适合人群
6 分钟	7 元	美白护肤	女性

|材　料|

西红柿 300 克，芹菜 100 克，柠檬 1/2 个，冷开水 250 毫升

|做　法|

1.将西红柿洗净，去皮，切块；芹菜洗净，切段；柠檬洗净，切片。2.将所有材料倒入榨汁机内，加冷开水，搅打 2 分钟即可。

|贴心提示|

喝前可以在果蔬汁里面加点冰块，更爽口。

|另一做法|

加入苹果，味道会更好。

西红柿蜂蜜汁

制作时间	制作成本	专家点评	适合人群
6 分钟	3 元	开胃消食	女性

|材　料|

西红柿 2 个，蜂蜜 30 毫升，冷开水 50 毫升

|做　法|

1.将西红柿洗净，去蒂后切成小块。2.将西红柿及其他材料放入榨汁机中，以高速搅打 1 分半钟即可。

|贴心提示|

选用颜色鲜红、果实饱满的西红柿榨汁更好。

|另一做法|

加入草莓，味道会更好。

西红柿洋葱汁

制作时间	制作成本	专家点评	适合人群
15 分钟	3 元	提神健脑	男性

|材　料|

西红柿 1 个，洋葱 100 克，冷开水 300 毫升，黑糖少许

|做　法|

1.将西红柿底部以刀轻割十字，入沸水汆烫后去皮。2.将洋葱洗净后切片，泡入冰水中，沥干水分。3.将西红柿、洋葱及冷开水、黑糖放入榨汁机内，榨汁即可。

|贴心提示|

若没有黑糖，可以用白糖代替。

|另一做法|

加入柳橙，味道会更好。

西红柿鲜蔬汁

制作时间	制作成本	专家点评	适合人群
16 分钟	4 元	消暑解渴	老年人

|材　料|

西红柿 150 克，西芹 2 条，青椒 1 个，柠檬 1/3 个，矿泉水 1/3 杯

|做　法|

1.西红柿洗净，切块；西芹、青椒洗净，切片；柠檬洗净，切片。2.将上述材料放入榨汁机内，调匀即可。

|贴心提示|

不要选用太辣的青椒，以免影响口感。

|另一做法|

加入蜂蜜，味道会更好。

西红柿汁

制作时间	制作成本	专家点评	适合人群
7分钟	2元	排毒瘦身	女性

|材　料|

西红柿2个，水100毫升，食盐5克

|贴心提示|

要选用大一点的西红柿，汁水会丰富一些；在剥西红柿皮时把开水浇在西红柿上，或者把西红柿放入开水中焯一下，皮就很容易被剥掉了。

|做　法|

1. 西红柿用水洗净，去蒂，切成4块。2. 在榨汁机内加入西红柿、水和食盐，搅打均匀。3. 把西红柿汁倒入杯中即可。

|另一做法|

加入菜花，味道会更好。

西红柿海带汁

制作时间	制作成本	专家点评	适合人群
17分钟	6元	降低血脂	老年人

|材　料|

西红柿200克，海带（泡软）50克，柠檬1个，果糖20克

|做　法|

1.海带洗净，切成片；西红柿洗净，切成块；柠檬洗净，切片。将上述材料放入果汁机中搅打2分钟，滤其果菜渣。

2.加入果糖拌匀，将汁倒入杯中即可。

|贴心提示|

海带泡软后，要用手磋洗几遍。

|另一做法|

加入甜椒，味道会更好。

西红柿酸奶

制作时间	制作成本	专家点评	适合人群
6分钟	7元	美白护肤	女性

|材　料|

西红柿100克，酸奶300克

|做　法|

1.将西红柿洗干净，去掉蒂，切成小块。2.将切好的西红柿和酸奶一起放入搅拌机内，搅拌均匀即可。

|贴心提示|

西红柿用开水烫一下，更易去掉表皮。

|另一做法|

加入蜂蜜，味道会更好。

西红柿芹菜优酪乳

制作时间	制作成本	专家点评	适合人群
7分钟	6元	提神健脑	儿童

|材　料|

西红柿100克，芹菜50克，优酪乳300毫升

|做　法|

1.将西红柿洗净，去蒂，切小块。2.将芹菜洗净，切碎。3.西红柿、芹菜、优酪乳一起入榨汁机榨汁，搅拌均匀即可。

|贴心提示|

搅拌时加少许水，榨出来的果汁口感会更好。

|另一做法|

加入柳橙，味道会更好。

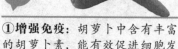

胡萝卜

功效

①**增强免疫**：胡萝卜中含有丰富的胡萝卜素，能有效促进细胞发育，预防先天不足。

②**提神健脑**：胡萝卜富含的维生素E，有提神健脑的功效。

③**降低血糖**：胡萝卜含有降糖物质，是糖尿病人的良好食品。

选购 宜选购体形圆直、表皮光滑、色泽橙红的胡萝卜。

保存 用保鲜膜将胡萝卜封好，置于冰箱中可保存2周左右。

食用禁忌

胡萝卜+醋=破坏胡萝卜素
胡萝卜与醋同食，会破坏胡萝卜中的胡萝卜素。

胡萝卜+白萝卜=降低营养价值
白萝卜的维生素C含量较高，与胡萝卜同食，会被胡萝卜中的解酵素分解破坏，降低营养价值。

营养黄金组合

胡萝卜+羊肉+山药=补脾胃
胡萝卜与羊肉、山药同食，有补脾胃、养肺润肠的功效。

胡萝卜+菠菜=降低中风危险
胡萝卜与菠菜同时食用，可明显降低中风危险。

胡萝卜红薯牛奶

制作时间	制作成本	专家点评	适合人群
17分钟	7元	开胃清食	女性

|材　料|

胡萝卜70克，红薯1个，核桃仁1克，牛奶250毫升，蜂蜜1小勺，炒过的芝麻1小勺

|做　法|

1. 将胡萝卜洗净，去皮，切成块；红薯洗净，去皮，切小块，均用开水焯一下。2. 将所有材料放入榨汁机，搅打成汁即可。

|贴心提示|

红薯也可以用紫薯代替。

|另一做法|

加入山药，味道会更好。

胡萝卜西红柿汁

制作时间	制作成本	专家点评	适合人群
7分钟	3元	排毒瘦身	女性

|材　料|

胡萝卜80克，西红柿1/2个，橙子1个，冰糖少许

|做　法|

1. 将西红柿洗净，切成块；胡萝卜洗净，切成片；橙子剥皮，备用。2. 将西红柿、胡萝卜、橙子放入榨汁机里榨出汁，加入少许冰糖即可。

|贴心提示|

橙子若有籽，要先去籽再榨汁。

|另一做法|

加入山药，味道会更好。

胡萝卜红薯西芹汁

制作时间	制作成本	专家点评	适合人群
5 分钟	3 元	提神健脑	儿童

|材 料|

胡萝卜 70 克，红薯 50 克，西芹 25 克，蜂蜜 1 小勺，冰水 200 毫升

|做 法|

1. 将红薯去皮，煮熟；胡萝卜洗净，带皮使用；西芹洗净，均以适当大小切块。2. 将所有材料搅打成汁，滤出果肉即可。

|贴心提示|

红薯煮熟后更易去皮。

|另一做法|

加入柠檬，味道会更好。

胡萝卜芹菜汁

制作时间	制作成本	专家点评	适合人群
5 分钟	8 元	开胃消食	老年人

|材 料|

胡萝卜 500 克，芹菜 200 克，包菜 100 克，冷开水 30 毫升，柠檬汁少许

|做 法|

1. 将胡萝卜去皮，切块；芹菜连叶洗净；包菜切小片。2. 将除柠檬汁外的材料搅打成汁。3. 加入柠檬汁，调匀即可。

|贴心提示|

将胡萝卜切小块一点，更易榨汁。

|另一做法|

加入菠菜，味道会更好。

包菜胡萝卜汁

制作时间	制作成本	专家点评	适合人群
5 分钟	3 元	增强免疫力	女性

|材 料|

包菜 1 片，胡萝卜 1/2 根，柠檬汁 10 毫升

|做 法|

1. 将包菜洗净，切成 4~6 等份；胡萝卜洗净，切成细长条。2. 将上述备好的材料放入榨汁机中榨成汁。3. 加入柠檬汁，调匀即可。

|贴心提示|

包菜用手撕，可以保留更多营养。

|另一做法|

加入苹果，味道会更好。

胡萝卜汁

制作时间	制作成本	专家点评	适合人群
5分钟	4元	降低血脂	老年人

|材　料|

胡萝卜200克，水100毫升

|贴心提示|

要选用新鲜的大一点的胡萝卜，榨出来的汁味道更佳。另外，选用表面光泽、感觉沉重的胡萝卜榨出来的汁水口感也很好。

|做　法|

1. 将胡萝卜用水洗净，去皮。2. 用榨汁机榨出胡萝卜汁，并用水稀释。3. 把胡萝卜汁倒入杯中，装饰一片萝卜即可。

|另一做法|

加入蜂蜜，味道会更好。

胡萝卜蔬菜汁

制作时间	制作成本	专家点评	适合人群
12分钟	4元	开胃消食	老年人

|材　料|

胡萝卜150克，油菜60克，白萝卜60克，柠檬1个，苹果1/2个，水适量

|做　法|

1. 胡萝卜切成细长条；油菜摘去黄叶；白萝卜切成细长条；苹果、柠檬洗净，切小块。2. 将所有材料加水榨成汁即可。

|贴心提示|

柠檬切好片后最好把子挑去。

|另一做法|

加点砂糖，味道会更好。

莲藕胡萝卜汁

制作时间	制作成本	专家点评	适合人群
10分钟	3元	增强免疫力	女性

|材　料|

莲藕50克，胡萝卜50克，柠檬1/4个的量，冰水300毫升，蜂蜜1小勺

|做　法|

1. 将莲藕与胡萝卜洗净，去皮，切块。2. 所有材料放入榨汁机一起搅打成汁，滤出果肉即可。

|贴心提示|

选用鲜嫩一点的莲藕榨汁，味道更佳。

|另一做法|

加入西红柿，味道会更好。

胡萝卜南瓜牛奶

制作时间	制作成本	专家点评	适合人群
11分钟	4元	降低血糖	老年人

|材　料|

胡萝卜80克，南瓜50克，脱脂奶粉20克，冷开水200毫升

|做　法|

1. 南瓜去皮，切块蒸熟。2. 胡萝卜洗净，去皮，切小丁；脱脂奶粉用水调开。3. 将所有材料放入榨汁机中，搅拌2分钟即可。

|贴心提示|

要选择大根一点的新鲜胡萝卜，汁水会丰富些。

|另一做法|

加柠檬，味道会更好。

包菜

功效

①**增强免疫力**：包菜中含有丰富的维生素 C，能强化免疫细胞。

②**治疗溃疡**：包菜中的维生素 C 是抗溃疡因子，对溃疡有着很好的改善作用。

选购 要选择完整、无虫蛀、无萎蔫的新鲜包菜。

保存 包菜可置于阴凉通风处保存 2 周左右。

食用禁忌

包菜 + 猪肝 = 营养价值降低
包菜与猪肝同食，营养价值会降低。

包菜 + 虾 = 导致中毒
包菜含丰富的维生素 C，与虾同食会导致中毒。

营养黄金组合

包菜 + 羊肉 = 消除疲劳
羊肉中蛋白质含量高、脂肪含量低，包菜中含有丰富的维生素 C，两者同食，有助于提高免疫力。

包菜土豆汁

制作时间	制作成本	专家点评	适合人群
13 分钟	8 元	增强免疫力	儿童

材　料

包菜 50 克，土豆 1 个，南瓜 50 克，牛奶 200 毫升，冰水 50 毫升，蜂蜜 1 小勺

做　法

1. 将土豆洗净，去皮；南瓜去籽，切成块焯一下水；包菜洗净后切块。2. 将所有材料放入榨汁机一起搅打成汁。

贴心提示

南瓜和土豆最好焯熟后再榨汁。

另一做法

加入香蕉，味道会更好。

包菜白萝卜汁

制作时间	制作成本	专家点评	适合人群
8 分钟	7 元	开胃消食	女性

材　料

包菜 50 克，白萝卜 50 克，无花果 2 个（150 克），冰水 300 毫升，酸奶 1/4 杯

做　法

1. 将白萝卜和无花果洗净，去皮，与洗净的包菜以适当大小切块。2. 将所有材料放入榨汁机一起搅打成汁，滤出果肉即可。

贴心提示

选用大一点的白萝卜榨汁，味道更佳。

另一做法

加入梨子，味道会更好。

包菜莴笋汁

制作时间	制作成本	专家点评	适合人群
12 分钟	5 元	提神健脑	儿童

|材　料|

莴笋、包菜各 100 克，苹果 50 克，蜂蜜少许，冷开水 300 毫升

|做　法|

1.将莴笋、包菜洗净，切块；苹果洗净，去皮、核，切块。2.将以上材料放入榨汁机中，加入冷开水和蜂蜜，搅匀即可。

|贴心提示|

莴笋要先去皮，再洗净。

|另一做法|

加入木耳，味道会更好。

包菜水芹汁

制作时间	制作成本	专家点评	适合人群
8 分钟	2 元	开胃消食	女性

|材　料|

包菜 1 片，水芹 3 棵

|做　法|

1.将包菜洗净，切成 4~6 等份；将水芹洗净，切段。2.用包菜包裹水芹，放入榨汁机中，榨成汁即可。

|贴心提示|

水芹切段后，更方便榨汁。

|另一做法|

加入木耳，味道会更好。

蔬菜混合汁

制作时间	制作成本	专家点评	适合人群
7 分钟	3 元	消暑解渴	男性

|材　料|

包菜 1 片，黄瓜 1/2 根，甜椒 1/4 个

|做　法|

1.将包菜洗净，切成 4~6 等份；黄瓜洗净，纵向对半切开；将甜椒洗净，去籽和蒂。2.将所有材料放入榨汁机榨汁。

|贴心提示|

选用嫩一点的黄瓜，汁液更多。

|另一做法|

加入西红柿，味道会更好。

包菜汁

制作时间	制作成本	专家点评	适合人群
7 分钟	4 元	降低血脂	男性

|材　料|

包菜 200 克，水 1000 毫升，蜂蜜 1 大匙

|贴心提示|

包菜性平，榨汁不仅味道香甜，营养也很丰富，但是脾胃虚寒、泄泻以及小儿脾弱者不宜饮用此汁。

|做　法|

1. 将包菜用水洗净。2. 用榨汁机榨出包菜汁。
3. 在包菜汁内加入水和蜂蜜，拌匀即可。

|另一做法|

加入少许柠檬汁，味道更佳。

菠菜

功效

①**补血养颜**：菠菜含有丰富的铁，可以预防贫血。

②**排毒瘦身**：菠菜含有大量水溶性纤维素，能够改善便秘。

③**增强免疫力**：菠菜中含有抗氧化剂维生素E和硒元素，能促进人体新陈代谢，延缓衰老。

选购 选择叶柄短、根小色红、叶色深绿的菠菜为佳。

保存 放入冰箱冷藏易保存营养。

食用禁忌

菠菜 + 牛肉 = 阻碍铜、铁的吸收
菠菜与牛肉同食会阻碍人体对铜、铁的吸收和脂肪的代谢。

菠菜 + 牛奶 = 引起痢疾
菠菜与牛奶同食，会引起痢疾，还影响钙的吸收。

营养黄金组合

菠菜 + 猪肝 = 补血养颜
猪肝与菠菜同食，能补血养颜。

菠菜 + 鸡血 = 养肝护肝
菠菜营养齐全，鸡血也含多种营养成分，二者同食可净化血液，保护肝脏。

菠菜汁

制作时间	制作成本	专家点评	适合人群
6 分钟	3 元	增强免疫	老年人

材 料

菠菜 100 克，凉开水 50 毫升，蜂蜜少许

做 法

1. 将菠菜洗净，切成小段。2. 将菠菜放入榨汁机中，倒入凉开水搅打。榨成汁后，加蜂蜜调味。

贴心提示

菠菜把根部去掉，榨出的汁色泽更好。

另一做法

加入苹果，味道会更好。

双芹菠菜蔬菜汁

制作时间	制作成本	专家点评	适合人群
10 分钟	6 元	排毒瘦身	女性

材 料

芹菜 100 克，胡萝卜 100 克，西芹 20 克，菠菜 80 克，柠檬汁少许，冷开水 250 毫升

做 法

1. 将芹菜、西芹、菠菜均切成小段；胡萝卜削皮，切成小块。
2. 将所有材料榨出汁，加入柠檬汁、冷开水拌匀即可。

贴心提示

芹菜的老根最好去掉后再榨汁。

另一做法

加少许盐，味道会更好。

黄花菠菜汁

制作时间	制作成本	专家点评	适合人群
5分钟	7元	降低血脂	老年人

|材　料|

黄花菜、菠菜、葱白各60克，蜂蜜30毫升，凉开水80毫升，冰块70克

|做　法|

1.黄花菜洗净；葱白、菠菜切小段。2.将黄花菜、菠菜、葱白榨成汁，倒入搅拌机中加蜂蜜、冷开水、冰块搅打30秒钟即可。

|贴心提示|

黄花菜一定要先焯熟后再榨汁。

|另一做法|

加点芹菜，味道会更好。

菠菜胡萝卜汁

制作时间	制作成本	专家点评	适合人群
6分钟	5元	增强免疫	女性

|材　料|

菠菜100克，胡萝卜50克，包菜2片，西芹60克

|做　法|

1.菠菜洗净，去根，切成小段；胡萝卜洗净，去皮，切小块；包菜洗净，撕成块；西芹洗净，切成小段。2.将准备好的材料放入榨汁机榨出汁即可。

|贴心提示|

菠菜、包菜、西芹可用开水焯一下再榨汁。

|另一做法|

加入白糖，味道会更好。

菠菜黑芝麻牛奶汁

制作时间	制作成本	专家点评	适合人群
5分钟	4元	提神健脑	男性

|材　料|

菠菜1根，黑芝麻10克，牛奶1/2杯，蜂蜜少许

|做　法|

1.将菠菜洗净，去根。2.将所有材料放入榨汁机中，榨成汁即可。

|贴心提示|

最好选用熟的黑芝麻一起榨汁，味道更佳。

|另一做法|

加入苹果，味道会更好。

黄瓜

功效

①**排毒瘦身**：黄瓜中含有丰富的膳食纤维，它对促进肠蠕动、加快排泄有一定的作用。

②**降低血糖**：黄瓜中所含的葡萄糖苷、果糖等不参与通常的糖代谢，故糖尿病人食用，血糖非但不会升高，反而会降低。

选购 黄瓜以鲜嫩、外表的刺粒未脱落、色泽绿的为好。

保存 黄瓜用保鲜膜封好置于冰箱中，可保存1周左右。

食用禁忌

黄瓜 + 菠菜 = 降低营养价值
黄瓜与菠菜同食，会降低营养价值。
黄瓜 + 油菜 = 不利营养吸收
黄瓜与油菜同食，不利于营养吸收。
脾胃虚、腹痛、腹泻、肺寒咳嗽者应少吃黄瓜。

营养黄金组合

黄瓜 + 木耳 = 排毒、减肥
黄瓜与木耳同食，具有一定的排毒、减肥作用。

黄瓜汁

制作时间	制作成本	专家点评	适合人群
15分钟	6元	美白护肤	女性

|材　料|

黄瓜300克，白糖、凉开水各少许，柠檬50克

|做　法|

1.黄瓜洗净，去蒂，稍焯水备用；柠檬洗净后切片。2.将黄瓜切碎，与柠檬一起放入榨汁机内加少许水榨成汁。取汁，兑入白糖拌匀即可。

|贴心提示|

选用带刺的嫩黄瓜，味道更鲜美。

|另一做法|

加点鲜奶，味道会更好。

黄瓜生菜冬瓜汁

制作时间	制作成本	专家点评	适合人群
14分钟	6元	排毒瘦身	女性

|材　料|

黄瓜1根，冬瓜50克，生菜叶30克，柠檬1/4个，菠萝100克，冰水150毫升

|做　法|

1.柠檬、菠萝去皮；黄瓜、生菜洗净；冬瓜去皮去籽。将上述材料切成大小适当的块。2.将所有材料搅打成汁。

|贴心提示|

冬瓜皮具有营养价值，可以不去皮。

|另一做法|

加入木耳，味道会更好。

黄瓜蜜饮

制作时间	制作成本	专家点评	适合人群
7 分钟	4 元	消暑解渴	女性

|材　料|

黄瓜 100 克，冷开水 150 毫升，蜂蜜适量

|做　法|

1.将黄瓜洗净，切丝，放入沸水中汆烫，备用。2.将黄瓜丝、冷开水放入榨汁机中，搅拌成汁，再加入蜂蜜，调拌均匀即可。

|贴心提示|

老黄瓜里面有籽，不宜选用。

|另一做法|

加入包菜，味道会更好。

黄瓜芹菜蔬菜汁

制作时间	制作成本	专家点评	适合人群
4 分钟	3 元	降低血压	老年人

|材　料|

黄瓜 1 根，芹菜 1/2 根

|做　法|

1. 将黄瓜、芹菜洗净。2. 将洗好的原材料切成纵长形，放入榨汁机中，榨成汁即可。

|贴心提示|

榨汁前先将蔬菜用沸水汆烫。

|另一做法|

加入柠檬汁，味道会更好。

黄瓜莴笋汁

制作时间	制作成本	专家点评	适合人群
6 分钟	5 元	美白护肤	女性

|材　料|

黄瓜、莴笋 1/2 根，梨 1 个，新鲜菠菜 75 克，碎冰适量

|做　法|

1.黄瓜洗净，切大块；莴笋去皮，切片；梨洗净，切块，去皮去心；菠菜洗净去根。2.将上述材料榨成汁，倒入杯中碎冰上即可。

|贴心提示|

可加入少许盐一起拌匀。

|另一做法|

加入苹果，味道会更好。

黄瓜柠檬汁

制作时间	制作成本	专家点评	适合人群
10 分钟	4 元	增强免疫力	女性

|材　料|

黄瓜 200 克，水 100 毫升，柠檬 1/2 个

|贴心提示|

最好不要购买手摸发软、低端变黄且籽多的黄瓜，因为这样的黄瓜可能不新鲜了。

|做　法|

1.黄瓜去皮，切成小块。2.柠檬切半，榨汁。3.用榨汁机挤压出黄瓜汁，再加柠檬汁和水即可。

|另一做法|

此汁中加入少许蜂蜜拌匀，味道会更好。

芹菜

选购 选购时，以茎杆粗壮、无黄萎叶片的芹菜为佳。

保存 芹菜用保鲜膜包紧，放入冰箱中可储存2~3天。

功效

①**补血养颜**：铁是合成血红蛋白不可缺少的原料，是促进B族维生素代谢的必要物质。有补血的功效。

②**降低血压**：芹菜中含有酸性的降压成分。

③**提神健脑**：从芹菜中分离出的一种碱性成分，有利于安定情绪。

食用禁忌

芹菜＋螃蟹＝影响蛋白质吸收
芹菜与螃蟹同食，会影响人体对螃蟹中的蛋白质吸收。

芹菜＋蛤蜊＝导致腹泻
芹菜与蛤蜊同食，容易使人腹泻。

营养黄金组合

芹菜＋牛肉＝降血压
芹菜与牛肉相配，既能保证营养供给，又能降低血压。

芹菜＋西红柿＝降脂降压
芹菜与西红柿同食，能起到降脂降压的作用。

牛蒡芹菜汁

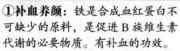

制作时间	制作成本	专家点评	适合人群
7分钟	5元	排毒瘦身	女性

|材　料|

牛蒡2根，芹菜2根，蜂蜜少许，冷开水200毫升

|做　法|

1.将牛蒡洗净，去皮，切块备用。2.将芹菜洗净，去叶后备用。3.将上述材料与冷开水一起放入榨汁机中。榨汁后，加入蜂蜜，拌匀即可饮用。

|贴心提示|

牛蒡用水焯一下再榨汁，味道更佳。

|另一做法|

加入莲藕，味道会更好。

芹菜芦笋汁

制作时间	制作成本	专家点评	适合人群
11分钟	6元	开胃消食	男性

|材　料|

芹菜70克，芦笋2根，苹果1/2个，蜂蜜1小勺，核桃20克，牛奶300毫升

|做　法|

1.将芦笋去根，苹果去核，芹菜去叶，洗净后均以适当大小切块。2.将所有材料一起搅打成汁，滤出果肉即可。

|贴心提示|

果汁里滤出的果肉也可以一同食用。

|另一做法|

加入西瓜，味道会更好。

芹菜西红柿汁

制作时间	制作成本	专家点评	适合人群
11 分钟	5 元	美白护肤	女性

|材　料|

西红柿 400 克，芹菜 1 棵，柠檬 1 个，冷开水 240 毫升

|做　法|

1. 西红柿洗净，切丁。2. 芹菜洗净，切成小段；柠檬洗净，切成片。3. 将所有的材料放入榨汁机内，搅拌 2 分钟即可。

|贴心提示|

西红柿很容易搅碎，对半切 4 块即可。

|另一做法|

加入香菇，味道会更好。

甜椒芹菜汁

制作时间	制作成本	专家点评	适合人群
10 分钟	4 元	开胃消食	男性

|材　料|

甜椒 1 个，芹菜 30 克，油菜 1 根，柠檬汁少许

|做　法|

1. 甜椒洗净，去蒂和籽；油菜洗净。2. 芹菜洗净，切段，与油菜、甜椒一起放入榨汁机搅拌，再加柠檬汁拌匀即可。

|贴心提示|

辣椒不要选用太辣的，以免影响口感。

|另一做法|

加入核桃，味道会更好。

芹菜柠檬汁

制作时间	制作成本	专家点评	适合人群
7 分钟	3 元	降低血压	老年人

|材　料|

芹菜 80 克，生菜 40 克，柠檬 1 个，蜂蜜少许

|做　法|

1. 将芹菜洗净，切段。2. 将生菜洗净，撕成小片；柠檬洗净后连皮切成 3 块。3. 将准备好的材料放入榨汁机内，榨出汁，加入蜂蜜拌匀即可。

|贴心提示|

选用色泽鲜亮，果肉饱满的柠檬，口感更好。

|另一做法|

加入百合，味道会更好。

西蓝花

功效

降低血脂： 西蓝花富含的类黄酮除了可以防止感染，还是最好的血管清理剂，能够阻止胆固醇氧化，因而减少心脏病与中风的危险。同时西蓝花还能给人体补充一定量的硒和维生素C等。

选购 选购西蓝花以菜株亮丽、花蕾紧密结实的为佳。

保存 用纸张或透气膜包住西蓝花，放入冰箱，可保鲜1周左右。

食用禁忌

西蓝花 + 牛奶 = 影响钙吸收
西蓝花与牛奶同食，会影响牛奶中钙的吸收。

营养黄金组合

西蓝花 + 西红柿 = 预防心血管疾病
西红柿和西蓝花能清除血液中的杂物，同食能有效预防心血管疾病。

西蓝花 + 枸杞 = 有利于营养吸收
两者同时搭配食用，有利于营养吸收，还有抗癌作用。

果味西蓝花西红柿汁

制作时间	制作成本	专家点评	适合人群
10 分钟	5 元	开胃消食	女性

|材　　料|

西蓝花、西红柿各 100 克，柠檬 1/2 个

|做　　法|

1. 将各种材料洗净，切成大小适当的块。2. 将准备好的材料放入榨汁机内，榨成汁。3. 将柠檬压汁后倒入杯中，拌匀饮用。

|贴心提示|

西红柿去掉表皮后可以不用切，直接榨汁。

|另一做法|

加入菠菜，味道会更好。

西蓝花包菜汁

制作时间	制作成本	专家点评	适合人群
8 分钟	7 元	排毒瘦身	女性

|材　　料|

西蓝花 100 克，小西红柿 10 个，包菜 50 克，柠檬汁 100 毫升

|做　　法|

1. 将西蓝花、小西红柿、包菜洗净，切成大小适当的块，放入榨汁机中，榨出汁液。2. 加柠檬汁拌匀即可饮用。

|贴心提示|

选用大西红柿榨汁，汁液更丰富。

|另一做法|

加入枸杞，味道会更好。

芦笋

功效

芦笋富含多种氨基酸、蛋白质和维生素，其含量均高于一般水果和蔬菜，特别是芦笋中的微量元素硒、钼等，具有调节机体代谢，提高免疫力的功效，在对高血压、心脏病等的预防，具有很强的抑制作用和药理效应。

选购 不要选购畸形笋、嫩茎开裂和有异味的芦笋。

保存 新鲜的芦笋要放在低温、高湿度的地方保存。

食用禁忌

芦笋 + 羊肉 = 腹痛
芦笋与羊肉同食，会导致腹痛。
芦笋 + 羊肝 = 营养流失
芦笋与羊肝一起食用，会降低其营养价值。

营养黄金组合

芦笋 + 土豆 = 保肝护肾
芦笋和土豆和一起烤熟后食用，有保肝护肾的作用。
芦笋 + 鸡肉 = 增强免疫
将芦笋与鸡肉一块蒸熟，味道不仅好，营养也更丰富。

芦笋西红柿汁

制作时间	制作成本	专家点评	适合人群
14 分钟	8 元	增强免疫力	老年人

材料

芦笋 300 克，西红柿 1/2 个，鲜奶 200 毫升，冷开水适量

做法

1. 将芦笋洗净，切块，放入榨汁机中榨汁；西红柿洗净，去皮，切小块备用。2. 将西红柿和冷开水放入榨汁机中，搅匀。加入芦笋汁、鲜奶，调匀即可。

贴心提示

芦笋要焯熟后再榨汁。

另一做法

加入柠檬汁，味道会更好。

芦笋洋葱汁

制作时间	制作成本	专家点评	适合人群
8 分钟	4 元	开胃消食	女性

材料

芦笋 50 克，香菜 10 克，洋葱 15 克，红糖 2 大匙

做法

1. 将芦笋洗净后切丁，放入开水中焯熟捞起；香菜洗净，切段；洋葱洗净，切丁。2. 将所有材料倒入榨汁机内，加水，搅打成汁即可。

贴心提示

洋葱不要放过多，以免味道过重。

另一做法

加入百合，味道会更好。

南瓜

功效

①**降低血糖**：南瓜含有丰富的钴，钴是人体胰岛细胞所必须的微量元素。

②**增强免疫力**：南瓜中所含的锌可促进蛋白质合成，与胡萝卜素一起作用可提高机体的免疫能力。

选购 要选择个体结实、表皮无破损、无虫蛀的南瓜。

保存 将南瓜置于阴凉通风处，可保存 1 个月左右。

食用禁忌

南瓜 + 蟹 = 腹泻、腹痛
南瓜与蟹肉同时食用极易导致腹泻、腹痛。

南瓜 + 虾 = 导致痢疾
南瓜与虾同食，易导致痢疾。

营养黄金组合

南瓜 + 猪肉 = 增加营养
南瓜具有降血糖的作用，猪肉有较好的滋补作用，同时食用对身体更加有益。

南瓜 + 绿豆 = 清热解毒
南瓜与绿豆同时食用，可起到清热解毒的作用。

南瓜汁

制作时间	制作成本	专家点评	适合人群
23 分钟	6 元	排毒瘦身	女性

材　料

南瓜 100 克，椰奶 50 毫升，红砂糖 10 克，冷开水 350 毫升

做　法

1. 将南瓜去皮，洗净后切丝，用水煮熟后捞起沥干。2. 将所有材料放入榨汁机内，加冷开水，搅打成汁即可。

贴心提示

南瓜最好煮熟后再榨汁。

另一做法

加入莲子，味道会更好。

南瓜牛奶

制作时间	制作成本	专家点评	适合人群
24 分钟	7 元	美白护肤	女性

材　料

南瓜 100 克，柳橙 1/2 个，牛奶 200 毫升

做　法

1. 将南瓜洗净，去掉外皮，入锅中蒸熟；将柳橙去掉外皮，切成小块。2. 将南瓜、柳橙、牛奶倒入搅拌机搅匀、打碎即可。

贴心提示

最好选用无子、水分充足的柳橙，口感更好。

另一做法

加点绿豆，味道会更好。

苦瓜

功效

选购 要选择颜色青翠、新鲜的苦瓜。

保存 苦瓜不宜冷藏，置于阴凉通风处可保存3天左右。

食用禁忌

苦瓜＋茶＝伤胃
苦瓜性寒，与茶同食，茶中的茶碱会对胃有伤害。

苦瓜＋滋补药＝降低滋补效果
苦瓜与滋补药同食，会降低滋补效果。

营养黄金组合

苦瓜＋鸡蛋＝增强营养
鸡蛋营养丰富，与苦瓜同食可提供人体全面的营养。

苦瓜＋猪肝＝防治癌症
苦瓜与猪肝同食，具有清热解毒的功效，有利于防治癌症。

①**开胃消食**：苦瓜中的苦瓜甙和苦味素能起到开胃消食的作用。
②**增强免疫功能**：苦瓜蛋白质成分及大量维生素C，能提高机体的免疫功能。
③**降低血糖**：苦瓜的新鲜汁液，具有良好的降血糖作用。

苦瓜汁

制作时间	制作成本	专家点评	适合人群
8分钟	3元	降低血糖	男性

材料

苦瓜50克，柠檬1/2个，姜7克，蜂蜜适量

做法

1.苦瓜洗净，去籽，切小块备用；柠檬洗净，去皮，切小块；姜洗净，切片。2.将苦瓜、柠檬和姜倒入榨汁机中，加水搅打成汁。3.加蜂蜜调匀，倒入杯中。

贴心提示

柠檬皮含有丰富的维生素，可以不用去皮。

另一做法

加入精盐，味道会更好。

苦瓜芦笋汁

制作时间	制作成本	专家点评	适合人群
7分钟	3元	降低血糖	男性

材料

苦瓜60克，芦笋80克，蜂蜜少许，冷开水200毫升

做法

1.将苦瓜与芦笋洗净，切小块，放入榨汁机中。2.倒入冷开水与蜂蜜，搅匀饮用。

贴心提示

苦瓜切开后要去籽再榨汁。

另一做法

加点冰块，味道会更好。

白萝卜

功效

①**增强免疫力**：白萝卜中富含的维生素C能提高机体免疫力。白萝卜中含有多种微量元素，可增强机体免疫力，并能抑制癌细胞的生长。

②**排毒瘦身**：白萝卜中还有芥子油，能促进胃肠蠕动。

选购 白萝卜以皮细嫩光滑，手感重，结实的为佳。

保存 白萝卜在常温下保存时间较其他蔬菜要长。

食用禁忌

白萝卜 + 木耳 = 导致皮炎
白萝卜与木耳同食会导致皮炎的发生。

白萝卜 + 胡萝卜 = 降低营养
白萝卜与胡萝卜同食，会降低营养价值。

营养黄金组合

白萝卜 + 豆腐 = 助消化
白萝卜和豆腐同时食用有助于消化和营养物质的吸收。

白萝卜 + 羊肉 = 养阴补益
白萝卜与羊肉同食，有养阴补益、开胃健脾的功效。

白萝卜汁

制作时间	制作成本	专家点评	适合人群
11 分钟	3 元	提神健脑	男性

材　料

白萝卜 50 克，蜂蜜 20 克，醋适量，冷开水 350 毫升

做　法

1.将白萝卜洗净，去皮，切成丝，备用。2.将白萝卜、蜂蜜、醋倒入榨汁机中，加冷开水搅打成汁即可。

贴心提示

醋不要加太多，以免太酸。

另一做法

加入少许盐，味道会更好。

白萝卜大蒜汁

制作时间	制作成本	专家点评	适合人群
12 分钟	4 元	增强免疫力	女性

材　料

大蒜 1 瓣，白萝卜 1 根，芹菜 1 根，冷开水少许

做　法

1.大蒜去皮，洗净；白萝卜洗净后去皮，切块；芹菜洗净，切小段备用。2.所有材料放入榨汁机中，榨成汁，倒入杯中即可。

贴心提示

芹菜最好先汆一下水，再榨汁。

另一做法

加入西红柿，味道会更好。

油菜

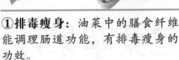

功效

①排毒瘦身：油菜中的膳食纤维能调理肠道功能，有排毒瘦身的功效。

②降低血脂：油菜含有膳食纤维，故可用来降血脂。

选购 要挑选新鲜、油亮、无黄萎的嫩油菜。

保存 油菜宜置于阴凉通风处保存，不宜放在冰箱里储存。

食用禁忌

油菜 + 南瓜 = 维生素 C 被破坏
油菜与南瓜同食，会使维生素 C 破坏，降低其营养。

油菜 + 醋 = 降低营养价值
油菜与醋同食，会降低油菜的营养价值。

营养黄金组合

油菜 + 豆腐 = 清肺止咳
油菜与豆腐同食，有清肺止咳、清热解毒的功效。

油菜 + 蘑菇 = 促进代谢
油菜与蘑菇同食，能促进肠道代谢，减少脂肪在体内的堆积。

油菜紫包菜汁

制作时间	制作成本	专家点评	适合人群
9 分钟	7 元	开胃消食	儿童

材料

油菜 50 克，紫包菜 40 克，豆奶 200 毫升，冰水 200 毫升，李子汁 1 大勺

做法

1. 将油菜、紫包菜洗净，切成大块。2. 将所有材料放入榨汁机一起搅打成汁，滤出果肉即可。

贴心提示

油菜和紫包菜最好用水焯一下再榨汁。

另一做法

加入香菇，味道会更好。

油菜芹菜汁

制作时间	制作成本	专家点评	适合人群
8 分钟	3 元	增强免疫力	儿童

材料

油菜 1 根，包菜叶 2 片，芹菜 1 根，柠檬汁少许

做法

1. 将包菜洗净，切成 4~6 等份，包入洗净的芹菜，放入榨汁机。2. 将油菜洗净，放入榨汁机中，再加柠檬汁拌匀即可。

贴心提示

各种蔬菜要去掉老的部分，口感更好。

另一做法

加入豆腐，味道会更好。

蔬果汁

蔬菜和水果可提供人体需要的多种维生素和矿物质，每日食用 500 克以上的蔬菜、水果才能满足人体对维生素最基本的需求。在蔬菜、水果日摄取量不足 500 克的情况下，饮用鲜榨果蔬汁是很好的补充营养、清心润肺的方式。

包菜苹果汁

制作时间	制作成本	专家点评	适合人群
12 分钟	5 元	降低血脂	女性

|材　料|

包菜、苹果各 100 克，柠檬 1/2 个，冷开水 500 毫升

|做　法|

1. 包菜洗净，切丝；苹果去核，切块。
2. 柠檬洗净，榨汁备用。3. 将包菜、苹果放入榨汁机中，加入水后榨汁。
4. 最后加入柠檬汁调味即可。

|贴心提示|

选购苹果时，以色泽浓艳、外皮苍老、果皮外有一层薄霜的为好。

|另一做法|

加入牛奶，味道会更好。

包菜桃子汁

制作时间	制作成本	专家点评	适合人群
8 分钟	5 元	增强免疫	男性

|材　料|

包菜 100 克，水蜜桃 1 个，柠檬 1 个

|做　法|

1. 将包菜叶洗净，卷成卷；水蜜桃洗净，对切后去掉核；柠檬洗净，切片。
2. 将包菜、水蜜桃、柠檬放进榨汁机，压榨出汁即可。

|贴心提示|

将桃子放入水中浸泡，可用纱布将桃上的绒毛擦干净。

|另一做法|

加入冰块，味道会更好。

包菜酪梨汁

制作时间	制作成本	专家点评	适合人群
10分钟	6元	降低血脂	老年人

|材　料|

酪梨1/2个，包菜叶1片，牛奶200毫升，蜂蜜1小勺

|做　法|

1.将酪梨洗净，去皮，去籽，切块；包菜洗净，切块。2.将所有材料放入榨汁机一起搅打成汁，滤出果肉即可。

|贴心提示|

皮肤瘙痒性疾病患者、眼部充血者忌喝包菜酪梨汁。

|另一做法|

加入葡萄，味道会更好。

包菜菠萝汁

制作时间	制作成本	专家点评	适合人群
9分钟	5元	开胃消食	女性

|材　料|

包菜100克，菠萝150克，柠檬1个，冰块少许

|做　法|

1.将包菜洗净，菜叶卷成卷；将菠萝削皮，洗净，切块；柠檬洗净，切片。2.将包菜、菠萝、柠檬放进榨汁机，榨出汁。3.再向果汁中加少许冰块即可。

|贴心提示|

饮用时添加少许盐，喝起来口感会清爽可口。

|另一做法|

加入西红柿，味道会更好。

包菜火龙果汁

制作时间	制作成本	专家点评	适合人群
10分钟	6元	美白护肤	女性

|材　料|

包菜100克，火龙果120克，冷开水适量

|做　法|

1.将火龙果洗净，去皮，切成碎块；包菜洗净，撕成小片。2.将上述材料放入榨汁机中，加冷开水，搅打成汁即可。

|贴心提示|

要选择完整、无虫蛀、无萎蔫的新鲜卷心菜。

|另一做法|

加入柠檬，味道会更好。

包菜茼蒿橘汁

制作时间	制作成本	专家点评	适合人群
13 分钟	5 元	降低血压	男性

| 材　　料 |

柠檬 1/2 个，包菜 50 克，橘子 1 个，茼蒿 50 克

| 做　　法 |

1. 将柠檬洗净，切片；橘子剥皮，去囊衣及子；茼蒿、包菜洗净备用。2. 将柠檬和橘子放入榨汁机，榨成汁，再把茼蒿折弯，和包菜一起榨成汁即可。

| 贴心提示 |

选择无黄叶、无萎蔫的新鲜茼蒿为好。

| 另一做法 |

加入盐，味道会更好。

包菜木瓜汁

制作时间	制作成本	专家点评	适合人群
12 分钟	5 元	美白护肤	女性

| 材　　料 |

包菜 120 克，木瓜 1/2 个，柠檬 1/2 个，冰块少许

| 做　　法 |

1. 将包菜洗净，菜叶卷成卷；木瓜洗净，削皮，切块；柠檬洗净，切片备用。2. 将包菜、柠檬放入榨汁机榨汁，在果汁中加入木瓜和蜂蜜，搅拌 30 秒即可。

| 贴心提示 |

将木瓜放入清水中浸泡一下，更易去皮。

| 另一做法 |

加入苹果，味道会更好。

菠萝芹菜汁

制作时间	制作成本	专家点评	适合人群
11 分钟	6 元	美白护肤	女性

| 材　　料 |

菠萝 150 克，柠檬 1 个，芹菜 100 克，蜂蜜 15 克，凉开水 60 毫升，冰块 70 克

| 做　　法 |

1. 菠萝去皮,切块;柠檬对切后取 1/2 压汁;芹菜去叶,切成段。2. 将冰块,菠萝及其他材料放入搅拌机内,以搅打40秒即可。

| 贴心提示 |

可用手指弹击菠萝，回声重的品质较佳。

| 另一做法 |

加入盐，味道会更好。

菠萝菠菜牛奶

制作时间	制作成本	专家点评	适合人群
7分钟	8元	增强免疫	男性

|材　料|

菠菜 1 小把，菠萝 1 片，低脂鲜奶 200 毫升，蜂蜜少许

|做　法|

1. 将菠菜洗净、切段；菠萝洗净，切小片，放入榨汁机中。
2. 倒入牛奶与蜂蜜，拌匀后饮用。

|贴心提示|

菠菜宜选用新鲜、颜色翠绿的。

|另一做法|

加入柠檬汁，味道会更好。

菠萝橙子西芹汁

制作时间	制作成本	专家点评	适合人群
8分钟	6元	防癌抗癌	老年人

|材　料|

菠萝 100 克，苹果、橙子各 1/2 个，西芹叶 5 克，冰水 100 毫升

|做　法|

1. 将菠萝去皮，洗净；苹果洗净，去核；橙子去皮；西芹叶洗净。2. 将以上材料以适当大小切块，放入榨汁机一起搅打成汁，滤出果肉即可。

|贴心提示|

饭前或空腹时不宜食用含有橙子汁的果蔬汁。

|另一做法|

加入牛奶，味道会更好。

菠萝西红柿汁

制作时间	制作成本	专家点评	适合人群
6分钟	5元	防癌抗癌	女性

|材　料|

菠萝 50 克，西红柿 1 个，柠檬 1/2 个，蜂蜜少许

|做　法|

1. 将菠萝洗净，去皮，切成小块。2. 将西红柿洗净，去皮，切小块；柠檬洗净，切片。3. 将以上材料倒入榨汁机内，搅打成汁，加入蜂蜜拌匀即可。

|贴心提示|

青色的西红柿不宜用来榨汁。

|另一做法|

加入苹果，味道会更好。

胡萝卜柑橘汁

制作时间	制作成本	专家点评	适合人群
13 分钟	7 元	增强免疫	男性

|材　料|

胡萝卜200克，柑橘6个，冰块适量

|做　法|

1. 胡萝卜洗净，切成大块；柑橘洗净，切块，去皮，去籽。2.柑橘块放入榨汁机中打汁，再放入胡萝卜块打汁，最后倒入放着冰块的杯中即可。

|贴心提示|

柑橘汁虽然好喝，但别多喝。

|另一做法|

加入牛奶，味道会更好。

胡萝卜西瓜优酪乳

制作时间	制作成本	专家点评	适合人群
13 分钟	8 元	开胃消食	儿童

|材　料|

胡萝卜、西瓜各200克，优酪乳适量，柠檬1/2个，冰块少许

|做　法|

1. 将胡萝卜洗净后去皮；西瓜去皮，切块；柠檬洗净，切片。
2. 将所有的材料倒入榨汁机内，搅拌2分钟，加入冰块即可。

|贴心提示|

吃了香肠等含硝酸盐的食物后，1个小时内都不适宜饮用优酪乳。

|另一做法|

加入牛奶，味道会更好。

胡萝卜石榴包菜汁

制作时间	制作成本	专家点评	适合人群
13 分钟	4 元	降低血脂	女性

|材　料|

胡萝卜1根，石榴子少许，包菜2片，冷开水、蜂蜜各适量

|做　法|

1. 将胡萝卜洗净，去皮，切条；将包菜洗净，撕片。2.将胡萝卜、石榴子、包菜放入榨汁机中搅打成汁，加入蜂蜜、冷开水即可。

|贴心提示|

选购时，以果实饱满、重量较重，且果皮表面色泽较深的石榴较好。

|另一做法|

加入红豆，味道会更好。

胡萝卜葡萄汁

制作时间	制作成本	专家点评	适合人群
7分钟	6元	防癌抗癌	女性

|材　　料|

葡萄100克,胡萝卜30克,苹果1/4个,柠檬、冰水各适量

|做　　法|

1. 将胡萝卜去皮;苹果去皮,去核;葡萄去籽。
2. 将葡萄、胡萝卜、苹果切块,放入榨汁机与柠檬、冰水一起搅打成汁即可。

|贴心提示|

可用面粉清洗葡萄,葡萄上的脏物很容易被黏的面粉水粘下来带走。

|另一做法|

加入香蕉,味道会更好。

胡萝卜包菜汁

制作时间	制作成本	专家点评	适合人群
6分钟	4元	防癌抗癌	女性

|材　　料|

包菜、胡萝卜各适量,柠檬汁10毫升

|做　　法|

1. 将包菜洗净,切成4~6等份;胡萝卜洗净,切成细长条。2. 将上述备好的材料放入榨汁机中榨成汁。3. 加入柠檬汁即可。

|贴心提示|

宜选购体形圆直、表皮光滑、色泽橙红、无须根的胡萝卜。

|另一做法|

加入苹果,味道会更好。

胡萝卜冰糖汁

制作时间	制作成本	专家点评	适合人群
11分钟	4元	增强免疫	男性

|材　料|

胡萝卜80克，西红柿1/2个，橙子1个，冰糖少许

|做　法|

1. 将西红柿洗净，切成块；胡萝卜洗净，切成片；橙子剥皮，备用。2. 将西红柿、胡萝卜、橙子放入榨汁机里榨出汁，加入少许冰糖即可。

|贴心提示|

空腹时不宜喝西红柿汁，否则会引起胃胀痛。

|另一做法|

加入牛奶，味道会更好。

胡萝卜草莓汁

制作时间	制作成本	专家点评	适合人群
12分钟	5元	防癌抗癌	女性

|材　料|

胡萝卜100克，草莓80克，冰块、冰糖各少许，柠檬1个

|做　法|

1. 将胡萝卜洗净，切成可放入榨汁机的块；草莓洗净，去蒂。2. 将草莓放入榨汁机榨汁，胡萝卜、柠檬也一样压榨成汁，加入冰糖即可。

|贴心提示|

先将草莓洗净，然后摘除蒂，榨出的汁味道较好。

|另一做法|

加入牛奶，味道会更好。

胡萝卜梨子汁

制作时间	制作成本	专家点评	适合人群
11分钟	4元	降低血脂	男性

|材　料|

胡萝卜100克，梨子1个，柠檬适量

|做　法|

1. 梨子洗净，去皮及果核，切块；胡萝卜洗净，切块；柠檬洗净，切片。2. 然后将胡萝卜、梨子、柠檬放入榨汁机中榨汁即可。

|贴心提示|

为防止农药危害身体，最好将梨洗净削皮后再榨汁。

|另一做法|

加入苹果，味道会更好。

胡萝卜柠檬梨汁

制作时间	制作成本	专家点评	适合人群
8 分钟	5 元	增强免疫	男性

| 材　料 |

梨子 1 个，胡萝卜 150 克，柠檬 1 个，凉开水 250 毫升

| 做　法 |

1. 将胡萝卜洗干净，去掉外皮，切块；梨子洗净，去掉外皮，去核，切块；柠檬洗净，切片，备用。2. 将准备好的材料倒入搅拌机内搅打 2 分钟即可。

| 贴心提示 |

脾胃虚弱的人不宜喝生梨汁，可把梨切块煮水后榨汁食用。

| 另一做法 |

加入菠菜，味道会更好。

胡萝卜山竹汁

制作时间	制作成本	专家点评	适合人群
6 分钟	5 元	增强免疫力	男性

| 材　料 |

胡萝卜 50 克，山竹 2 个，柠檬 1 个，水适量

| 做　法 |

1. 将胡萝卜洗净，去掉皮，切成薄片；将山竹洗净，去掉皮；柠檬洗净，切成小片。2. 将准备好的材料放入搅拌机，加水搅打成汁即可。

| 贴心提示 |

要选择蒂绿、果软的新鲜山竹，还要检查是否有蚂蚁。

| 另一做法 |

加入红枣，味道会更好。

胡萝卜龙眼汁

制作时间	制作成本	专家点评	适合人群
12分钟	4元	防癌抗癌	女性

|材　料|

龙眼50克，胡萝卜1/2个，蜂蜜适量

|做　法|

1. 将胡萝卜洗净，切小块备用。2. 将龙眼去皮及核，与胡萝卜一起放入榨汁机中打成汁，加入蜂蜜调匀即可。

|贴心提示|

有上火发炎症状的时候不宜饮用龙眼汁。

|另一做法|

加入柠檬，味道会更好。

胡萝卜桃子汁

制作时间	制作成本	专家点评	适合人群
10分钟	10元	防癌抗癌	女性

|材　料|

桃子1/2个，胡萝卜50克，红薯50克，牛奶200毫升

|做　法|

1. 胡萝卜洗净，去皮；桃子洗净，去皮，去核；红薯洗净，切块，焯一下水。2. 将胡萝卜、桃子以适当大小切块，与其他所有材料一起榨汁即可。

|贴心提示|

桃子要用盐水浸泡，能更好去掉表面的绒毛。

|另一做法|

加入香蕉，味道会更好。

胡萝卜西芹李子汁

制作时间	制作成本	专家点评	适合人群
9分钟	7元	开胃消食	儿童

|材　料|

胡萝卜70克，西芹10克，李子3个，香蕉1根，冰水200毫升

|做　法|

1. 将胡萝卜洗净后去皮；香蕉去皮；李子洗净，去核；西芹摘去叶子，将上述材料均以适当大小切块。2. 将所有材料放入榨汁机一起搅打成汁，滤出果肉即可。

|贴心提示|

将西芹先放沸水中焯烫，榨出来的果汁颜色更翠绿。

|另一做法|

加入柠檬，味道会更好。

胡萝卜柳橙苹果汁

制作时间	制作成本	专家点评	适合人群
8 分钟	6 元	增强免疫力	男性

| 材　料 |

胡萝卜 1 根，柳橙汁 100 毫升，苹果 1/2 个

| 做　法 |

1. 将胡萝卜用水洗净，切成小块。2. 苹果洗净，去核、去皮，切成小块。3. 把全部材料放入果汁机内，搅打均匀后倒入杯中即可。

| 贴心提示 |

宜选散发香味的红苹果，此外在挑选时，还应选购身上的条纹较多、颜色较为鲜艳的苹果。

| 另一做法 |

加入盐，味道会更好。

胡萝卜木瓜汁

制作时间	制作成本	专家点评	适合人群
8 分钟	6 元	开胃消食	儿童

|材　料|

胡萝卜 50 克，木瓜 1/4 个，苹果 1/4 个，冰水 300 毫升

|做　法|

1. 将木瓜去皮，去籽；苹果洗净，去皮，去核；胡萝卜洗净后连皮使用，将上述材料均以适当大小切块。2. 将所有材料放入榨汁机一起搅打成汁，滤出果肉即可。

|贴心提示|

冰冻后的木瓜解冻后榨汁，味更佳。

|另一做法|

加入牛奶，味道会更好。

胡萝卜猕猴桃柠檬汁

制作时间	制作成本	专家点评	适合人群
9 分钟	5 元	开胃消食	儿童

|材　料|

胡萝卜 80 克，猕猴桃 1 个，柠檬 1/2 个，优酪乳适量

|做　法|

1. 将胡萝卜洗净，切块；猕猴桃去皮后对切；将柠檬洗净后连皮切成三块。2. 将柠檬、胡萝卜、猕猴桃放入榨汁机中榨汁，加入优酪乳即可。

|贴心提示|

柠檬榨汁前先放入清水中浸泡，榨汁时要连皮一起榨。

|另一做法|

加入冰糖，味道会更好。

胡萝卜生菜苹果汁

制作时间	制作成本	专家点评	适合人群
12 分钟	4 元	降低血脂	男性

|材　料|

结球生菜 1/4 个，胡萝卜 1/6 根，苹果 1/2 个，冰块少许

|做　法|

1. 将生菜、胡萝卜、苹果洗净，切块备用。2. 将所有果蔬放入榨汁机榨汁，加入冰块即可。

|贴心提示|

生菜榨汁前可用手撕成片，不要用刀切，味道更好。

|另一做法|

加入西红柿，味道会更好。

西红柿胡柚酸奶

制作时间	制作成本	专家点评	适合人群
10 分钟	6 元	开胃消食	男性

|材　料|

西红柿 200 克, 胡柚 1 个, 柠檬 1/2 个, 酸奶 240 毫升, 冰糖 2 大匙

|做　法|

1. 将西红柿切成块; 将胡柚去皮剥掉内膜, 切成块, 备用; 将柠檬切片。2. 将所有材料倒入搅拌机内搅打 2 分钟即可。

|贴心提示|

酸奶不能加热, 酸奶一经加热, 所含的大量活性乳酸菌便会被杀死。

|另一做法|

加入西瓜, 味道会更好。

西红柿包菜柠檬汁

制作时间	制作成本	专家点评	适合人群
11 分钟	6 元	防癌抗癌	女性

|材　料|

西红柿 2 个, 包菜 80 克, 甘蔗汁 1 杯, 柠檬汁少许

|做　法|

1. 将西红柿和包菜洗净, 切小块备用。2. 将西红柿和包菜放入榨汁机, 搅打均匀, 倒入杯中, 再加入柠檬汁和甘蔗汁, 调匀即可。

|贴心提示|

要选择外皮颜色深、杆体粗壮的甘蔗。

|另一做法|

加入苹果, 味道会更好。

西红柿芒果汁

制作时间	制作成本	专家点评	适合人群
7 分钟	4 元	降低血压	女性

|材　料|

西红柿 1 个, 芒果 1 个, 蜂蜜少许

|做　法|

1. 西红柿洗净, 切块; 芒果洗净, 去皮, 去核, 将果肉切成小块, 和西红柿块一起放入榨汁机中榨汁。2. 将汁液倒入杯中, 加入蜂蜜拌匀即可。

|贴心提示|

宜选皮质细腻且颜色深的芒果。

|另一做法|

加入盐, 味道会更好。

西红柿柠檬牛奶

制作时间	制作成本	专家点评	适合人群
10分钟	8元	防癌抗癌	女性

|材　料|

西红柿1个，柠檬1/2个，牛奶200毫升，蜂蜜少许

|做　法|

1. 将西红柿洗净，切成块备用；柠檬洗净，切片。2. 将所有材料放入榨汁机内，搅打成汁即可。

|贴心提示|

新鲜的牛奶呈乳白色或稍带微黄色，有新鲜牛乳固有的香味，无异味，呈均匀的流体。

|另一做法|

加入苹果，味道会更好。

西红柿沙田柚汁

制作时间	制作成本	专家点评	适合人群
12分钟	8元	开胃消食	女性

|材　料|

沙田柚1/2个，西红柿1个，凉开水200毫升，蜂蜜适量

|做　法|

1. 将沙田柚洗净，切开，放入榨汁机中榨汁。2. 将西红柿洗净，切块，与沙田柚汁、凉开水放入榨汁机内榨汁。3. 饮前加适量蜂蜜于汁中即可。

|贴心提示|

沙田柚成熟的果面应该是呈略深的橙黄色。

|另一做法|

加入苹果，味道会更好。

西红柿柠檬鲜蔬汁

制作时间	制作成本	专家点评	适合人群
11分钟	5元	增强免疫力	儿童

|材　料|

西红柿150克，西芹2条，青椒1个，柠檬1/3个，矿泉水1/3杯

|做　法|

1. 将各色果蔬分别洗净，切好。2. 将所有原料放入榨汁机内，榨汁即可。

|贴心提示|

西红柿可以用开水烫一下再去皮。

|另一做法|

加入盐，味道会更好。

西红柿西瓜西芹汁

制作时间	制作成本	专家点评	适合人群
10 分钟	6 元	降低血糖	老年人

|材　料|

西红柿、西瓜1个，西芹15克，苹果醋1大勺，冰水100毫升

|做　法|

1. 将西红柿洗净，去皮并切块；西瓜洗净，去皮，切成薄片；西芹撕去老皮，洗净并切成小块。2. 将所有材料放入榨汁机一起搅打成汁，滤出果肉即可。

|贴心提示|

婚育期男士应少喝芹菜汁。

|另一做法|

加入柠檬，味道会更好。

西红柿胡萝卜汁

制作时间	制作成本	专家点评	适合人群
10 分钟	5 元	降低血脂	女性

|材　料|

西红柿 1/2 个，胡萝卜80克，橙子1个

|做　法|

1. 将西红柿洗净，切成块；胡萝卜洗净，切成片；橙子剥皮备用。2. 将西红柿、胡萝卜、橙子放入榨汁机，榨出汁即可。

|贴心提示|

选购质地细腻、脆嫩多汁、表皮光滑的胡萝卜为佳。

|另一做法|

加入牛奶，味道会更好。

西红柿西瓜柠檬饮

制作时间	制作成本	专家点评	适合人群
12 分钟	6 元	降低血压	老年人

|材　料|

西瓜 150 克，西红柿 1 个，柠檬 1/4 个量

|做　法|

1. 将西瓜、西红柿洗净后去皮，均切适当大小的块。2. 将所有材料放入榨汁机一起搅打成汁，滤出果肉即可。

|贴心提示|

成熟的西瓜，敲起来会发生比较沉闷的声音，不成熟的西瓜敲起来声脆。

|另一做法|

加入大蒜，味道会更好。

黄瓜苹果菠萝汁

制作时间	制作成本	专家点评	适合人群
11 分钟	5 元	增强免疫力	男性

|材　　料|

黄瓜 1/2 根，菠萝 1/4 个，苹果 1/2 个，老姜 1 小块，柠檬 1/4 个

|做　　法|

1. 将苹果洗净，去皮，去籽、切块；黄瓜、菠萝洗净，去皮后切块备用。2. 将柠檬洗净后榨汁，并将洗净的老姜切片备用。3. 将柠檬汁以外的材料放进榨汁机中榨汁，再加柠檬汁即可。

|贴心提示|

腹泻的人不宜喝菠萝汁。

|另一做法|

加入菠菜，味道会更好。

黄瓜木瓜柠檬汁

制作时间	制作成本	专家点评	适合人群
12 分钟	10 元	降低血糖	老年人

|材　　料|

黄瓜 2 根，木瓜 400 克，柠檬 1/2 个

|做　　法|

1. 将黄瓜洗净，切成块；木瓜洗净，去皮，去瓤，切块；柠檬洗净，切成小片。2. 将所有材料放入榨汁机中榨出汁即可。

|贴心提示|

柠檬最后再榨汁，以防止柠檬营养散失。

|另一做法|

加入冰块，味道会更好。

黄瓜西瓜芹菜汁

制作时间	制作成本	专家点评	适合人群
12 分钟	5 元	增强免疫力	儿童

|材　　料|

黄瓜 1/2 根，西瓜 150 克，芹菜 20 克

|做　　法|

1. 将黄瓜洗净，去皮，切条；西瓜去皮和籽，切成块。2. 将芹菜去叶，洗净，切成小段。3. 将所有材料放入榨汁机中，榨成汁即可。

|贴心提示|

用冰冻过的西瓜榨出的汁更美味。

|另一做法|

加入花生，味道会更好。

菠密包菜汁

制作时间	制作成本	专家点评	适合人群
10 分钟	5 元	美白护肤	女性

|材　料|

菠菜 100 克，哈密瓜 150 克，包菜 50 克，柠檬汁少许

|做　法|

1. 将菠菜洗净，去梗，切成小段；将哈密瓜去皮，去籽，切块。2. 将包菜洗净，切块。3. 将以上材料放入榨汁机中榨汁，最后加入柠檬汁即可。

|贴心提示|

挑选包菜以直到顶部包心紧、分量重的为好。

|另一做法|

加入牛奶，味道会更好。

菠菜芹菜汁

制作时间	制作成本	专家点评	适合人群
12 分钟	6 元	降低血压	女性

|材　料|

菠菜 300 克，芹菜 200 克，香蕉 1/2 根，柠檬 1/4 个，冷开水适量

|做　法|

1. 将菠菜泡水洗净，去根，切段；将芹菜、香蕉去皮，均切块；柠檬洗净，榨汁备用。
2. 将除柠檬以外的材料放入榨汁机中榨成汁，加入柠檬汁，拌匀即可。

|贴心提示|

榨汁时不要把芹菜嫩叶扔掉。

|另一做法|

加入可乐，味道会更好。

莲藕菠萝芒果汁

制作时间	制作成本	专家点评	适合人群
13 分钟	8 元	增强免疫力	女性

|材 料|

莲藕 30 克，菠萝 50 克，芒果 1/2 个（110 克），柠檬汁少许，冰水 300 毫升

|做 法|

1. 将菠萝、莲藕去皮，芒果去皮，去核，均以适当大小切块。
2. 将所有材料放入榨汁机一起搅打成汁，滤出果肉即可。

|贴心提示|

要选择两端节细、身圆而笔直的莲藕。

|另一做法|

加入牛奶，味道会更好。

莲藕柳橙果蔬汁

制作时间	制作成本	专家点评	适合人群
13 分钟	6 元	开胃消食	女性

|材 料|

莲藕 30 克，柳橙 1 个，苹果 1/2 个，冷开水 30 毫升，蜂蜜 3 克

|做 法|

1. 将苹果去皮，去核，切块；将柳橙切小块；将莲藕去皮，切小块备用。
2. 将以上材料与冷开水放入榨汁机中榨成汁，加入蜂蜜即可。

|贴心提示|

用手轻敲莲藕，声厚实，且皮颜色为淡茶色，没有伤痕的是佳品。

|另一做法|

加入盐，味道会更好。

莲藕柠檬汁

制作时间	制作成本	专家点评	适合人群
11 分钟	5 元	增强免疫力	儿童

|材 料|

莲藕 150 克，苹果 1 个，柠檬 1/2 个

|做 法|

1. 将莲藕洗干净，切成小块；将苹果洗干净，去掉外皮，切成小块；将柠檬洗净，切成小片。2. 将准备好的材料放入榨汁机内榨成汁即可。

|贴心提示|

莲藕切好后，应立即榨汁，以免发黑。

|另一做法|

加入黄豆，味道会更好。

莲藕苹果汁

制作时间	制作成本	专家点评	适合人群
8 分钟	6 元	排毒瘦身	女性

|材　　料|

莲藕 1/3 个，柳橙 1 个，苹果 1/2 个，冷开水 30 克，蜂蜜 3 克

|做　　法|

1. 将苹果洗净，去皮，去核，切块；将柳橙洗净，切块；将莲藕洗净，去皮，切小块备用。2. 将以上材料与冷开水放入榨汁机中榨成汁，加入蜂蜜即可。

|贴心提示|

要选择果皮光滑、果实完整的柳橙。

|另一做法|

加入盐，味道会更好。

芦笋蜜柚汁

制作时间	制作成本	专家点评	适合人群
11 分钟	5 元	消暑解渴	男性

|材　　料|

芦笋 100 克，芹菜 50 克，苹果 50 克，葡萄柚 1/2 个，蜂蜜少许

|做　　法|

1. 芦笋洗净，切段。2. 将芹菜洗净后切成段状；苹果洗净后去皮，去核，切丁。3. 将芦笋、芹菜、苹果、葡萄柚榨汁，最后加入蜂蜜调味即可。

|贴心提示|

要选择肉质洁白、质地细嫩的新鲜芦笋。

|另一做法|

加入柠檬，味道会更好。

芦笋苹果汁

制作时间	制作成本	专家点评	适合人群
10 分钟	6 元	增强免疫力	男性

|材　　料|

芦笋 100 克，苹果 1 个，生菜 50 克，柠檬 1/3 个

|做　　法|

1. 将芦笋洗净，切成小块；生菜洗净，撕碎。2. 将苹果洗净，去皮，去籽，切成小块。3. 将上述材料倒入榨汁机内榨出汁，加蜂蜜拌匀即可。

|贴心提示|

芦笋不宜存放太久，而且应低温避光保存，建议现买现食。

|另一做法|

加入芦荟，味道会更好。

南瓜香蕉牛奶

制作时间	制作成本	专家点评	适合人群
10 分钟	9 元	排毒瘦身	女性

|材　料|

南瓜 60 克，香蕉 1 根，牛奶 200 毫升

|做　法|

1. 将香蕉去掉外皮，切成可放入搅拌机大小的块，备用；将南瓜洗干净，去皮，切块，入锅中煮熟，捞出，备用。
2. 将准备好的材料放入搅拌机内搅打成汁即可。

|贴心提示|

肥大饱满的香蕉品质较好。

|另一做法|

加入红枣，味道会更好。

南瓜木瓜汁

制作时间	制作成本	专家点评	适合人群
12 分钟	8 元	美白护肤	女性

|材　料|

木瓜、柠檬汁 1/4 个的量，南瓜 60 克，豆奶 200 毫升，冰水 200 毫升

|做　法|

1. 将木瓜洗净后去皮，去籽，切块；南瓜洗净后去皮，去籽，切块，煮熟。2. 将所有材料放入榨汁机一起搅打成汁，滤出果肉即可。

|贴心提示|

南瓜榨汁前一定要削皮。

|另一做法|

加入盐，味道会更好。

南瓜橘子汁

制作时间	制作成本	专家点评	适合人群
10 分钟	9 元	防癌抗癌	男性

|材　料|

南瓜 50 克，胡萝卜 100 克，橘子 1/2 个，鲜奶 200 毫升

|做　法|

1. 南瓜切块，煮软；橘子去皮，剥除薄膜，备用；胡萝卜削皮后，切成小块。2. 将所有材料放入搅拌机中搅打，加入鲜奶搅匀即可。

|贴心提示|

南瓜榨汁前如果发现表皮有溃烂之处，则不可食用。

|另一做法|

加入绿豆，味道会更好。

南瓜胡萝卜橙子汁

制作时间	制作成本	专家点评	适合人群
12 分钟	5 元	开胃消食	男性

|材 料|

南瓜 100 克，胡萝卜 50 克，橙子 1 个，柠檬 1/8 个，冰水 200 毫升

|做 法|

1. 将胡萝卜、柠檬、橙子洗净后去皮，以适当大小切块；南瓜洗净后去籽，切块煮熟。2. 将所有材料放入榨汁机一起搅打成汁，滤出果肉即可。

|贴心提示|

用熟透的南瓜榨汁，味道更佳。

|另一做法|

加入苹果，味道会更好。

清爽果蔬汁

制作时间	制作成本	专家点评	适合人群
10 分钟	5 元	消暑解渴	儿童

|材 料|

西瓜 150 克，白萝卜 1 个，橙子 1 个

|做 法|

1. 西瓜剖开，取肉；白萝卜洗净，去皮，切成条；将橙子去皮，切块。2. 将所有材料放入榨汁机中榨汁，装入杯中即可。

|贴心提示|

西瓜宜现榨，以免久放不新鲜。

|另一做法|

加入盐，味道会更好。

芹菜柿子饮

制作时间	制作成本	专家点评	适合人群
8 分钟	7 元	开胃消食	女性

|材 料|

芹菜 85 克，柿子 1/2 个，柠檬 1/4 个，酸奶 1/2 杯，冰块少许

|做 法|

1. 将芹菜去叶，柿子去皮，洗后均以适当大小切块。2. 将所有材料放入榨汁机一起搅打成汁，加入冰块即可。

|贴心提示|

喝柿子汁时，切忌空腹饮用，以免形成结石。

|另一做法|

加入冰糖，味道会更好。

芹菜橘子汁

制作时间	制作成本	专家点评	适合人群
12 分钟	7 元	开胃消食	女性

|材　　料|

红色彩椒、橘子1个，芹菜1/3个，苹果1/2个，冰水200毫升

|做　　法|

1. 将橘子去皮，彩椒去籽，芹菜去叶，苹果去核留皮，洗净后均以适当大小切块。2. 将所有材料放入榨汁机一起搅打成汁，滤出果肉即可。

|贴心提示|

要选择色泽鲜绿、叶柄厚的芹菜。

|另一做法|

加入西瓜，味道会更好。

芹菜苹果汁

制作时间	制作成本	专家点评	适合人群
13 分钟	5 元	降低血压	男性

|材　　料|

芹菜80克，苹果50克，胡萝卜60克，蜂蜜少许

|做　　法|

1. 将芹菜洗净，切成段。2. 将苹果洗净，去皮，去核，切成块；胡萝卜洗净，切成块。3. 将所有的材料倒入榨汁机内，搅打成汁即可。

|贴心提示|

选购苹果时看苹果身上是否有条纹，条纹越多的品质越好。

|另一做法|

加入香蕉，味道会更好。

香芹苹果汁

制作时间	制作成本	专家点评	适合人群
13 分钟	5 元	防癌抗癌	女性

|材　　料|

香芹80克，苹果150克，柠檬1个，糖水50毫升

|做　　法|

1. 将苹果去皮，去核，切块；香芹洗净，切段；柠檬去皮，去籽，切片，一起用榨汁机榨成汁。2. 将汁装入杯中，再加糖水拌匀即可。

|贴心提示|

香芹要切成长约12厘米～15厘米的段，方便榨汁。

|另一做法|

加入酸梅汁，味道会更好。

芹菜西红柿饮

制作时间	制作成本	专家点评	适合人群
8 分钟	5 元	防癌抗癌	女性

| 材　料 |

西红柿 2 个，芹菜 100 克，柠檬 1 个

| 做　法 |

1. 将西红柿洗净，切成小块。2. 将芹菜洗净，切成小段；柠檬洗净，切片。3. 将所有材料放入榨汁机内，榨出汁，拌匀即可。

| 贴心提示 |

西红柿用开水烫一下，更好剥皮。

| 另一做法 |

加入牛奶，味道会更好。

芹菜杨桃果蔬汁

制作时间	制作成本	专家点评	适合人群
10 分钟	5 元	排毒瘦身	女性

| 材　料 |

芹菜 30 克，杨桃 50 克，葡萄 100 克，水 500 毫升

| 做　法 |

1. 将芹菜洗净，切成小段。2. 将杨桃洗净，切成小块；葡萄洗净后对切，去籽。3. 将所有材料倒入榨汁机内，榨出汁即可。

| 贴心提示 |

应选择个大、颜色金黄、闻起来有香味的杨桃。

| 另一做法 |

加入盐，味道会更好。

西芹橘子哈密瓜汁

制作时间	制作成本	专家点评	适合人群
9 分钟	6 元	降低血脂	女性

| 材　料 |

西芹、橘子各 100 克，哈密瓜 200 克，西红柿 50 克，蜂蜜、冷开水各少许

| 做　法 |

1. 将哈密瓜、橘子去皮、籽，切块；西芹切小段；西红柿切薄片。2. 将所有材料放入榨汁机，加冷开水榨汁，再加入蜂蜜即可。

| 贴心提示 |

便溏者不宜多饮此果蔬汁。

| 另一做法 |

加入香瓜，味道会更好。

西芹苹果汁

制作时间	制作成本	专家点评	适合人群
12 分钟	5 元	开胃消食	女性

|材　料|

西芹 30 克,苹果 1 个,胡萝卜 50 克,柠檬 1/3 个,蜂蜜少许

|做　　法|

1. 将西芹洗干净,切成小段;苹果、柠檬洗干净,切成小块;将胡萝卜洗干净,切成小块。2. 将所有材料倒入榨汁机内榨出汁,加入蜂蜜拌匀即可。

|贴心提示|

苹果削皮后,不宜久放,以免氧化变色。

|另一做法|

加入红枣,味道会更好。

西芹菠萝牛奶

制作时间	制作成本	专家点评	适合人群
12 分钟	13 元	增强免疫力	男性

|材　　料|

西芹 100 克,鲜奶 200 毫升,菠萝 200 克,蜂蜜 1 大匙

|做　　法|

1. 将西芹洗净,摘下叶片备用。2. 将菠萝去皮,去心,洗净后切成小块。3. 将所有材料放入榨汁机内,搅打 2 分钟即可。

|贴心提示|

建议选购盒装、品质有保证的鲜牛奶。

|另一做法|

加入花生,味道会更好。

西芹哈密瓜汁

制作时间	制作成本	专家点评	适合人群
14 分钟	10 元	降低血糖	男性

|材　　料|

西芹 100 克,哈密瓜 200 克,西红柿 50 克,蜂蜜少许

|做　　法|

1. 将哈密瓜洗净,去皮、籽,切块;西芹洗净、切小段;西红柿洗净、切薄片备用。2. 将做法 1 里的材料放入榨汁机,加冷开水榨汁,再加入蜂蜜调味即可。

|贴心提示|

挑选芹菜时,掐一下芹菜的杆部,易折断的为嫩芹菜。

|另一做法|

加入柠檬,味道会更好。

西芹西红柿柠檬汁

制作时间	制作成本	专家点评	适合人群
8 分钟	6 元	防癌抗癌	女性

│材　料│

西芹 1 根，西红柿 1 个，柠檬汁 50 毫升，水 100 毫升，绿花椰 5 克

│做　法│

1. 将西芹用水洗净，去除坚硬的纤维质，切成小块。2. 西红柿用水洗净，去蒂，切成 4 块。

3. 将上述材料放入果汁机内，加入水和柠檬汁搅打均匀即可。

│贴心提示│

使用榨汁机一定要把榨汁机按住再打开开关，直到东西搅碎为止，否则搅打得不均匀，汁水的口感也不好。

│另一做法│

加入牛奶，味道会更好。

山药苹果酸奶

制作时间	制作成本	专家点评	适合人群
13 分钟	13 元	降低血压	女性

|材　料|

新鲜山药 200 克，苹果 200 克，冰糖少许，酸奶 150 毫升

|做　法|

1. 将山药洗净，削皮，切成块；苹果洗净，去皮，切成块。
2. 将准备好的材料放入搅拌机内，倒入酸奶、冰糖搅打即可。

|贴心提示|

以没有虫害、切口处有粘手的黏液，而且较重的山药较好。

|另一做法|

加入柠檬，味道会更好。

山药蜜汁

制作时间	制作成本	专家点评	适合人群
11 分钟	6 元	排毒瘦身	女性

|材　料|

山药 35 克，菠萝 50 克，枸杞 30 克，蜂蜜少许

|做　法|

1. 山药洗净，去皮，切成段，备用；菠萝去皮，洗净，切块；枸杞冲洗净，备用。2. 将山药、菠萝和枸杞倒入榨汁机中榨汁，加蜂蜜拌匀即可。

|贴心提示|

山药有收涩作用，故大便燥结者不宜饮用此果蔬汁。

|另一做法|

加入红豆，味道会更好。

山药橘子苹果汁

制作时间	制作成本	专家点评	适合人群
11 分钟	16 元	排毒瘦身	女性

|材　料|

山药、橘子、菠萝、苹果、杏仁各适量，冰水 100 毫升，牛奶 200 毫升

|做　法|

1. 将山药、菠萝去皮，橘子去皮，去籽，苹果去核，洗净后均以适当大小切块。2. 将所有材料放入榨汁机一起搅打成汁，滤出果肉即可。

|贴心提示|

要选购洁净、无畸形或分枝、根须少的山药。

|另一做法|

加入盐，味道会更好。

青豆橘子汁

制作时间	制作成本	专家点评	适合人群
8 分钟	3 元	防癌抗癌	老年人

| 材　料 |

青豆 50 克，橘子 1/2 个，果糖 1 大匙

| 做　法 |

1. 青豆洗净后煮熟，去皮；橘子剥皮，掰成瓣。2. 将上述材料放入搅拌机中搅打 2 分钟，加入果糖，拌匀即可。

| 贴心提示 |

选购青豆时，青豆的颜色越绿，品质越好。

| 另一做法 |

加入西红柿，味道会更好。

莴笋西芹综合果蔬汁

制作时间	制作成本	专家点评	适合人群
10 分钟	6 元	开胃消食	女性

| 材　料 |

莴笋 80 克，西芹 70 克，苹果 150 克，柠檬 1/2 个，凉开水 240 毫升

| 做　法 |

1. 将莴笋切段；西芹切成段；柠檬去皮，切成小块。2. 将苹果带皮去核，切块。3. 将所有材料放入榨汁机榨汁即可。

| 贴心提示 |

莴笋汁不宜多喝，否则会诱发其他眼疾。

| 另一做法 |

加入西瓜，味道会更好。

莴笋菠萝汁

制作时间	制作成本	专家点评	适合人群
10 分钟	5 元	降低血压	女性

| 材　料 |

莴笋 200 克，菠萝 45 克，蜂蜜 2 汤匙

| 做　法 |

1. 莴笋洗净，切细丝；菠萝去皮，洗净，切小块。2. 将莴笋、菠萝、蜂蜜倒入果汁机内，加 300 毫升水搅打成汁即可。

| 贴心提示 |

宜挑选叶绿、根茎粗壮、无腐烂痕疤的新鲜莴笋。

| 另一做法 |

加入柠檬，味道会更好。

莴笋葡萄柚汁

制作时间	制作成本	专家点评	适合人群
10分钟	5元	开胃消食	女性

| 材　料 |

莴笋100克，苹果50克，葡萄柚1/2个，冰块少许

| 做　法 |

1.莴笋洗净，切段，用热水焯烫。2.苹果去皮、去核，切丁；葡萄柚去皮榨汁，取出备用。3.将莴笋、苹果放入榨汁机中，加葡萄柚汁后搅匀，加入冰块即可。

| 贴心提示 |

表皮是深黄色，散发清香味的才是新鲜成熟的葡萄柚。

| 另一做法 |

加入牛奶，味道会更好。

桃汁芹菜汁

制作时间	制作成本	专家点评	适合人群
16分钟	9元	降低血脂	老年人

| 材　料 |

桃汁100毫升，芹菜30克，温牛奶200毫升

| 做　法 |

1.将芹菜去叶，以适当大小切块。2.将所有材料放入榨汁机一起搅打成汁，滤出果肉即可。

| 贴心提示 |

桃子榨汁后可加入冰块，保持鲜味。

| 另一做法 |

加入柠檬，味道会更好。

莴笋果蔬汁

制作时间	制作成本	专家点评	适合人群
10分钟	6元	降低血压	女性

| 材　料 |

莴笋80克，西芹70克，苹果150克，猕猴桃1/2个，凉开水240毫升

| 做　法 |

1.莴笋切段；西芹切段；猕猴桃去皮，切块。2.将苹果带皮去核，切成块。3.将所有材料放入榨汁机内，搅打2分钟即可。

| 贴心提示 |

莴笋去皮后，可放在开水中焯一下，去掉涩味。

| 另一做法 |

加入苦瓜，味道会更好。

茼蒿葡萄柚汁

制作时间	制作成本	专家点评	适合人群
8分钟	7元	开胃消食	女性

|材　料|

葡萄柚 1/2 个，茼蒿 30 克

|做　法|

1. 将葡萄柚去皮，茼蒿洗净，切成小段。2. 将材料放入榨汁机中榨成汁即可。

|贴心提示|

不宜多喝葡萄柚汁，葡萄柚会导致人体血液中的雌激素水平升高。

|另一做法|

加入白糖，味道会更好。

茼蒿包菜菠萝汁

制作时间	制作成本	专家点评	适合人群
10分钟	6元	降低血压	老年人

|材　料|

茼蒿、包菜、菠萝各 100 克，柠檬汁少许

|做　法|

1. 将茼蒿和包菜洗净，切小块；菠萝去皮，洗净，切块备用。2. 将所有材料放入榨汁机中，搅拌均匀，加入柠檬调匀即可。

|贴心提示|

茼蒿中的芳香精油遇热易挥发，所以榨汁前茼蒿不宜焯水。

|另一做法|

加入西红柿，味道会更好。

小白菜葡萄柚果蔬汁

制作时间	制作成本	专家点评	适合人群
9分钟	7元	开胃消食	女性

|材　料|

小白菜 1 棵，葡萄柚 1/2 个

|做　法|

1. 将小白菜洗净；葡萄柚去皮，果肉切成小块。2. 将备好的材料放入榨汁机中，榨成汁即可。

|贴心提示|

肠胃不佳者不宜饮用此果蔬汁。

|另一做法|

加入菠菜，味道会更好。

小白菜苹果奶汁

制作时间	制作成本	专家点评	适合人群
12分钟	10元	降低血压	男性

|材　　料|

小白菜 100 克，青苹果 1/4 个，牛奶 240 毫升，柠檬汁少许

|做　　法|

1. 将小白菜洗净，去掉根部，切小段；青苹果洗净，去皮及核，切小块。2. 将小白菜、青苹果块放入榨汁机中榨成汁，再加入柠檬汁和牛奶，调匀即可。

|贴心提示|

存放的小白菜不宜用水洗。

|另一做法|

加入黄豆，味道会更好。

白菜苹果汁

制作时间	制作成本	专家点评	适合人群
11分钟	4元	防癌抗癌	老年人

|材　　料|

白菜 100 克，苹果 1/4 个，冷开水 300 毫升，蜂蜜适量

|做　　法|

1. 将白菜洗净；苹果去皮，去籽，切小块备用。2. 将白菜用手撕成小段，和苹果、冷开水、蜂蜜一起放入榨汁机中榨成汁。

|贴心提示|

榨果蔬汁不宜用冰箱里久存的白菜。

|另一做法|

加入红豆，味道会更好。

白菜柠檬汁

制作时间	制作成本	专家点评	适合人群
10分钟	3元	降低血压	老年人

|材　　料|

白菜 50 克，柠檬汁 30 毫升，柠檬皮少许，冷开水 300 毫升，冰块 10 克

|做　　法|

1. 将白菜叶洗净，与柠檬汁、柠檬皮以及冷开水一起放入榨汁机内，搅打成汁。2. 加入冰块拌匀即可。

|贴心提示|

挑选包得紧实、新鲜、无虫害的大白菜为宜。

|另一做法|

加入花生，味道会更好。

紫包菜橘子汁

制作时间	制作成本	专家点评	适合人群
9分钟	8元	防癌抗癌	男性

|材　料|

橘子 2 个，紫包菜 100 克，酸奶 1/2 杯，蜂蜜 2 小勺，绿茶 1 小勺，冰块少许

|做　法|

1. 紫包菜切小块；橘子去皮，掰成瓣。橘子、紫包菜与其他材料放入榨汁机搅打成汁。
2. 滤出果肉，汁里加入冰块即可。

|贴心提示|

洗紫包菜时可先用温水浸泡 1 小时，更易洗净。

|另一做法|

加入柠檬，味道会更好。

紫包菜梨汁

制作时间	制作成本	专家点评	适合人群
8分钟	7元	增强免疫力	儿童

|材　料|

紫包菜 50 克，梨 1/2 个，冬瓜 30 克，低脂肪酸奶 1/2 杯，冰水 200 毫升

|做　法|

1. 紫包菜切小块，焯水；梨、冬瓜去皮，去核切小块。2. 将所有材料放入榨汁机一起搅打成汁，滤出果肉留汁即可。

|贴心提示|

肠胃不佳者不宜多饮。

|另一做法|

加入冰块，味道会更好。

红薯苹果葡萄汁

制作时间	制作成本	专家点评	适合人群
12 分钟	4 元	降低血压	女性

|材　料|

红薯 140 克，苹果 1/4 个，葡萄 60 克，蜂蜜 1 勺

|做　法|

1. 将苹果去皮，去籽，切块；红薯去皮，洗净，切块，入沸水中焯一下。2. 葡萄去籽。3. 将以上材料与蜂蜜放入榨汁机一起搅打成汁，滤出果肉留汁即可。

|贴心提示|

表皮呈褐色或有黑色斑点的红薯不能吃。

|另一做法|

加入西瓜，味道会更好。

红薯叶苹果汁

制作时间	制作成本	专家点评	适合人群
9 分钟	3 元	防癌抗癌	老年人

|材　料|

红薯叶 50 克，苹果 1/4 个，冷开水 300 毫升，蜂蜜适量

|做　法|

1. 将红薯叶洗净；苹果去皮，去核，切成 4~5 块。2. 用红薯叶包裹苹果，放入榨汁机内，加入冷开水，搅打成汁，加蜂蜜调匀即可。

|贴心提示|

榨汁前更要将红薯叶浸泡半小时。

|另一做法|

加入盐，味道会更好。

红薯叶苹果柳橙汁

制作时间	制作成本	专家点评	适合人群
10 分钟	5 元	降低血压	女性

|材　料|

红薯叶 50 克，苹果、柳橙各 1/2 个，冷开水 300 克，冰块适量

|做　法|

1. 将红薯叶洗净；苹果、柳橙去皮，去核，切成块。2. 用红薯叶包裹苹果、柳橙，放入榨汁机内，加入冷开水，搅打成汁，加冰块即可。

|贴心提示|

要选择叶片完整、无萎蔫的红薯叶。

|另一做法|

加入牛奶，味道会更好。

芦荟牛奶果汁

制作时间	制作成本	专家点评	适合人群
12 分钟	10 元	排毒瘦身	女性

|材　料|

芦荟 10 克，香蕉 1/4 个，水蜜桃 50 克，牛奶 200 毫升，冷开水 300 毫升，蜂蜜少许

|做　法|

1. 芦荟取果肉，与去皮切段的香蕉和去皮、去核的水蜜桃一起放入榨汁机中。2. 将所有材料放入榨汁机中榨汁。

|贴心提示|

建议选购盒装、品质有保证的牛奶。

|另一做法|

加入西瓜，味道会更好。

芦荟龙眼露

制作时间	制作成本	专家点评	适合人群
8 分钟	5 元	降低血糖	女性

|材　料|

龙眼 80 克，芦荟 100 克，冷开水 300 毫升

|做　法|

1. 龙眼洗净，去壳，取肉；芦荟洗净，去皮。2. 将龙眼肉放入碗中，加沸水焖软。3. 将以上材料一起放入榨汁机中，加入冷开水，快速搅拌即可。

|贴心提示|

要选择果肉透明但汁液不溢出、肉质结实的龙眼。

|另一做法|

加入柠檬，味道会更好。

芦荟果汁

制作时间	制作成本	专家点评	适合人群
12 分钟	5 元	降低血糖	女性

|材　料|

芦荟 120 克，油菜 80 克，柠檬 1 个，胡萝卜 70 克

|做　法|

1. 将芦荟洗净，削皮；油菜洗净；柠檬洗净，切片；胡萝卜洗净，切块。2. 将所有材料放入榨汁机榨汁即可。

|贴心提示|

芦荟有苦味，榨汁前应去掉绿皮，水煮 3~5 分钟，即可去掉苦味。

|另一做法|

加入豆腐，味道会更好。

樱桃芹菜汁

制作时间	制作成本	专家点评	适合人群
13分钟	6元	美白护肤	女性

|材　料|

樱桃6颗，芹菜200克，冷开水适量

|做　法|

1.将芹菜撕去老皮，切段，放入榨汁机中榨汁。2.将樱桃洗净，去籽，和芹菜汁一起倒入榨汁机中，榨成汁，加入冷开水搅匀即可。

|贴心提示|

樱桃用开水烫一下，其中的小虫就能出来。

|另一做法|

加入盐，味道会更好。

油菜苹果姜蜜汁

制作时间	制作成本	专家点评	适合人群
12分钟	3元	防癌抗癌	老年人

|材　料|

油菜35克，苹果1个，姜1片，蜂蜜5克，冷开水350毫升

|做　法|

1.油菜切段，快速焯烫后捞起，以冰水浸泡5分钟，捞出沥干。2.苹果去皮切块，以盐水浸泡。3.将油菜、苹果、姜放入榨汁机中，加入冷开水搅打成汁，再加蜂蜜调拌均匀即可。

|贴心提示|

不要选用有霉点的姜。

|另一做法|

加入枸杞，味道会更好。

油菜李子汁

制作时间	制作成本	专家点评	适合人群
12分钟	4元	增强免疫力	女性

|材　料|

油菜40克，李子4个，冰块适量

|做　法|

1.将李子去核，油菜洗净，均切小块。2.将李子、油菜放入榨汁机一起搅打成汁，加入冰块即可。

|贴心提示|

肠胃不佳者忌饮。

|另一做法|

加入西瓜，味道会更好。

油菜菠萝汁

制作时间	制作成本	专家点评	适合人群
9 分钟	9 元	开胃消食	儿童

|材　料|

油菜 50 克，菠萝 300 克，柠檬汁 100 毫升

|做　法|

1. 将油菜洗净，切段；菠萝去皮，切块。两者同时放入榨汁机中，榨出汁液。2. 加柠檬汁，拌匀饮用。

|贴心提示|

要挑选新鲜、油亮、无黄萎的嫩油菜。

|另一做法|

加入牛奶，味道会更好。

油菜芹菜苹果汁

制作时间	制作成本	专家点评	适合人群
8 分钟	5 元	美白护肤	女性

|材　料|

油菜 40 克，芹菜 30 克，橙子 1/2 个，苹果 1 个，冰水 150 毫升

|做　法|

1. 将芹菜去叶，橙子去皮，苹果去核，油菜洗净，均切小块。2. 将所有材料放入榨汁机一起搅打成汁，滤出果肉留汁即可。

|贴心提示|

苹果先放进冰箱冰冻 10 分钟，榨出的果汁会十分鲜美。

|另一做法|

加入红枣，味道会更好。

甘苦汁

制作时间	制作成本	专家点评	适合人群
10 分钟	7 元	降低血脂	男性

|材　料|

苦瓜 100 克，胡萝卜 200 克，菠萝 150 克，蜂蜜 3 克

|做　法|

1. 苦瓜去籽，洗净，切片；胡萝卜、菠萝去皮，切片。2. 将已切好的果蔬放入榨汁机中，搅打成汁。3. 将蜂蜜也放入榨汁机中，搅匀即可。

|贴心提示|

苦瓜切好后，用盐水浸泡一下，可去苦味。

|另一做法|

加入冰块，味道会更好。

苦瓜苹果牛奶

制作时间	制作成本	专家点评	适合人群
11 分钟	9 元	增强免疫力	男性

|材　料|

苦瓜 200 克，苹果 1 个，鲜奶 120 毫升，蜂蜜 30 克

|做　法|

1. 将苦瓜洗净，对切，去籽后切小块。2. 将苹果洗净，去皮、子，切小块。3. 将所有材料放入榨汁机中榨汁。

|贴心提示|

要选择颜色青翠、新鲜的苦瓜。

|另一做法|

加入盐，味道会更好。

苦瓜菠萝橘子汁

制作时间	制作成本	专家点评	适合人群
10 分钟	5 元	防癌抗癌	男性

|材　料|

苦瓜、菠萝各 150 克，橘子 1/2 个，蜂蜜 30 克，冷开水 100 毫升，冰块少许

|做　法|

1. 将苦瓜、橘子对切后去籽，切成小块。2. 将菠萝挖出果肉，切成小块。3. 将所有材料放入榨汁机中榨汁，加入冰块即可。

|贴心提示|

苦瓜最好用盐浸泡 10 分钟，再用来榨汁才不会太苦。

|另一做法|

加入牛奶，味道会更好。

芝麻菜桃子汁

制作时间	制作成本	专家点评	适合人群
11 分钟	4 元	增强免疫力	老年人

|材　料|

桃子 1 个，芝麻菜 20 克，苹果 1/4 个，冰水 200 毫升

|做　法|

1. 将桃子与苹果去皮，去核，切小块；芝麻菜洗净，切小段。2. 将所有材料放入榨汁机一起搅打成汁，滤出果肉留汁即可。

|贴心提示|

猕猴桃要选表面稍软的。

|另一做法|

加入牛奶，味道会更好。

紫苏菠萝酸蜜汁

制作时间	制作成本	专家点评	适合人群
10 分钟	6 元	增强免疫力	儿童

|材　料|

紫苏 50 克，菠萝 30 克，梅汁 15 毫升，蜂蜜 2 汤匙

|做　法|

1. 将紫苏洗干净备用；菠萝去外皮，洗干净，切成小块。
2. 将所有材料倒入果汁机内，加 350 毫升水、蜂蜜 2 汤匙，搅打成汁即可。

|贴心提示|

以全株完整、味甘、种皮味涩微苦的紫苏为佳。

|另一做法|

加入盐，味道会更好。

冬瓜苹果柠檬汁

制作时间	制作成本	专家点评	适合人群
8 分钟	5 元	美白护肤	女性

|材　料|

冬瓜 150 克，苹果 80 克，柠檬 30 克，凉开水 240 毫升

|做　法|

1. 将冬瓜削皮，去籽，洗净后切成小块。2. 将苹果洗净后带皮去核，切成小块；柠檬洗净，切片。3. 将所有材料放入榨汁机内，搅打 2 分钟即可。

|贴心提示|

要选择外形完整、无虫蛀、无外伤的新鲜冬瓜。

|另一做法|

加入花生，味道会更好。

青椒苹果汁

制作时间	制作成本	专家点评	适合人群
7 分钟	6 元	排毒瘦身	女性

|材　料|

青椒 1 个，苹果 1 个，西红柿 1 个，盐少许，冰块 70 克

|做　法|

1. 青椒洗净，去蒂，去籽，切成小块备用。2. 西红柿洗净，去蒂，切成小块；苹果洗净，去皮，去核，切成小块。3. 冰块、青椒及其他材料放入搅拌机内，以高速搅打 40 秒即可。

|贴心提示|

加盐可综合青椒的辣味。

|另一做法|

加入牛奶，味道会更好。

火龙果苦瓜汁

制作时间	制作成本	专家点评	适合人群
11 分钟	8 元	降低血糖	女性

|材　　料|
火龙果肉 150 克, 苦瓜 60 克, 蜂蜜 1 汤匙, 矿泉水 100 毫升

|做　　法|
1. 将火龙果肉切成小块; 将苦瓜洗净, 切成长条。2. 将火龙果、苦瓜倒入榨汁机内, 搅打 1 分钟, 加入蜂蜜、矿泉水即可。

|贴心提示|
火龙果放在阴凉通风处保存。

|另一做法|
加入白糖, 味道会更好。

西蓝花葡萄汁

制作时间	制作成本	专家点评	适合人群
10 分钟	8 元	降低血脂	女性

|材　　料|
西蓝花 90 克, 梨子 1 个, 葡萄 200 克, 碎冰适量

|做　　法|
1. 西蓝花洗净, 切块; 葡萄洗净, 去皮。2. 梨子洗净, 去皮, 去心, 切块。3. 把以上材料放入榨汁机中打成汁, 倒入杯中, 加冰块即可。

|贴心提示|
花芽黄化、花茎过老的西蓝花品质不佳, 不宜选购。

|另一做法|
加入盐, 味道会更好。

西蓝花西红柿汁

制作时间	制作成本	专家点评	适合人群
9 分钟	7 元	开胃消食	女性

|材　　料|
西蓝花 100 克, 西红柿 100 克, 包菜 50 克, 柠檬 1/2 个

|做　　法|
1. 将各种材料洗净, 切成小块。2. 将除柠檬外的材料放入榨汁机内榨成汁。3. 柠檬压汁后倒入拌匀饮用。

|贴心提示|
西红柿用热水焯一下再榨汁, 味更佳。

|另一做法|
加入牛奶, 味道会更好。

苹果油菜柠檬汁

制作时间	制作成本	专家点评	适合人群
8分钟	5元	增强免疫力	女性

|材　料|

苹果1个，油菜100克，柠檬1个，冰块少许

|做　法|

1.把苹果洗净，去皮、核，切块；油菜洗净；柠檬切块。2.把柠檬、苹果、油菜都同样压榨成汁。3.将果菜汁倒入杯中，再加入冰块即可。

|贴心提示|

以选择叶片有韧性的油菜为佳。

|另一做法|

加入黄瓜，味道会更好。

苹果草莓胡萝卜汁

制作时间	制作成本	专家点评	适合人群
9分钟	5元	增强免疫力	儿童

|材　料|

苹果1个，草莓2颗，胡萝卜50克，柠檬1/2个，凉开水、碎冰60毫升

|做　法|

1.苹果洗净，去皮、籽、核，切块；草莓洗净，去蒂，切块。2.胡萝卜洗净，切块；柠檬洗净，取半个压汁。3.将除碎冰外的材料放入搅拌机内搅打，倒入杯中，加冰即可。

|贴心提示|

洗草莓前先浸泡半小时。

|另一做法|

加入芹菜，味道会更好。

苹果茼蒿果蔬汁

制作时间	制作成本	专家点评	适合人群
7分钟	5元	提神健脑	儿童

|材　料|

苹果1/4个，茼蒿30克，柠檬汁少许，冷开水300毫升

|做　法|

1.将苹果去皮，去核，切成片；将茼蒿洗净，切成段。2.将苹果、茼蒿和柠檬汁、冷开水一起放入榨汁机中，榨成汁即可。

|贴心提示|

茼蒿汁辛香滑利，胃虚泄泻者不宜多食。

|另一做法|

加入牛奶，味道会更好。

苹果莴笋柠檬汁

制作时间	制作成本	专家点评	适合人群
10 分钟	6 元	增强免疫力	女性

|材　料|

苹果 1/2 个，莴笋 150 克，柠檬 1/2 个，蜂蜜 30 毫升，凉开水 100 毫升，冰块 100 克

|做　法|

1. 苹果去皮，去核，去籽，切小块；莴笋切片；柠檬切片。2. 将冰块及其他材料放入果菜机中，以高速搅打 40 秒钟即可。

|贴心提示|

用手掂量苹果，轻的比较绵，重的比较脆。

|另一做法|

加入冰糖，味道会更好。

苹果西芹芦笋汁

制作时间	制作成本	专家点评	适合人群
10 分钟	4 元	排毒瘦身	女性

|材　料|

苹果 1 个，西芹 50 克，芦笋 50 克，凉开水 100 毫升

|做　法|

1. 苹果去皮、去籽后切成小块。2. 将西芹、芦笋洗净后切块。3. 将上述准备好的材料一起放入榨汁机内榨成汁即可。

|贴心提示|

芦笋不宜存放太久，而且应低温避光保存，建议现买现食。

|另一做法|

加入蜂蜜，味道会更好。

苹果白菜柠檬汁

制作时间	制作成本	专家点评	适合人群
10 分钟	4 元	排毒瘦身	女性

|材　料|

苹果 1 个，白菜 100 克，柠檬 1/2 个，冰块少许

|做　法|

1. 苹果洗净，去核，切块；白菜洗净；柠檬切块。2. 将柠檬、白菜、苹果压榨成汁。3. 最后向果汁中加冰块，再依个人口味调味即可。

|贴心提示|

白菜汁滑肠，气虚胃寒的人更不能多喝。

|另一做法|

加入盐，味道会更好。

苹果菠萝老姜汁

制作时间	制作成本	专家点评	适合人群
7 分钟	6 元	排毒瘦身	女性

|材 料|

苹果 1/2 个，菠萝 1/3 个，老姜 30 克

|做 法|

1. 将苹果洗净，去核，切块；菠萝去皮，切小块；将老姜去皮，榨汁备用。2. 将苹果块和菠萝块放入榨汁机中，榨成汁，放入老姜汁，调匀即可。

|贴心提示|

可用手指弹击菠萝，回声重的品质较佳。

|另一做法|

加入柠檬，味道会更好。

苹果胡萝卜柠檬饮

制作时间	制作成本	专家点评	适合人群
5 分钟	6 元	防癌抗癌	老年人

|材 料|

苹果 1 个，胡萝卜 50 克，柠檬 1/3 个，凉开水 200 毫升

|做 法|

1. 将苹果、胡萝卜和柠檬分别去掉外皮，切成小块。2. 将上述材料放入果汁机中，再加入 200 毫升凉开水，打碎搅匀即可。

|贴心提示|

胡萝卜汁不要过量食用，大量摄入胡萝卜素会令皮肤的色素产生变化。

|另一做法|

加入牛奶，味道会更好。

苹果橘子油菜汁

制作时间	制作成本	专家点评	适合人群
6 分钟	7 元	降低血脂	女性

|材 料|

苹果 1/2 个，橘子 1 个，油菜 50 克，菠萝 50 克，冰水 200 毫升

|做 法|

1. 将油菜洗净，橘子、菠萝去皮；苹果去皮，去籽，均以适当大小切块。2. 将所有材料放入榨汁机一起搅打成汁，滤出果肉即可。

|贴心提示|

胃肠、肾、肺功能虚寒的老人不可多喝油菜汁。

|另一做法|

加入柠檬，味道会更好。

苹果苦瓜鲜奶汁

制作时间	制作成本	专家点评	适合人群
12 分钟	9 元	防癌抗癌	男性

|材　料|

苹果 1 个，苦瓜 1/2 个，鲜奶 100 毫升，蜂蜜、柠檬汁各少许

|做　法|

1. 将苹果洗净，去皮，去核，并切成块；苦瓜洗净，去籽，切块备用。2. 将所有材料放入榨汁机中榨汁。

|贴心提示|

苦瓜含奎宁，会刺激子宫收缩，引起流产，孕妇要慎食苦瓜汁。

|另一做法|

加入酸梅汁，味道会更好。

苹果黄瓜柠檬汁

制作时间	制作成本	专家点评	适合人群
12 分钟	6 元	降低血糖	女性

|材　料|

苹果 1 个，黄瓜 100 克，柠檬 1/2 个

|做　法|

1. 将苹果洗净，去核，切成块；黄瓜洗净，切段；柠檬连皮切成三块。2. 把苹果、黄瓜、柠檬放入榨汁机中，榨出汁即可。

|贴心提示|

脾胃虚弱、腹痛腹泻、肺寒咳嗽者应少吃黄瓜。

|另一做法|

加入香瓜，味道会更好。

苹果西红柿双菜优酪乳

制作时间	制作成本	专家点评	适合人群
10 分钟	6 元	降低血脂	女性

|材　料|

生菜、芹菜各 50 克，西红柿、苹果各 1 个，优酪乳 250 毫升

|做　法|

1. 将生菜洗净，撕成小片；芹菜洗净，切成段。2. 将西红柿洗净，切成小块；苹果洗净，去皮、核，切成块。3. 将所有材料倒入榨汁机内，搅打成汁即可。

|贴心提示|

应挑选色绿、棵大、茎短的鲜嫩生菜。

|另一做法|

加入西瓜，味道会更好。

苹果红薯果蔬汁

制作时间	制作成本	专家点评	适合人群
5 分钟	6 元	提神健脑	女性

|材　料|

苹果 1/4 个，红薯 50 克，柳橙 1 个

|做　法|

1. 将红薯削皮，切成适当的大小，用微波炉加热后冷却。
2. 将苹果去皮和核，切成小片；柳橙去皮，切成小块。3. 将所有的材料放入榨汁机中，榨成汁即可。

|贴心提示|

表皮呈褐色或有黑色斑点的红薯不能选用。

|另一做法|

加入冰块，味道会更好。

苹果冬瓜柠檬汁

制作时间	制作成本	专家点评	适合人群
6 分钟	7 元	排毒瘦身	女性

|材　料|

苹果 1 个，柠檬 1/2 个，冬瓜 70 克、冰块少许

|做　法|

1. 苹果洗净，去核，切块；冬瓜去皮、去籽，切块；柠檬切块。2. 将柠檬、苹果和冬瓜放入榨汁机中榨成汁，加入冰块即可。

|贴心提示|

苹果连皮一起榨汁，味更好。

|另一做法|

加入牛奶，味道会更好。

苹果芜菁柠檬汁

制作时间	制作成本	专家点评	适合人群
8 分钟	7 元	防癌抗癌	女性

|材　料|

苹果 1 个，芜菁 100 克，柠檬 1 个，冰块少许

|做　法|

1. 将苹果洗净，切块；柠檬切成块；芜菁洗净，切除叶子。
2. 将柠檬放进榨汁机，榨汁。3. 再将苹果和芜菁也放入榨汁机榨成汁即可。

|贴心提示|

要选择体型膨大肥硕、无裂缝的芜菁。

|另一做法|

加入西瓜，味道会更好。

苹果芥蓝汁

制作时间	制作成本	专家点评	适合人群
11分钟	7元	提神健脑	女性

|材　料|

苹果1个，芥蓝120克，柠檬1/2个

|做　法|

1.将苹果洗净，去皮，去核，切小块；将芥蓝洗净，切段；柠檬切片备用。2.将苹果、芥蓝、柠檬一起放入榨汁机中，榨出汁即可。

|贴心提示|

芥蓝汁有苦涩味，榨汁时加入少量糖，可以改善口感。

|另一做法|

加入冰糖，味道会更好。

苹果芹菜油菜汁

制作时间	制作成本	专家点评	适合人群
12分钟	5元	提神健脑	女性

|材　料|

苹果1/2个（120克），芹菜、油菜各30克，蜂蜜1小勺，冰水300毫升

|做　法|

1.将苹果去皮，去核；芹菜去叶；油菜去根，均以适当大小切块。
2.将所有材料放入榨汁机一起搅打成汁，滤出果肉即可。

|贴心提示|

用手按下苹果，按得动的就是甜的，按不动的就是酸的。

|另一做法|

加入牛奶，味道会更好。

苹果草莓胡萝卜冰饮

制作时间	制作成本	专家点评	适合人群
11分钟	4元	消暑解渴	儿童

|材　料|

苹果1个，草莓2颗，胡萝卜50克，冷开水、碎冰各60毫升

|做　法|

1.苹果洗净，去皮，去籽，去核，切成小块；草莓洗净，去蒂，切小块。2.胡萝卜洗净，切小块。3.将除碎冰外的其他材料入搅拌机内搅打30秒，倒入杯中，加冰即可。

|贴心提示|

草莓不能用冰箱存太久。

|另一做法|

加入盐，味道会更好。

青苹果白菜汁

制作时间	制作成本	专家点评	适合人群
10分钟	6元	消暑解渴	女性

|材　料|

青苹果1个，大白菜100克，柠檬1个，冰块少许

|做　法|

1. 青苹果洗净，切块；大白菜叶洗净卷成卷；柠檬连皮切成3块。2. 柠檬、大白菜、青苹果顺序交错地入榨汁机榨汁。3. 果菜汁倒杯中，加冰块即可。

|贴心提示|

蔬菜水果放一起时用塑料袋包好，可储存10天左右。

|另一做法|

加入牛奶，味道会更好。

青苹果消脂果蔬汁

制作时间	制作成本	专家点评	适合人群
8分钟	6元	排毒瘦身	女性

|材　料|

青苹果1个，西芹3根，青椒1/2个，苦瓜1/4个，黄瓜1/2个，冰块少许

|做　法|

1. 将青苹果去皮、去核，切块；将西芹、青椒切段；苦瓜、黄瓜洗净后切块备用。2. 将上述材料榨汁，加入冰块即可。

|贴心提示|

青苹果可不用削皮，味道更特别。

|另一做法|

加入柠檬，味道会更好。

黄皮苹果西红柿汁

制作时间	制作成本	专家点评	适合人群
8分钟	10元	增强免疫力	儿童

|材　料|

苹果1个，黄皮200克，西红柿1个，蜂蜜适量

|做　法|

1. 将苹果去皮、核；黄皮去皮、籽；将西红柿洗净，切块。2. 将以上材料榨成汁，加入蜂蜜搅匀。

|贴心提示|

苹果富含糖类和钾盐，冠心病、心肌梗死、肾病、糖尿病的人不宜多吃。

|另一做法|

加入香瓜，味道会更好。

毛豆香蕉汁

制作时间	制作成本	专家点评	适合人群
10分钟	15元	提神健脑	儿童

|材　　料|

毛豆50克，香蕉1个，牛奶400毫升，豆粉1大勺，蜂蜜1小勺

|做　　法|

1. 香蕉去皮，切小块；毛豆煮熟并取出豆粒。2. 将所有材料放入榨汁机一起搅打成汁，滤出果肉即可。

|贴心提示|

毛豆去皮后用温水浸泡10分钟再榨汁，味道更佳。

|另一做法|

加入苹果，味道会更好。

蔬菜菠萝汁

制作时间	制作成本	专家点评	适合人群
10分钟	5元	提神健脑	儿童

|材　　料|

茼蒿、包菜、菠萝各100克，冰块少许

|做　　法|

1. 将茼蒿和包菜洗净，切小块；菠萝去皮，切块备用。2. 所有材料放入榨汁机中榨成汁，加入冰块，调匀即可。

|贴心提示|

成熟度好的菠萝表皮呈淡黄色或亮黄色。

|另一做法|

加入牛奶，味道会更好。

水果西蓝花汁

制作时间	制作成本	专家点评	适合人群
8 分钟	7 元	防癌抗癌	女性

|材　料|

猕猴桃 1 个，西蓝花 80 克，菠萝 50 克，冷开水适量

|做　法|

1. 将猕猴桃及菠萝去皮，切块；西蓝花洗净，焯水后切小朵备用。2. 将全部材料放入榨汁机中榨成汁即可。

|贴心提示|

将西蓝花焯水后，应放入凉开水内过凉后再榨汁。

|另一做法|

加入冰糖，味道会更好。

苋菜苹果汁

制作时间	制作成本	专家点评	适合人群
8 分钟	6 元	开胃消食	女性

|材　料|

苋菜 50 克，苹果 1/4 个，冷开水 300 毫升，蜂蜜适量

|做　法|

1. 将苋菜叶洗净；苹果去皮，去核，切成 4~5 块。2. 用苋菜叶包裹苹果，放入榨汁机内。3. 加入冷开水，搅打成汁，再加蜂蜜调味即可。

|贴心提示|

要选择叶无萎蔫的新鲜苋菜。

|另一做法|

加入芦荟，味道会更好。

奶白菜苹果汁

制作时间	制作成本	专家点评	适合人群
10 分钟	4 元	开胃消食	女性

|材　料|

奶白菜 100 克，苹果 1/4 个，冷开水 300 毫升，蜂蜜适量

|做　法|

1. 将奶白菜洗净；苹果去皮、去籽，切小块备用。2. 将奶白菜用手折小段，和苹果、冷开水一起放入榨汁机中榨成汁。

|贴心提示|

奶白菜以矮肥、叶柄宽厚者为佳。

|另一做法|

加入冬瓜，味道会更好。

李子生菜柠檬汁

制作时间	制作成本	专家点评	适合人群
9 分钟	4 元	降低血脂	女性

| 材　　料 |

生菜 150 克，李子 1 个，柠檬 1 个

| 做　　法 |

1. 将生菜洗净，菜叶卷成卷；李子洗净，去核；柠檬连皮切成三块。2. 将所有材料一起榨成汁即可。

| 贴心提示 |

应挑选色绿、棵大、茎短的鲜嫩生菜。

| 另一做法 |

加入红豆，味道会更好。

百合香蕉葡萄汁

制作时间	制作成本	专家点评	适合人群
8 分钟	6 元	防癌抗癌	女性

| 材　　料 |

干百合 20 克，香蕉 1 个，葡萄 100 克，猕猴桃 1 个，冰水 300 毫升

| 做　　法 |

1. 干百合泡发；香蕉与猕猴桃去皮，均切小块；葡萄去籽。2. 将所有材料放入榨汁机一起搅打成汁，滤出渣留汁即可。

| 贴心提示 |

干百合用温水浸泡更易泡发。

| 另一做法 |

加入白糖，味道会更好。

鲜果鲜菜汁

制作时间	制作成本	专家点评	适合人群
9 分钟	7 元	开胃消食	女性

| 材　　料 |

香瓜 1 个，苹果 1/4 个，芹菜 100 克，冷开水 300 毫升

| 做　　法 |

1. 将香瓜、苹果洗净，去皮，对半切开，去籽及核，切块；将芹菜洗净，切小段备用。2. 将所有材料一起榨成汁。

| 贴心提示 |

选购时要闻一闻香瓜的头部，有香味的香瓜一般比较甜。

| 另一做法 |

加入雪碧，味道会更好。

香菇葡萄汁

制作时间	制作成本	专家点评	适合人群
12 分钟	6 元	增强免疫力	女性

|材　料|

干香菇 10 克，葡萄 120 克，蜂蜜 10 毫升

|做　法|

1. 香菇洗净，用温水泡发好煮熟备用。2. 葡萄洗净，与香菇混合放入搅拌机中搅打成汁。3. 加入蜂蜜拌匀即可。

|贴心提示|

特别大的香菇多数是用激素催肥的，建议不要购买。

|另一做法|

加入柠檬，味道会更好。

酸甜西芹双萝饮

制作时间	制作成本	专家点评	适合人群
11 分钟	7 元	防癌抗癌	女性

|材　料|

菠萝 120 克，柠檬 1/2 个，蜂蜜适量，胡萝卜 300 克，西芹 30 克

|做　法|

1. 菠萝洗净，去皮，切块；柠檬切片；胡萝卜洗净，切块；西芹洗净，切段。2. 将除蜂蜜外的所有材料放入榨汁机中榨汁。3. 将果汁倒入杯中，加入蜂蜜搅匀即可。

|贴心提示|

血压偏低者应少喝该汁。

|另一做法|

加入牛奶，味道会更好。

玫瑰黄瓜饮

制作时间	制作成本	专家点评	适合人群
13 分钟	10 元	降低血糖	女性

|材　料|

新鲜黄瓜 300 克，西瓜 350 克，鲜玫瑰花 50 克，蜂蜜少许

|做　法|

1. 将西瓜去皮、去籽，切块；黄瓜去皮切块；玫瑰花洗净备用。2. 将西瓜、黄瓜、玫瑰花捣碎，再加入凉开水，放入果汁机中搅打成汁即可。

|贴心提示|

黄瓜不要削皮，味更好。

|另一做法|

加入牛奶，味道会更好。

香酸苹果亮眼饮

制作时间	制作成本	专家点评	适合人群
12 分钟	5 元	提神健脑	女性

|材 料|

柠檬 1/4 个，苹果 1 个，薄荷 8 克，西芹 1 段

|做 法|

1. 将苹果、薄荷、西芹、柠檬洗净。
2. 将苹果去皮，去核，切块；西芹切小段；柠檬榨成汁。3. 将所有材料放入榨汁机中打成汁即可。

|贴心提示|

要选择颜色翠绿、不夹杂杂草的新鲜薄荷。

|另一做法|

加入枸杞，味道会更好。

马蹄山药汁

制作时间	制作成本	专家点评	适合人群
11 分钟	10 元	提神健脑	女性

|材 料|

马蹄、山药、木瓜、菠萝各适量，优酪乳 250 毫升，冷开水 300 毫升，蜂蜜少许

|做 法|

1. 将马蹄、山药、菠萝洗净，削去外皮，切小块备用；木瓜去籽，挖出果肉备用。
2. 将所有材料一起榨汁，调匀即可。

|贴心提示|

马蹄洗净去皮，用水煮熟，再榨汁味道更好。

|另一做法|

加入盐，味道会更好。

洋葱果菜汁

制作时间	制作成本	专家点评	适合人群
9分钟	8元	提神健脑	男性

|材　料|

洋葱 1/2 个，苹果 1 个，芹菜 100 克，胡萝卜 1/2 根，冷开水 50 毫升，甘蔗汁少许

|做　法|

1. 洋葱去皮，切块；苹果去皮，去核，切块；芹菜切段；胡萝卜去皮，切块。2. 将上述材料加冷开水榨成汁，加入甘蔗汁，混合拌匀即可。

|贴心提示|

洋葱汁不宜和蜂蜜同食。

|另一做法|

加入盐，味道会更好。

消脂果蔬汁

制作时间	制作成本	专家点评	适合人群
9分钟	6元	开胃消食	女性

|材　料|

青苹果 1 个，西芹 3 根，橘子 2 个，冰块少许

|做　法|

1. 将青苹果去皮、去核，切块；将西芹洗净后切段；橘子去皮，去籽，切块。2. 将上述材料一起榨汁，加入冰块即可。

|贴心提示|

要选择颜色翠绿的新鲜西芹。

|另一做法|

加入苦瓜，味道会更好。

活力果蔬汁

制作时间	制作成本	专家点评	适合人群
9分钟	5元	美白护肤	女性

|材　料|

小黄瓜 2 根，胡萝卜 1 根，柠檬 1/2 个，柳橙 1 个，蜂蜜适量

|做　法|

1. 将小黄瓜与胡萝卜均洗净，去皮，切块；柠檬洗净，切片；柳橙洗净，去皮。2. 将上述材料一起放入榨汁机榨汁，加入蜂蜜调匀即可。

|贴心提示|

在打小黄瓜时，时间不要过长，以免破坏营养。

|另一做法|

加入冰块，味道会更好。

柠檬小白菜汁

制作时间	制作成本	专家点评	适合人群
10分钟	5元	美白护肤	女性

|材　　料|

柠檬1个，小白菜1棵，胡萝卜50克，苹果1/2个

|做　　法|

1. 将柠檬洗净，切块；胡萝卜洗净，切成细长条；小白菜洗净，摘去黄叶；苹果洗净，去核，切成小块。2. 将所有材料放入榨汁机中，榨成汁即可。

|贴心提示|

小白菜榨汁前应先用水焯一下，味道更佳。

|另一做法|

加入芹菜，味道会更好。

柠檬青椒柚子汁

制作时间	制作成本	专家点评	适合人群
9分钟	5元	排毒瘦身	女性

|材　　料|

柠檬1个，青椒50克，萝卜50克，柚子1/2个，冰块少许

|做　　法|

1. 柠檬洗净，切块；柚子去籽；青椒和萝卜切块。2. 将柠檬和柚子榨汁，再将青椒和萝卜放入榨汁机榨汁。3. 将果蔬汁混合，再加入少许冰块即可。

|贴心提示|

喷洒农药都会积累在青椒凹陷的果蒂上，清洗时应先去蒂。

|另一做法|

加入牛奶，味道会更好。

柠檬葡萄梨子牛蒡汁

制作时间	制作成本	专家点评	适合人群
8分钟	6元	排毒瘦身	女性

|材　　料|

柠檬1/2个，葡萄100克，梨子1个，牛蒡60克，冰块少许

|做　　法|

1. 将柠檬洗净，切块；葡萄洗净；梨子去皮，去核，切块；牛蒡洗净，切条。2. 将柠檬、葡萄、梨子、牛蒡放入榨汁机，榨成汁。3. 果汁中加入少许冰块即可。

|贴心提示|

梨煮熟再榨汁，味更好。

|另一做法|

加入牛奶，味道会更好。

柠檬莴笋芒果饮

制作时间	制作成本	专家点评	适合人群
8分钟	6元	提神健脑	儿童

|材　料|

柠檬1个，莴笋50克，芒果1个，冰块少许

|做　法|

1.莴笋、芒果洗净，切块；柠檬切块。2.将柠檬和莴笋榨汁，加入芒果，搅拌均匀，再加少许冰块即可。

|贴心提示|

应选表皮光滑、平整、颜色均匀的芒果。

|另一做法|

加入苹果，味道会更好。

柠檬橘子西生菜汁

制作时间	制作成本	专家点评	适合人群
8分钟	6元	美白护肤	女性

|材　料|

柠檬、橘子各1个，西生菜100克

|做　法|

1.柠檬、橘子洗净，去皮，切块；西生菜洗净，切段。2.将柠檬、橘子放入榨汁机榨汁，取出备用；再将西生菜榨成汁，再混合均匀即可。

|贴心提示|

西生菜以圆形状、叶子柔嫩、无枯叶的为佳。

|另一做法|

加入芹菜，味道会更好。

柠檬生菜草莓汁

制作时间	制作成本	专家点评	适合人群
9分钟	5元	防癌抗癌	男性

|材　料|

柠檬1个，生菜80克，草莓4颗，冰块少许

|做　法|

1.柠檬切块，草莓洗净后去蒂，生菜洗净。2.将柠檬、草莓、生菜放入榨汁机里榨汁。3.向果汁中加入少许冰块即可。

|贴心提示|

应选购硕大坚挺、果形完整、无畸形、外表鲜红发亮的草莓。

|另一做法|

加入马蹄，味道会更好。

柠檬茭白果汁

制作时间	制作成本	专家点评	适合人群
9 分钟	5 元	降低血脂	女性

| 材　料 |

柠檬 1/2 个，茭白 1 个，香瓜 60 克，猕猴桃 1 个，冰块少许

| 做　法 |

1. 柠檬洗净连皮切成 3 块；茭白洗净；香瓜去皮、籽，切小块；猕猴桃削皮后对切。2. 将柠檬、猕猴桃、茭白、香瓜依次放入榨汁机榨汁，再加冰块少许即可。

| 贴心提示 |

茭白在榨汁前要先用水焯一下，以除去其中含有的草酸。

| 另一做法 |

加入牛奶，味道会更好。

柠檬牛蒡柚汁

制作时间	制作成本	专家点评	适合人群
13 分钟	5 元	排毒瘦身	女性

| 材　料 |

柠檬 1 个，牛蒡 100 克，柚子 100 克，冰块少许

| 做　法 |

1. 将柠檬连皮切成块；牛蒡洗净，切块；柚子除去果囊备用。2. 将柠檬、柚子和牛蒡放进榨汁机，榨成汁，加入冰块即可。

| 贴心提示 |

过老的牛蒡很多为空心，不能作为榨汁的食材。

| 另一做法 |

加入西瓜，味道会更好。

柠檬西蓝花橘汁

制作时间	制作成本	专家点评	适合人群
12 分钟	6 元	防癌抗癌	老年人

| 材　料 |

柠檬 1 个，西蓝花 100 克，橘子 1 个，冰块少许

| 做　法 |

1. 柠檬切块，西蓝花切块；橘子除去皮及籽备用；将敲碎的冰块放入榨汁机内。2. 然后将柠檬和橘子、西蓝花放进榨汁机榨成汁即可。

| 贴心提示 |

优质的西蓝花清洁、坚实、紧密。

| 另一做法 |

加入牛奶，味道会更好。

柠檬西芹橘子汁

制作时间	制作成本	专家点评	适合人群
10 分钟	5 元	排毒瘦身	女性

|材 料|

柠檬 1 个，西芹 30 克，橘子 1 个，冰块少许

|做 法|

1. 将西芹洗净；橘子去除囊、籽；西芹折弯曲后包裹橘子果肉；柠檬切片。2. 用西芹包裹着橘子，与柠檬一起放入榨汁机里榨汁。3. 然后向果汁中加入少许冰块即可。

|贴心提示|

最好不要空腹喝橘子汁。

|另一做法|

加入西瓜，味道会更好。

柠檬芹菜香瓜汁

制作时间	制作成本	专家点评	适合人群
9 分钟	6 元	排毒瘦身	女性

|材 料|

柠檬 1 个，芹菜 30 克，香瓜 80 克，冰块、砂糖各少许

|做 法|

1. 将柠檬洗净，切片；香瓜去皮，去籽，切块；芹菜洗净备用。2. 将芹菜整理成束，放入榨汁机，再将香瓜、柠檬一起榨汁，最后加入少许冰块、砂糖即可。

|贴心提示|

香瓜将表皮洗净，连皮一起榨汁味更佳。

|另一做法|

加入蜂蜜，味道会更好。

柠檬西芹柚汁

制作时间	制作成本	专家点评	适合人群
9 分钟	8 元	提神健脑	女性

|材 料|

柠檬 1 个，西芹 80 克，柚子 1/2 个，冰块（刨冰）少许

|做 法|

1. 柠檬洗净，切块；柚子去籽；西芹洗净备用。2. 再将冰块放进榨汁机容器里。3. 然后将柠檬、柚子、西芹放入榨汁机，榨成汁即可。

|贴心提示|

脾虚泄泻的人吃了柚子汁会泻肚。

|另一做法|

加入黄瓜，味道会更好。

柠檬芦荟芹菜汁

制作时间	制作成本	专家点评	适合人群
11分钟	6元	降低血糖	女性

|材　料|

柠檬1个，芹菜100克，芦荟100克，蜂蜜适量

|做　法|

1. 将柠檬去皮，切片；芹菜择洗干净，切成段；芦荟刮去外皮，洗净。2. 将柠檬、芹菜、芦荟一起放入榨汁机中，榨成鲜汁，再加入蜂蜜，搅匀即可。

|贴心提示|

体质虚弱者和少年、儿童过量饮用芦荟汁，容易发生过敏。

|另一做法|

加入白糖，味道会更好。

柠檬菠萝果菜汁

制作时间	制作成本	专家点评	适合人群
10分钟	5元	美白护肤	女性

|材　料|

柠檬1/2个，西芹50克，菠萝100克

|做　法|

1. 柠檬连皮切成3块；西芹洗净，切段；菠萝切块。2. 将柠檬、菠萝及西芹放入榨汁机榨汁。3. 将果汁倒入杯中即可。

|贴心提示|

要选择饱满、颜色均匀、闻起来有清香的菠萝。

|另一做法|

加入栗米，味道会更好。

排毒柠檬芥菜蜜柑汁

制作时间	制作成本	专家点评	适合人群
12分钟	6元	排毒瘦身	女性

|材　料|

柠檬1个，芥菜80克，蜜柑1个

|做　法|

1. 将柠檬连皮切成3块；蜜柑剥皮后去籽；芥菜叶洗净，备用。2. 将蜜柑用芥菜叶包裹起来，与柠檬一起放入榨汁机内，榨成汁即可。

|贴心提示|

患有痔疮、痔疮便血及眼疾患者不宜喝芥菜汁。

|另一做法|

加入芍药，味道会更好。

葡萄芦笋苹果汁

制作时间	制作成本	专家点评	适合人群
8分钟	6元	开胃消食	女性

|材　料|

葡萄 150 克，芦笋 100 克，苹果 1 个，柠檬 1/2 个

|做　法|

1. 将葡萄洗净，剥皮，去籽；将柠檬切片；苹果去皮和核，切块；芦笋洗净，切段。2. 将苹果、葡萄、芦笋、柠檬放入榨汁机中，榨汁即可。

|贴心提示|

芦笋不宜存放太久，而且应低温避光保存。

|另一做法|

加入黄瓜，味道会更好。

葡萄青椒果汁

制作时间	制作成本	专家点评	适合人群
9分钟	6元	排毒瘦身	女性

|材　料|

葡萄 120 克，青椒 1 个，猕猴桃 1 个，冷开水适量

|做　法|

1. 将葡萄去皮，去籽；猕猴桃去皮，切成小块；青椒洗净，切小块。2. 所有材料放入榨汁机，搅打成汁即可。

|贴心提示|

挑选青椒时，新鲜的青椒在轻压下虽然也会变形，但抬起手指后，能很快弹回。

|另一做法|

加入红豆，味道会更好。

葡萄芋茎梨子汁

制作时间	制作成本	专家点评	适合人群
13 分钟	6 元	美白护肤	女性

| 材　料 |

葡萄 150 克,芋茎 50 克,梨子 1 个,柠檬 1 个,冰块少许

| 做　法 |

1. 将葡萄洗净;芋茎切段;梨子去皮、果核后切块;柠檬切片。2. 在榨汁机容器中,放入少许冰块。3. 将材料交错地放入榨汁机,用挤压棒压榨成汁。

| 贴心提示 |

芋茎要放盐水浸泡 10 分钟,以免喝了后喉咙会发痒。

| 另一做法 |

加入牛奶,味道会更好。

葡萄芜菁梨子汁

制作时间	制作成本	专家点评	适合人群
11 分钟	7 元	排毒瘦身	女性

| 材　料 |

葡萄 150 克,芜菁 50 克,梨子 1 个,柠檬 1/2 个,冰块少许

| 做　法 |

1. 葡萄剥皮,去籽;芜菁的叶和根切开;梨洗净,去皮、核,切块;柠檬切片。2. 葡萄用芜菁菜包裹,放入榨汁机,再将芜菁的根和叶、柠檬、梨放入,一起榨成汁,加冰块即可。

| 贴心提示 |

芜菁在榨汁前要先焯水。

| 另一做法 |

加入苹果,味道会更好。

葡萄柠檬果蔬汁

制作时间	制作成本	专家点评	适合人群
12 分钟	6 元	增强免疫力	女性

| 材　料 |

葡萄 100 克,胡萝卜 200 克,柠檬 1/2 个,冰糖少许,凉开水适量

| 做　法 |

1. 将葡萄洗净;胡萝卜洗净,去皮,切成小块备用;柠檬切成片;将葡萄、胡萝卜、柠檬倒入榨汁机内。2. 加入凉开水,榨成汁,再加冰糖即可。

| 贴心提示 |

葡萄最好选购果粒饱满结实、不易脱落、颜色深的为好。

| 另一做法 |

加入牛奶,味道会更好。

葡萄仙人掌芒果香瓜汁

制作时间	制作成本	专家点评	适合人群
9 分钟	6 元	排毒瘦身	女性

|材　料|

葡萄 120 克,仙人掌 50 克,芒果 2 个,香瓜 300 克,冰块少许

|做　法|

1. 葡萄和仙人掌洗净;香瓜切块;芒果挖出果肉。2. 冰块放入榨汁机容器内,将葡萄、芦荟、香瓜压榨成汁,加入芒果搅拌后即可。

|贴心提示|

仙人掌性质苦寒,食用过多会导致腹泻。

|另一做法|

加入白糖,味道会更好。

葡萄生菜梨子汁

制作时间	制作成本	专家点评	适合人群
11 分钟	7 元	美白护肤	女性

|材　料|

葡萄 150 克,生菜 50 克,梨子 1 个,柠檬 1/2 个,冰块少许

|做　法|

1. 将葡萄、生菜洗净,梨子去皮、核,切块;柠檬洗净,切片。2. 将葡萄用生菜包裹,与梨子顺序交错地放入榨汁机榨汁。3. 将柠檬放入榨汁机榨汁调味,加少许冰块即可。

|贴心提示|

果蔬汁喝前要摇均匀。

|另一做法|

加入冰糖,味道会更好。

葡萄西蓝花白梨汁

制作时间	制作成本	专家点评	适合人群
12 分钟	8 元	排毒瘦身	女性

|材　料|

葡萄 150 克,西蓝花 50 克,白梨 1/2 个,冰块、柠檬汁各少许

|做　法|

1. 葡萄洗净,去皮;西蓝花洗净,切小块;白梨洗净,去果核,切小块。2. 将葡萄、西蓝花、白梨放入榨汁机内榨汁。3. 然后往果汁中加入少许柠檬汁和冰块搅匀即可。

|贴心提示|

葡萄去掉葡萄籽,味更佳。

|另一做法|

加入牛奶,味道会更好。

葡萄冬瓜猕猴桃汁

制作时间	制作成本	专家点评	适合人群
12 分钟	5 元	防癌抗癌	女性

|材　　料|

葡萄 150 克，冬瓜 80 克，猕猴桃 1 个，柠檬 1/2 个

|做　　法|

1.冬瓜去外皮和籽，切成块；猕猴桃削皮后，切块；葡萄洗净，去皮，去籽；柠檬切片。2.将葡萄、冬瓜、猕猴桃、柠檬依次地放入榨汁机中，一起榨汁。3.将果汁倒入杯中即可。

|贴心提示|

猕猴桃性寒，不宜多喝。

|另一做法|

加入芹菜，味道会更好。

葡萄萝卜梨汁

制作时间	制作成本	专家点评	适合人群
13 分钟	6 元	排毒瘦身	女性

|材　　料|

葡萄 120 克，萝卜 200 克，贡梨 1 个

|做　　法|

1.葡萄去皮和籽；贡梨洗净，去核，切块。2.将萝卜洗净，切块。3.将所有原材料放入榨汁机内，榨出汁即可。

|贴心提示|

萝卜榨汁前最好不要削皮，营养更丰富。

|另一做法|

加入冰块，味道会更好。

葡萄冬瓜香蕉汁

制作时间	制作成本	专家点评	适合人群
13 分钟	6 元	排毒瘦身	女性

|材　　料|

葡萄 150 克，冬瓜 50 克，香蕉 1 根，柠檬 1/2 个

|做　　法|

1.将葡萄洗净，去皮，去籽；冬瓜去皮和籽，切成可放入榨汁机的大小；香蕉剥皮，切成块；柠檬切片。2.用榨汁机将葡萄和冬瓜先榨成汁。3.再将香蕉、柠檬放入榨汁机中，搅匀即可。

|贴心提示|

冬瓜性寒，泄泻者慎喝。

|另一做法|

加入西瓜，味道会更好。

芥蓝薄荷汁

制作时间	制作成本	专家点评	适合人群
11 分钟	7 元	开胃消食	儿童

|材　料|

芥蓝 200 克，薄荷叶 20 克，菠萝 80 克，柠檬 200 克

|做　法|

1.将薄荷叶洗净；芥蓝去皮，切块。2.将菠萝削皮，切小块；柠檬洗净切成片。3.将上述材料倒入榨汁机内，搅打 2 分钟即可。

|贴心提示|

以叶色翠绿、柔软，薹茎新嫩的芥蓝为佳。

|另一做法|

加入芹菜，味道会更好。

综合果菜汁

制作时间	制作成本	专家点评	适合人群
12 分钟	6 元	降低血糖	老年人

|材　料|

芹菜 250 克，苦瓜 200 克，柳橙 1 个，西红柿 1 个，冷开水少许

|做　法|

1.将柳橙去皮，切块；将西红柿切块；将芹菜洗净，切段；苦瓜洗净，切片。2.将上述材料与冷开水一起榨汁。

|贴心提示|

苦瓜含有奎宁，会刺激子宫收缩，引起流产，孕妇忌食。

|另一做法|

加入洋葱，味道会更好。

柿子胡萝卜汁

制作时间	制作成本	专家点评	适合人群
8 分钟	4 元	增强免疫力	女性

|材　料|

甜柿 1 个，胡萝卜 60 克，柠檬 1 个，冰块适量

|做　法|

1.将甜柿、胡萝卜洗净，去皮，切成小块；柠檬洗净，切片。2.将所有材料榨成汁。3.将冰块加入果菜汁中，搅匀即可。

|贴心提示|

柿子要用苏打水浸泡一下，味更佳。

|另一做法|

加入红枣，味道会更好。

葡萄柚芦荟鲜果汁

制作时间	制作成本	专家点评	适合人群
14 分钟	5 元	降低血糖	女性

材料

葡萄柚 1/2 个，芦荟 40 克，白汽水适量

做法

1.葡萄柚和去皮、切成小块的芦荟一起，放入榨汁机中搅打。2.滤出果汁，从杯沿注入白汽水即可。

贴心提示

选用嫩一点的芦荟味更好。

另一做法

加入柠檬，味道会更好。

葡萄柚苹果黄瓜汁

制作时间	制作成本	专家点评	适合人群
12 分钟	8 元	增强免疫力	女性

材料

黄瓜 1 个，苹果 1/5 个，葡萄柚 1 个，酸奶 1/4 杯，冰水 200 毫升，低聚糖 1 小勺

做法

1.将葡萄柚去皮；苹果去皮，去核，与黄瓜切适当大小的块。2.将所有材料放入榨汁机一起搅打成汁，滤出果肉即可。

贴心提示

黄瓜放开水烫一下，风味大不一样。

另一做法

加入芦荟，味道会更好。

草莓萝卜柠檬汁

制作时间	制作成本	专家点评	适合人群
12 分钟	6 元	防癌抗癌	女性

材料

草莓 60 克，萝卜 70 克，菠萝 100 克，柠檬 1 个

做法

1.将草莓洗净，去蒂；菠萝去皮，洗净，切块；将萝卜洗净，根叶切分开；柠檬切成片。2.把草莓、萝卜、菠萝、柠檬放入榨汁机，搅打成汁即可。

贴心提示

白萝卜以皮细嫩光滑，比重大的为佳。

另一做法

加入冰块，味道会更好。

草莓芦笋猕猴桃汁

制作时间	制作成本	专家点评	适合人群
7分钟	6元	降低血压	女性

|材　　料|

草莓60克，芦笋50克，猕猴桃1个

|做　　法|

1. 草莓洗净，去蒂；芦笋洗净，切段；猕猴桃去皮，切块。
2. 将草莓、芦笋、猕猴桃放入榨汁机中，搅打成汁即可。

|贴心提示|

买回的猕猴桃可以放一段时间，味道会更好。

|另一做法|

加入酸奶，味道会更好。

草莓芹菜汁

制作时间	制作成本	专家点评	适合人群
8分钟	8元	防癌抗癌	男性

|材　　料|

草莓、芹菜各80克

|做　　法|

1. 将草莓洗净，去蒂；芹菜洗净，切小段备用。2. 在榨汁机中放入草莓、芹菜一起榨汁即可。

|贴心提示|

肠胃虚寒者，不宜多饮。

|另一做法|

加入红枣，味道会更好。

草莓西芹哈密瓜汁

制作时间	制作成本	专家点评	适合人群
9分钟	7元	排毒瘦身	女性

|材　　料|

草莓5个，西芹50克，哈密瓜100克

|做　　法|

1. 将草莓洗净，去蒂；将哈密瓜去皮、籽，切成块；将西芹洗净，切段。2. 将所有材料放入榨汁机内，榨成汁即可。

|贴心提示|

哈密瓜顶尖的果肉有苦涩味，不宜用来榨汁。

|另一做法|

加入冰块，味道会更好。

草莓紫苏橘子汁

制作时间	制作成本	专家点评	适合人群
11 分钟	7 元	消暑解渴	女性

|材　料|

草莓 120 克，紫苏 15 克，橘子 1 个，柠檬 1 个，冰块少许

|做　法|

1. 草莓洗净，去蒂；橘子、柠檬洗净，切成 4 块；紫苏洗净。
2. 用挤压棒将柠檬、草莓及橘子榨成汁，重叠几片紫苏叶卷成卷，放入榨汁机，榨成汁即可。

|贴心提示|

紫苏最好用清水浸泡 10 分钟。

|另一做法|

加入牛奶，味道会更好。

草莓果蔬汁

制作时间	制作成本	专家点评	适合人群
12 分钟	4 元	消暑解渴	女性

|材　料|

草莓 80 克，黄瓜 80 克

|做　法|

1. 草莓洗净，去蒂；黄瓜洗净，切段。2. 将草莓和黄瓜放入榨汁机榨汁即可。

|贴心提示|

太浓的果蔬汁最好加适量水稀释后再饮用。

|另一做法|

加入柠檬，味道会更好。

草莓虎儿草菠萝汁

制作时间	制作成本	专家点评	适合人群
14 分钟	8 元	排毒瘦身	女性

|材　料|

草莓 5 个，虎儿草（嫩叶）3 片，菠萝 100 克，柠檬 1 个，冰块少许

|做　法|

1. 草莓洗净，去蒂；虎儿草洗净；菠萝洗净，去皮，切块；柠檬洗净后连皮切成 3 块。2. 草莓、虎儿草、菠萝、柠檬放进榨汁机榨成汁。3. 果菜汁中加冰块即可。

|贴心提示|

要选用叶大如钱，状似初生小葵叶及虎耳形的虎儿草。

|另一做法|

加入牛奶，味道会更好。

草莓香瓜椰菜汁

制作时间	制作成本	专家点评	适合人群
9分钟	6元	消暑解渴	女性

|材　料|

草莓 20 克, 香瓜 1 个, 花椰菜 80 克, 柠檬 1/2 个, 冰块少许

|做　法|

1. 草莓洗净, 去蒂; 香瓜削皮, 切块; 花椰菜洗净、切块; 柠檬切片。2. 将草莓和香瓜入榨汁机挤压成汁, 放花椰菜榨汁。3. 加柠檬榨汁后调味, 加冰块。

|贴心提示|

香瓜要选闻一下有清香味道的, 榨出来的果蔬汁才好。

|另一做法|

加入牛奶, 味道会更好。

草莓芦笋果汁

制作时间	制作成本	专家点评	适合人群
9分钟	7元	降低血糖	女性

|材　料|

草莓 60 克, 芦笋 50 克, 猕猴桃 1 个, 柠檬 1/2 个, 冰块少许

|做　法|

1. 将草莓洗净, 去蒂; 芦笋洗净, 切段; 猕猴桃去皮, 切块; 柠檬切片。2. 将草莓、芦笋、猕猴桃、柠檬放入榨汁机榨成汁。3. 向果汁中加放少许冰块即可。

|贴心提示|

胃肠功能不佳的人, 建议少饮草莓芦笋果汁。

|另一做法|

加入牛奶, 味道会更好。

草莓芜菁香瓜汁

制作时间	制作成本	专家点评	适合人群
9分钟	6元	防癌抗癌	男性

|材　料|

草莓 20 克, 芜菁 50 克, 香瓜 1 个, 冰块少许, 柠檬 1/2 个

|做　法|

1. 草莓洗净, 去蒂; 芜菁洗净, 根和叶切开; 香瓜洗净, 去皮、籽, 切块; 柠檬切片。2. 所有材料直接放入榨汁机内榨成汁即可。3. 在果汁内加入冰块即可。

|贴心提示|

高血压、血管硬化的病人应注意少喝草莓芜菁香瓜汁。

|另一做法|

加入胡萝卜, 味道会更好。

猕猴桃百合桃子汁

制作时间	制作成本	专家点评	适合人群
9 分钟	10 元	消暑解渴	女性

|材　　料|

猕猴桃、桃子 2 个,干百合 20 克,薄荷叶 2 片,牛奶 200 毫升

|做　　法|

1. 将猕猴桃去皮,桃子去皮,去核;干百合泡发后,入沸水中焯一下;薄荷叶洗净。2. 将以上材料以适当大小切块,加牛奶入榨汁机,滤出果肉即可。

|贴心提示|

百合宜选用新鲜的为好,榨出的滋味更佳。

|另一做法|

加入西瓜,味道会更好。

猕猴桃西蓝花菠萝汁

制作时间	制作成本	专家点评	适合人群
10 分钟	5 元	提神健脑	儿童

|材　　料|

猕猴桃 1 个,西蓝花 80 克,菠萝 50 克,冷开水适量

|做　　法|

1. 将猕猴桃及菠萝去皮,切块;西蓝花洗净,切小朵备用。2. 将全部材料放入榨汁机中榨成汁即可。

|贴心提示|

女性经期最好少吃或不喝猕猴桃汁。

|另一做法|

加入牛奶,味道会更好。

猕猴桃山药汁

制作时间	制作成本	专家点评	适合人群
10分钟	8元	消暑解渴	男性

|材 料|

山药250克，猕猴桃2个，菠萝250克，冷开水500毫升，蜂蜜适量

|做 法|

1. 将山药、菠萝、猕猴桃去皮，切块。
2. 先将冷开水倒入榨汁机中，再将其他材料放入，榨成汁，调入蜂蜜即可。

|贴心提示|

糖尿病患者饮之不可过量。

|另一做法|

加入香菇，味道会更好。

猕猴桃油菜汁

制作时间	制作成本	专家点评	适合人群
9分钟	6元	消暑解渴	男性

|材 料|

猕猴桃2个，油菜100克，蜂蜜1小勺，冰水200毫升

|做 法|

1. 将猕猴桃去皮，油菜洗净，均以适当大小切块。2. 将所有材料放入榨汁机一起搅打成汁，滤出果肉即可。

|贴心提示|

风寒感冒、疟疾、寒湿痢者不宜饮用猕猴桃油菜汁。

|另一做法|

加入豆腐，味道会更好。

猕猴桃白萝卜香橙汁

制作时间	制作成本	专家点评	适合人群
12 分钟	7 元	消暑解渴	女性

|材　料|

猕猴桃 1 个，橙子 2 个，白萝卜 300 克

|做　法|

1. 猕猴桃去皮，切块；白萝卜洗净，去皮，切条。2. 橙子洗净，取出果肉待用。3. 将猕猴桃、白萝卜、橙子放入榨汁机中搅打成汁，再倒入杯中调匀即可。

|贴心提示|

白萝卜不要选敲一下会响的。

|另一做法|

加入蜂蜜，味道会更好。

木瓜莴笋汁

制作时间	制作成本	专家点评	适合人群
12 分钟	11 元	增强免疫力	女性

|材　料|

木瓜 100 克，苹果 300 克，莴笋 50 克，柠檬 1/2 个，蜂蜜 30 克，凉开水 100 毫升

|做　法|

1. 木瓜去皮，去籽，切小块；苹果去皮，去籽后切片。2. 将莴笋切小片；柠檬对切取 1/2 个。3. 将材料放入榨汁机内，搅打 2 分钟。

|贴心提示|

木瓜选用柔软的，表皮呈深黄色的味道最好。

|另一做法|

加入玉米，味道会更好。

木瓜蔬菜汁

制作时间	制作成本	专家点评	适合人群
13 分钟	7 元	消暑解渴	老年人

|材　料|

木瓜 1 个，紫色包菜 80 克，鲜奶 150 克，果糖 5 克

|做　法|

1. 紫色包菜洗净，沥干，切小片；木瓜洗净，去皮，对半切开，去籽，切块入榨汁机中。2. 加紫色包菜、鲜奶打匀成汁；滤除果菜渣，倒杯中。3. 加入果糖。

|贴心提示|

木瓜中的番木瓜碱对人体有微毒，因此每次饮量不宜过多。

|另一做法|

加入玉米，味道会更好。

木瓜红薯汁

制作时间	制作成本	专家点评	适合人群
17 分钟	5 元	美白护肤	女性

|材　料|

木瓜 1/2 个，红薯 1 个（130 克），柠檬 1/2 个量，牛奶 200 毫升，蜂蜜 1 小勺

|做　法|

1. 将木瓜去皮，切适当大小；红薯煮熟，压成泥。2. 将所有材料放入榨汁机一起搅打成汁，滤出果肉即可。

|贴心提示|

买回的木瓜要先放一两天，味道更佳。

|另一做法|

加入冰块，味道会更好。

木瓜鲜姜汁

制作时间	制作成本	专家点评	适合人群
13 分钟	9 元	消暑解渴	女性

|材　料|

木瓜 250 克，鲜姜 50 克，蜂蜜、冷开水均适量

|做　法|

1. 将鲜姜刮去外皮，放入榨汁机中榨成汁。2. 将木瓜去皮、子，与姜汁、冷开水一起放入榨汁机中，搅打成汁。3. 在果汁中加入蜂蜜，拌匀即可。

|贴心提示|

选用嫩姜，味道更佳。

|另一做法|

加入白萝卜，味道会更好。

西瓜芹菜葡萄柚汁

制作时间	制作成本	专家点评	适合人群
8 分钟	10 元	消暑解渴	儿童

|材　料|

西瓜 150 克，芹菜 50 克，葡萄柚 1 个

|做　法|

1. 将西瓜去皮，去籽，葡萄柚去皮，芹菜去叶，均切适当大小的块。2. 所有材料放入榨汁机内搅打成汁，滤出果肉即可。

|贴心提示|

敲一下西瓜可感觉到瓜身的颤抖，就是成熟度刚刚好的西瓜。

|另一做法|

加入冰块，味道会更好。

西瓜橘子西红柿汁

制作时间	制作成本	专家点评	适合人群
10 分钟	7 元	美白护肤	女性

|材 料|

西瓜 200 克，橘子、西红柿 1 个，柠檬 1/2 个

|做 法|

1. 西瓜洗干净，削皮，去籽；橘子剥皮，去籽；西红柿洗干净，切成大小适当的块；柠檬切片。2. 将所有材料倒入搅拌机内搅打 2 分钟即可。

|贴心提示|

用少量的西瓜皮用来榨汁，别有风味。

|另一做法|

加入冰糖，味道会更好。

西瓜芦荟汁

制作时间	制作成本	专家点评	适合人群
11 分钟	8 元	消暑解渴	女性

|材 料|

西瓜 400 克，芦荟肉 50 克，盐少许

|做 法|

1. 西瓜洗净，剖开，去掉外皮，取肉；将西瓜肉放入榨汁机中榨汁。2. 西瓜汁盛上杯，加上少许盐，加入芦荟肉、冰粒拌匀即可。

|贴心提示|

芦荟削皮后，放进盐水中浸泡一下，口味更佳。

|另一做法|

加入冰块，味道会更好。

西瓜西红柿汁

制作时间	制作成本	专家点评	适合人群
12 分钟	4 元	消暑解渴	女性

|材 料|

西瓜 150 克，西红柿 1 个，柠檬 1/2 个，冰块适量

|做 法|

1. 西瓜洗净，切开，去籽；柠檬去皮，去籽，连同西红柿切成块。2. 将上述材料全部放入搅拌机中，加入果糖、冷开水，以高速搅打 60 秒即可。

|贴心提示|

成熟度越高的西瓜，其分量就越轻。

|另一做法|

加入冰糖，味道会更好。

西瓜西芹汁

制作时间	制作成本	专家点评	适合人群
11 分钟	9 元	美白护肤	女性

|材　料|

西瓜、菠萝、胡萝卜100克，西芹50克，蜂蜜少许

|做　法|

1.菠萝、胡萝卜削去外皮，切块备用；西芹洗净，切小段；西瓜去籽取肉。2.冷开水倒入榨汁机中，将以上材料和蜂蜜放入榨汁机中，搅打匀过滤即可。

|贴心提示|

瓜脐部位向里凹，藤柄向下贴近瓜皮，是成熟的西瓜。

|另一做法|

加入大蒜，味道会更好。

番石榴胡萝卜汁

制作时间	制作成本	专家点评	适合人群
10 分钟	6 元	降低血压	男性

|材　料|

番石榴 1/2 个，胡萝卜100克，柚子80克，柠檬1个

|做　法|

1.将胡萝卜洗净，切块；番石榴洗净，切块；剥掉柚子的皮。2.将番石榴、柚子、胡萝卜、柠檬放入榨汁机中，搅打成汁即可。

|贴心提示|

番石榴子最好去掉，不要用来榨汁。

|另一做法|

加入香瓜，味道会更好。

蜂蜜西红柿山楂汁

制作时间	制作成本	专家点评	适合人群
11 分钟	5 元	开胃消食	儿童

|材　料|

西红柿150克，山楂80克，凉开水250毫升，蜂蜜1大匙

|做　法|

1.将西红柿洗干净，去掉蒂，切成大小合适的块；山楂洗干净，切成小块。2.将西红柿、山楂放入搅拌机内，加水和蜂蜜，搅打2分钟即可。

|贴心提示|

山楂最好选用个大、肉厚的为好。本饮品孕妇不宜饮用。

|另一做法|

加入牛奶，味道会更好。

蜂蜜苋菜果汁

制作时间	制作成本	专家点评	适合人群
12 分钟	4 元	增强免疫力	儿童

|材　料|

苋菜 50 克，苹果 1/4 个，冷开水 300 克，蜂蜜适量

|做　法|

1. 将苋菜叶洗净；苹果去皮去核，切块。2. 用苋菜叶包裹苹果，放入榨汁机内。3. 加入冷开水，搅打成汁，再加蜂蜜调味即可。

|贴心提示|

要选择叶无萎蔫的新鲜苋菜。

|另一做法|

加入冰块，味道会更好。

蜂蜜苦瓜姜汁

制作时间	制作成本	专家点评	适合人群
12 分钟	3 元	降低血糖	女性

|材　料|

苦瓜 50 克，柠檬 1/2 个，姜 7 克，蜂蜜适量

|做　法|

1. 将苦瓜洗净，对剖为二，去籽，切小块备用。2. 将柠檬去皮，切小块；姜洗净，切片。3. 将苦瓜、姜、柠檬交错放进榨汁机，榨出汁，加蜂蜜调匀。

|贴心提示|

真蜂蜜拉出的黏丝，不易断，低温（10℃以下）可结晶。

|另一做法|

加入莴笋，味道会更好。

甘蔗姜汁

制作时间	制作成本	专家点评	适合人群
11 分钟	6 元	消暑解渴	老年人

|材　料|

甘蔗 200 克，姜 15 克

|做　法|

1. 甘蔗去皮，切成小块；姜洗净，切小块，一同放入榨机中榨成汁。2. 将果汁倒入杯中，放入微波炉加热即可。

|贴心提示|

选购甘蔗时，应选择皮色新鲜，蔗茎挺直，茎围粗壮，上下均匀，无裂纹、无蛀虫、无干缩者为好。

|另一做法|

加入黄瓜，味道会更好。

哈密瓜毛豆汁

制作时间	制作成本	专家点评	适合人群
8 分钟	9 元	美白护肤	女性

|材　料|

哈密瓜 1/4 片，煮熟的毛豆仁 20 克，柠檬汁 50 毫升，酸奶 200 毫升

|做　法|

1. 将哈密瓜去皮、切小块，和毛豆仁一起放入榨汁机中。
2. 倒入酸奶与柠檬汁，打匀后即可饮用。

|贴心提示|

毛豆汁要榨成翠绿色，可加一小撮盐。

|另一做法|

加入冰块，味道会更好。

哈密瓜黄瓜马蹄汁

制作时间	制作成本	专家点评	适合人群
12 分钟	12 元	消暑解渴	女性

|材　料|

哈密瓜 300 克，黄瓜 2 条，马蹄 200 克

|做　法|

1. 将哈密瓜洗净，去皮，切成小块；黄瓜洗净，切成块；马蹄洗净，去皮。2. 将所有材料一起搅成汁即可。

|贴心提示|

哈密瓜性凉，不宜吃得过多，以免引起腹泻。

|另一做法|

加入冰块，味道会更好。

哈密瓜苦瓜汁

制作时间	制作成本	专家点评	适合人群
12 分钟	10 元	消暑解渴	女性

|材　料|

哈密瓜 100 克，苦瓜 50 克，优酪乳 200 毫升

|做　法|

1. 将哈密瓜去皮，切块。2. 将苦瓜洗净，去籽，成块。3. 将材料放入榨汁机内，搅打成汁，加入优酪乳即可。

|贴心提示|

哈密瓜可用瓜刨削，削皮后效果更佳。

|另一做法|

加入芹菜，味道会更好。

梨子蜂蜜饮

制作时间	制作成本	专家点评	适合人群
13 分钟	3 元	美白护肤	女性

|材　料|

梨子 1 个，老姜 5 克，蜂蜜少许，冷开水适量

|做　法|

1. 将梨子洗净，去皮、核；老姜洗净，切片备用。2. 将梨子、老姜、冷开水放入榨汁机中榨成汁，再加入蜂蜜，搅匀即可。

|贴心提示|

宜选用透明、黏稠或有结晶体，散发香味的蜂蜜。

|另一做法|

加入冰块，味道会更好。

梨子鲜藕汁

制作时间	制作成本	专家点评	适合人群
13 分钟	5 元	美白护肤	女性

|材　料|

梨子 1 个，莲藕 1 节，马蹄 60 克

|做　法|

1. 将梨子洗净，去皮和核；莲藕洗净，切小块；马蹄洗净，去皮。2. 将所有材料放入榨汁机，榨出汁液即可。

|贴心提示|

鲜藕要切成细条，方便榨汁。

|另一做法|

加入牛奶，味道会更好。

火龙果柠檬汁

制作时间	制作成本	专家点评	适合人群
10 分钟	8 元	美白护肤	女性

|材　料|

火龙果 200 克，柠檬 1/2 个，优酪乳 200 毫升，芹菜少许

|做　法|

1. 火龙果去皮，切成小块备用；2. 柠檬洗净，切块；芹菜洗净，切段。3. 将所有材料倒入搅拌机打成果汁即可。

|贴心提示|

火龙果不要放在冰箱中，以免冻伤反而很快变质。

|另一做法|

加入盐，味道会更好。

香蕉西红柿汁

制作时间	制作成本	专家点评	适合人群
8分钟	8元	降低血压	男性

|材　　料|

乳酸菌饮料100毫升，西红柿1个，香蕉1个，冷开水适量

|做　　法|

1. 将西红柿洗净后切块；香蕉去皮。2. 将西红柿、香蕉、乳酸菌饮料、冷开水一起放入榨汁机中榨成汁。

|贴心提示|

香蕉先放一段时间再榨汁，味更佳。

|另一做法|

加入苹果，味道会更好。

香蕉苦瓜油菜汁

制作时间	制作成本	专家点评	适合人群
8分钟	4元	降低血糖	男性

|材　　料|

香蕉1/2根，苦瓜20克，油菜1棵，水300毫升

|做　　法|

1. 将香蕉去皮，切成小块；苦瓜去籽，切成小块；油菜洗净，切成小段。2. 将全部材料放入榨汁机中，榨成汁即可。

|贴心提示|

可将油菜梗从中间剖开，以便榨汁。

|另一做法|

加入柠檬，味道会更好。

香蕉蔬菜汁

制作时间	制作成本	专家点评	适合人群
9分钟	3元	排毒瘦身	女性

|材　　料|

香蕉1/2根，油菜1棵，水300克

|做　　法|

1. 将香蕉去皮，切成小块；油菜洗净，切成小段。2. 将全部材料放入榨汁机中，榨成汁即可。

|贴心提示|

油菜焯一下水，味道更好。

|另一做法|

加入冰块，味道会更好。

芭蕉果蔬汁

制作时间	制作成本	专家点评	适合人群
11分钟	9元	开胃消食	女性

|材 料|

柠檬 1/2 个,芭蕉 2 个,白萝卜 100 克,火龙果 200 克,冰块少许

|做 法|

1. 将柠檬洗净,连皮切成 3 块;芭蕉剥皮;火龙果去皮;白萝卜洗净,去皮。2. 将敲碎的冰块放进榨汁机里。3. 将所有材料放入搅拌机,加水适量,搅打成汁。

|贴心提示|

芭蕉如果还不够成熟则可以先放一段时间。

|另一做法|

加入牛奶,味道会更好。

芭蕉生菜西芹汁

制作时间	制作成本	专家点评	适合人群
10分钟	7元	排毒瘦身	女性

|材 料|

芭蕉 3 个,生菜 100 克,西芹 100 克,柠檬 1/2 个

|做 法|

1. 芭蕉去皮;生菜和西芹洗净;柠檬洗净后切片。2. 将所有原材料放入榨汁机中榨出汁即可。

|贴心提示|

胃寒者不宜多喝芭蕉生菜西芹汁。

|另一做法|

加入盐,味道会更好。

芭蕉火龙果萝卜汁

制作时间	制作成本	专家点评	适合人群
10分钟	8元	降低血糖	女性

|材 料|

柠檬 1/2 个,芭蕉 2 个,白萝卜 100 克,火龙果 200 克

|做 法|

1. 将柠檬洗净,切块;芭蕉剥皮;火龙果去皮;白萝卜洗净,去皮。2. 将柠檬、芭蕉、火龙果、白萝卜及冰块放入搅拌机,加水适量,搅打成汁即可。

|贴心提示|

触摸火龙果表皮时,感觉较软,说明已经不新鲜了。

|另一做法|

加入柠檬,味道会更好。

清热柠檬汁

制作时间	制作成本	专家点评	适合人群
13 分钟	6 元	防癌抗癌	男性

|材 料|

西红柿 400 克，芹菜 1 棵，柠檬 1 个，冰糖少许，凉开水 240 毫升

|做 法|

1. 西红柿洗净，切成丁。2. 芹菜洗净，切成小段；柠檬洗净，切片。3. 将所有的材料放入搅拌机内搅拌 2 分钟即可。

|贴心提示|

芹菜清洗好后，切成长短相宜的小段，方便榨汁。

|另一做法|

加入牛奶，味道会更好。

润肤多汁饮

制作时间	制作成本	专家点评	适合人群
9 分钟	5 元	美白护肤	女性

|材 料|

梨 1 个，马蹄 50 克，生菜 50 克，麦冬 15 克，蜂蜜适量

|做 法|

1. 梨、马蹄、生菜洗净，再将梨、马蹄去皮，切小块，生菜剥成片。2. 将麦冬用热水泡一晚使它软化。3. 所有材料入搅拌机中打成汁，加蜂蜜调味。

|贴心提示|

马蹄以个大、洁净、新鲜、皮薄、肉细的为佳。

|另一做法|

加入柠檬，味道会更好。